普通高等教育"十三五"规划教材
高等学校计算机规划教材

ASP.NET 4.5 程序设计基础教程
（C#版）

徐会杰　朱　海　王凤科　主　编

朱丹辉　杨　玫　匡国防　刁文广　副主编

电子工业出版社
Publishing House of Electronics Industry
北京·BEIJING

内容简介

本书主要对 ASP.NET 4.5 动态网站开发设计的相关知识进行介绍，包含 C#语法、ASP.NET 服务器端控件、ADO.NET、AJAX 等。编者多年从事教学与实际项目开发，对教材章节进行合理安排，符合教学过程和学生学习的实际需求，语言通俗易懂、案例典型丰富，循序渐进地介绍 ASP.NET 程序设计的语言基础、界面设计、编程方法和数据库系统实例开发等方面的内容。

本书从浅显、实用的角度出发，结合大量案例、代码对 ASP.NET 进行讲解，并配有相关习题、课件等，适合初学者作为入门教材，同时也可供 ASP.NET 开发人员进行查阅。

未经许可，不得以任何方式复制或抄袭本书之部分或全部内容。
版权所有，侵权必究。

图书在版编目（CIP）数据

ASP.NET 4.5 程序设计基础教程：C#版 / 徐会杰，朱海，王凤科主编. — 北京：电子工业出版社，2016.2
普通高等教育"十三五"规划教材
ISBN 978-7-121-27328-5

I. ①A… II. ①徐… ②朱… ③王… III. ①网页制作工具－程序设计－高等学校－教材 IV. ①TP393.092

中国版本图书馆 CIP 数据核字（2015）第 230213 号

策划编辑：袁 玺
责任编辑：郝黎明
印　　刷：北京京师印务有限公司
装　　订：北京京师印务有限公司
出版发行：电子工业出版社
　　　　　北京市海淀区万寿路 173 信箱　邮编：100036
开　　本：787×1092　1/16　印张：21　字数：598.4 千字
版　　次：2016 年 2 月第 1 版
印　　次：2019 年 5 月第 4 次印刷
定　　价：45.00 元

凡所购买电子工业出版社图书有缺损问题，请向购买书店调换。若书店售缺，请与本社发行部联系，联系及邮购电话：（010）88254888，88258888。
质量投诉请发邮件至 zlts@phei.com.cn，盗版侵权举报请发邮件至 dbqq@phei.com.cn。
本书咨询联系方式：dcc@phei.com.cn。

前 言

随着互联网的迅速普及，Web 开发技术也有着日新月异的发展。从 HTML、CGI 到现在的 Web 2.0，在短短 20 多年的时间里，出现了众多优秀的开发技术，其中微软公司（Microsoft Corporation.）推出的 ASP.NET 就是其中的佼佼者。.NET Framework 作为 ASP.NET 的运行基础，为开发人员提供了一个一致的、面向对象的编程环境。从 2000 年.NET 技术崭露头脚，到 2012 年推出.NET Framework 4.5，微软为推广.NET 技术投入了巨大的人力和财力，.NET 也因为其跨语言、跨平台、安全、以及对开放互联网标准和协议支持的优点吸引了全世界越来越多的开发人员。在.NET Framework 的支持下，ASP.NET 构建的应用程序可以运行在多种平台上。在微软的平台战略支持下，ASP.NET 有着强大的开发工具（Visual Studio）和简单易用的运行环境（Internet Information System），所以 ASP.NET 也是当前最容易上手的网页开发环境。

本书作者根据多年从事 Windows 程序设计工作和讲授计算机专业相关课程的实际教学经验，以实用目的，精心选取教学内容，合理组织章节结构，抓住 ASP.NET 的知识体系，系统地讲解了各知识点的基础理论和使用方法。在内容设计上，本书以 ASP.NET 核心内容为切入点，降低入门学习难度，将难点以典型案例进行示范，提高学习效率；理论与实际紧密结合。在介绍每一个知识点的同时，均给出相应的代码（读者可按照书中提示信息找到每章的源码），并对同一知识点的不同解决代码进行横向对比，力求让读者在理解基础知识后，能够学以致用，快速上手。本书每章均附有小结和习题，有利于读者拓展思路并对所学知识进行深化理解。

本书共包含五个部分：

第 1 部分 .NET Framework 4.5 简介：包含.NET Framework 4.5 简介、Visual Studio 2012 集成化开发环境。这一部分通过对.NET Framework 架构及开发工具的介绍，让读者对 ASP.NET 的开发、运行、调试有一个直观的了解；

第 2 部分 ASP.NET 开发基础：包含 ASP.NET 技术简介、C#语言基础、ASP.NET 内置对象、ASP.NET 页面语法、ASP.NET 服务器控件。这一部分介绍了开发 ASP.NET 的基础知识，对 C#语言和服务器端对象进行详细介绍。

第 3 部分 构建 ASP.NET 应用程序：包含 ASP.NET 中的样式、主题和母版页、ASP.NET 4.5 中的站点导航技术、用户控件与 Web 部件、ASP.NET 应用程序安全技术。这一部分通过对 ASP.NET 服务器端控件、安全验证控件等的介绍，让读者对 ASP.NET 的服务器端、客户端交互有初步的认识。

第 4 部分 数据访问技术：包含 ADO.NET 数据访问技术、ASP.NET 数据绑定技术与数据绑定控件、LINQ 技术。这一部分重点介绍了 ASP.NET 的数据存储和操作技术，以实例的形式对页面的数据交互进行展示。

第 5 部分 ASP.NET 高级应用：包含 Web 服务和 WCF 服务、ASP.NET 的 AJAX 开发技术、网站发布、打包与安装。这一部分主要介绍了 ASP.NET 的一些高级应用技术，为读者以后进一步的深入学习研究打下基础。

本书面向本专科计算机、非计算机类等相关专业学生，简化学习难度，可以作为学习 Web 应用程序和动态网站开发课程教材，也可以作为相关软件开发人员的学习参考用书。

本书由河南科技大学王凤科负责策划、统稿，本书第 3、4、17 章由河南科技大学徐会杰编写，

第 5～6 章由河南科技大学朱海编写，第 2 章由河南科技大学朱丹辉编写，第 7～9 章由河南科技大学杨玫编写，第 14～16 章由河南科技大学蔡羽编写，第 1、10～12 章由洛阳师范学院匡国防编写，第 13 章由洛阳理工学院刁文广编写，河南科技大学周晓蕴与洛阳理工学院周武强负责校对、审稿。同时，裴创、张军、张晓、杨爱其、董帅、颜同飞、刘海笑等在资料收集、代码调试等方面做了大量的工作，一并表示感谢。

由于编者水平有限、时间仓促，书中不足之处在所难免，敬请广大读者批评指正。衷心希望本书的出版能够对广大读者的学习和工作有所裨益。

目 录

第1章 .NET Framework 4.5 简介 ... 1
1.1 .NET Framework 基础概念 ... 1
- 1.1.1 什么是.NET Framework ... 1
- 1.1.2 .NET Framework 的目标 ... 1
- 1.1.3 公共语言运行时 ... 2
- 1.1.4 .NET Framework 类库 ... 2
1.2 通用中间语言 ... 3
1.3 .NET Framework 4.5 的新功能 ... 3
1.4 小结 ... 4
1.5 习题 ... 4

第2章 Visual Studio 2012 集成化开发环境 ... 5
2.1 获取 Visual Studio 2012 ... 5
2.2 安装 Visual Studio 2012 ... 5
- 2.2.1 系统要求 ... 6
- 2.2.2 安装步骤 ... 6
2.3 Visual Studio 2012 开发界面 ... 7
- 2.3.1 创建 web 应用程序 ... 8
- 2.3.2 菜单栏 ... 9
- 2.3.3 工具栏 ... 10
- 2.3.4 解决方案资源管理器 ... 10
- 2.3.5 控件工具箱 ... 11
- 2.3.6 服务器资源管理器 ... 11
- 2.3.7 错误列表 ... 12
- 2.3.8 页面设计窗口 ... 12
- 2.3.9 代码编辑窗口 ... 12
2.4 Visual Studio 2012 的主要特性 ... 13
2.5 小结 ... 14
2.6 习题 ... 14

第3章 ASP.NET 技术简介 ... 15
3.1 ASP.NET 4.5 概述 ... 15
- 3.1.1 ASP.NET 基础概念 ... 15
- 3.1.2 ASP.NET 4.5 的新功能 ... 16
- 3.1.3 ASP.NET 开发工具 ... 16
- 3.1.4 ASP.NET 客户端 ... 17
3.2 ASP.NET 程序结构 ... 17
- 3.2.1 ASP.NET 文件类型 ... 17
- 3.2.2 ASP.NET 目录结构 ... 19
3.3 ASP.NET 配置 ... 20
- 3.3.1 Web.config 配置文件 ... 20
- 3.3.2 嵌套配置设置 ... 21
- 3.3.3 在 Web.config 中存储自定义设置 ... 24
- 3.3.4 ASP.NET Web 站点管理工具 WAT ... 24
- 3.3.5 编程读取和写入配置设置 ... 26
3.4 Web 窗体基础 ... 29
- 3.4.1 基于事件的编程模型 ... 29
- 3.4.2 自动回发特性（AutoPostBack） ... 30
- 3.4.3 Web 窗体处理流程 ... 31
- 3.4.4 ASP.NET 中的 Page 类 ... 33
- 3.4.5 页面重定向 ... 33
- 3.4.6 HTML 编码 ... 34
3.5 应用程序事件 ... 35
- 3.5.1 Global.asax 全局文件 ... 35
- 3.5.2 基本应用程序事件 ... 37
3.6 小结 ... 38
3.7 习题 ... 38

第4章 C#语言基础 ... 39
4.1 C#语言概述 ... 39
4.2 C#语言的基本语法 ... 39
- 4.2.1 C#数据类型 ... 39
- 4.2.2 变量和常量 ... 42
- 4.2.3 数据类型转换 ... 44
- 4.2.4 运算符与表达式 ... 46
- 4.2.5 流程控制 ... 48
- 4.2.6 数组 ... 54
4.3 面向对象编程 ... 57
- 4.3.1 类 ... 57
- 4.3.2 属性、方法和事件 ... 58

	4.3.3	构造函数 …………………………… 60
	4.3.4	继承和多态 ………………………… 61
	4.3.5	委托 ………………………………… 70
	4.3.6	事件 ………………………………… 72
	4.3.7	C#语言其他概念和语言特色 …… 76
4.4	小结	……………………………………… 80
4.5	习题	……………………………………… 80

第 5 章 ASP.NET 内置对象 …………………… 82

5.1	Page 类 …………………………………… 82
	5.1.1 页面的生命周期 ………………… 82
	5.1.2 Page 类的属性、方法和事件 …… 83
5.2	Response 对象 …………………………… 85
	5.2.1 Response 对象的属性和方法 …… 85
	5.2.2 应用 Response 对象 ……………… 85
5.3	Request 对象 ……………………………… 86
	5.3.1 Request 对象的属性和方法 …… 86
	5.3.2 应用 Request 对象 ……………… 87
5.4	Server 对象 ……………………………… 87
	5.4.1 Server 对象的属性和方法 ……… 88
	5.4.2 应用 Server 对象 ………………… 88
5.5	Cache 对象 ……………………………… 88
	5.5.1 Cache 对象的属性和方法 ……… 89
	5.5.2 应用 Cache 对象 ………………… 89
5.6	状态管理 ………………………………… 89
	5.6.1 ASP.NET 状态管理 ……………… 89
	5.6.2 ViewState 对象 …………………… 90
	5.6.3 Cookie 对象 ……………………… 90
	5.6.4 Session 对象 ……………………… 92
	5.6.5 Application 对象 ………………… 94
5.7	小结 ……………………………………… 95
5.8	习题 ……………………………………… 96

第 6 章 ASP.NET 页面语法 …………………… 97

6.1	ASP.NET 网页扩展名 …………………… 97
6.2	页面指令 ………………………………… 98
6.3	ASPX 文件内容注释 …………………… 105
6.4	HTML 服务器控件语法 ………………… 105
6.5	ASP.NET 服务器控件语法 ……………… 106
6.6	代码块语法 ……………………………… 106
6.7	表达式语法 ……………………………… 107
6.8	小结 ……………………………………… 108
6.9	习题 ……………………………………… 108

第 7 章 ASP.NET 服务器控件 ……………… 109

7.1	服务器控件概述 ………………………… 109
	7.1.1 HTML 服务器控件 ……………… 109
	7.1.2 服务器控件的使用 ……………… 109
	7.1.3 Web 服务器控件 ………………… 117
7.2	服务器控件类 …………………………… 124
	7.2.1 服务器控件基本属性 …………… 124
	7.2.2 服务器控件的事件 ……………… 125
7.3	文本服务器控件 ………………………… 127
	7.3.1 标签（Label）控件 ……………… 127
	7.3.2 静态文本（Literal）控件 ……… 129
	7.3.3 文本框（TextBox）控件 ……… 131
	7.3.4 超链接文本（HyperLink）
	控件 ……………………………… 132
7.4	按钮服务器控件 ………………………… 133
	7.4.1 普通按钮（Button）控件 ……… 133
	7.4.2 超链接按钮（LinkButton）
	控件 ……………………………… 134
	7.4.3 图像按钮（ImageButton）
	控件 ……………………………… 135
7.5	图像服务器控件 ………………………… 135
	7.5.1 图像（Image）控件 …………… 135
	7.5.2 图像地图（ImageMap）控件 … 137
7.6	选择服务器控件 ………………………… 138
	7.6.1 复选框（CheckBox）控件 …… 138
	7.6.2 复选框列表（CheckBoxList）
	控件 ……………………………… 140
	7.6.3 单选按钮（RadioButton）
	控件 ……………………………… 141
	7.6.4 单选按钮列表（RadioButtonList）
	控件 ……………………………… 141
7.7	列表服务器控件 ………………………… 142
	7.7.1 列表框（ListBox）控件 ……… 142
	7.7.2 下拉列表框（DropDownList）
	控件 ……………………………… 143
	7.7.3 项目列表（BulletedList）控件 … 143
7.8	容器服务器控件 ………………………… 144
	7.8.1 面板（Panel）控件 …………… 144
	7.8.2 多视图（Multiview）控件 …… 145
	7.8.3 动态容器（PlaceHolder）控件 … 146
7.9	高级服务器控件 ………………………… 147

	7.9.1	日历（Calendar）控件	147
	7.9.2	动态广告（AdRotator）控件	149
7.10	小结		149
7.11	习题		150

第 8 章 ASP.NET 中的样式、主题和母版页 … 152

8.1	在 ASP.NET 中应用 CSS 样式	152
	8.1.1 创建样式	152
	8.1.2 应用样式	154
8.2	主题	158
	8.2.1 创建主题	158
	8.2.2 创建外观	159
	8.2.3 应用主题和外观	160
8.3	母版页	160
	8.3.1 创建母版页	160
	8.3.2 创建内容	162
	8.3.3 母版页和相对路径	163
	8.3.4 在 web.config 中配置母版页	164
	8.3.5 修改母版页	164
	8.3.6 动态加载母版页	165
	8.3.7 母版页的嵌套	168
8.4	小结	170
8.5	习题	170

第 9 章 ASP.NET 4.5 中的站点导航技术 … 172

9.1	ASP.NET 站点导航概述	172
9.2	站点地图	172
9.3	配置多个站点地图	173
	9.3.1 从父站点地图链接到子站点地图文件	173
	9.3.2 在 Web.config 文件中配置多个站点地图	174
9.4	SiteMapPath 控件	174
9.5	SiteMapDataSource 控件	175
9.6	Menu 控件	176
	9.6.1 定义 Menu 菜单内容	176
	9.6.2 Menu 控件样式	177
9.7	TreeView 控件	179
	9.7.1 定义 TreeView 控件节点内容	179
	9.7.2 带复选框的 TreeView 控件	181
9.8	小结	184
9.9	习题	184

第 10 章 用户控件与 Web 部件 … 185

10.1	用户控件	185
	10.1.1 创建用户控件	185
	10.1.2 在 Web.config 中注册用户控件	188
	10.1.3 转换现有页为用户控件	190
10.2	编程处理用户控件	190
	10.2.1 公开用户控件中的属性	190
	10.2.2 使用自定义对象属性	192
	10.2.3 添加用户控件事件	194
10.3	动态加载用户控件	196
	10.3.1 动态创建用户控件	196
	10.3.2 使用 Reference 指令	198
10.4	Web 部件	198
	10.4.1 使用 Web 部件	199
	10.4.2 WebPartManager 显示模式	206
10.5	小结	206
10.6	习题	206

第 11 章 ASP.NET 应用程序安全技术 … 207

11.1	身份验证	207
	11.1.1 基于 Windows 的身份验证	207
	11.1.2 基于 Forms 的身份验证	208
11.2	安全代码的编写	209
	11.2.1 防止 SQL 注入	209
	11.2.2 合理使用错误页面	211
11.3	使用 URL 授权	212
11.4	小结	214
11.5	习题	214

第 12 章 ADO.NET 数据访问技术 … 215

12.1	ADO.NET 概述	215
	12.1.1 ADO.NET 简介	215
	12.1.2 ADO.NET 对象模型	215
	12.1.3 数据访问模式	217
12.2	数据库连接字符串	217
12.3	连接数据库	218
	12.3.1 Connection 对象概述	218
	12.3.2 Connection 对象的属性及方法	218
	12.3.3 使用 SqlConnection 对象连接 SQL Server 数据库实例	219
12.4	获取数据	223

            12.4.1 Command 对象概述 ………… 223
            12.4.2 Command 对象的属性及方法 ‥ 223
            12.4.3 使用 SqlCommand 对象执行
                   数据库命令 ………………… 224
            12.4.4 DataReader 对象概述 ……… 224
            12.4.5 DataReader 对象的属性
                   及方法 ……………………… 224
            12.4.6 使用 SqlDataReader 读取
                   数据库实例 ………………… 225
    12.5 填充数据集 …………………………… 227
            12.5.1 DataAdapter 对象概述 …… 227
            12.5.2 DataSet 对象概述 ………… 227
            12.5.3 使用 DataAdapter 对象、
                   DataSet 对象综合实例 …… 228
    12.6 小结 …………………………………… 229
    12.7 习题 …………………………………… 229
第 13 章 ASP.NET 数据绑定技术与数据
        绑定控件 ……………………………… 230
    13.1 数据绑定概述 ………………………… 230
            13.1.1 简单数据绑定 ……………… 230
            13.1.2 复杂数据绑定 ……………… 232
    13.2 数据源控件 …………………………… 232
            13.2.1 SqlDataSource 数据源控件 … 232
            13.2.2 ObjectDataSource 数据源控件 … 237
            13.2.3 LinqDataSource 数据源控件 … 240
    13.3 数据绑定控件 ………………………… 242
            13.3.1 GridView 控件 …………… 242
            13.3.2 DetailsView 控件 ………… 249
            13.3.3 DataList 控件 …………… 249
            13.3.4 ListView 控件和 DataPager
                   控件 ………………………… 251
            13.3.5 FormView 控件 …………… 255
    13.4 小结 …………………………………… 255
    13.5 习题 …………………………………… 256
第 14 章 LINQ 技术 …………………………… 258
    14.1 LINQ 技术概述 ……………………… 258
    14.2 C#中的 LINQ ………………………… 259
            14.2.1 LINQ 查询表达式 ………… 259
            14.2.2 LINQ 查询方法 …………… 260
    14.3 LINQ to ADO.NET …………………… 263
            14.3.1 LINQ to DataSet …………… 263

            14.3.2 LINQ to SQL ……………… 264
    14.4 LINQ to XML ………………………… 267
            14.4.1 构造 XML 树 ……………… 267
            14.4.2 查询 XML 树 ……………… 270
            14.4.3 操作 XML 树 ……………… 272
    14.5 LinqDataSource 控件 ………………… 274
    14.6 小结 …………………………………… 278
    14.7 习题 …………………………………… 279
第 15 章 Web 服务和 WCF 服务 …………… 280
    15.1 Web 服务 ……………………………… 280
            15.1.1 Web 服务概述 ……………… 280
            15.1.2 建立 ASP.NET Web 服务 … 280
            15.1.3 调用 ASP.NET Web 服务 … 281
    15.2 WCF 服务 …………………………… 284
            15.2.1 建立 WCF 服务 …………… 284
            15.2.2 调用 WCF 服务 …………… 284
    15.3 习题 …………………………………… 287
第 16 章 ASP.NET 的 AJAX 开发技术 …… 288
    16.1 ASP.NET AJAX 开发技术概述 …… 288
            16.1.1 AJAX 开发模式 …………… 289
            16.1.2 AJAX 体系结构 …………… 294
    16.2 ASP.NET AJAX 核心控件 ………… 301
            16.2.1 ScriptManager 控件 ……… 302
            16.2.2 UpdatePanel 控件 ………… 303
            16.2.3 UpdateProgress 控件 ……… 306
            16.2.4 Timer 控件 ………………… 308
    16.3 AJAXControl Toolkit ………………… 310
            16.3.1 安装 ASP.NET AJAX
                   Control Toolkit …………… 310
            16.3.2 AJAX Control Toolkit 控件
                   概览 ………………………… 313
    16.4 小结 …………………………………… 321
    16.5 习题 …………………………………… 321
第 17 章 网站部署、打包与安装 …………… 323
    17.1 Web 站点部署前的准备 ……………… 323
    17.2 IIS 的安装和配置 …………………… 323
    17.3 复制站点 ……………………………… 325
    17.4 发布网站 ……………………………… 326
    17.5 小结 …………………………………… 328
    17.6 习题 …………………………………… 328

第1章 .NET Framework 4.5 简介

本章要点或学习目标
- 理解.NET Framework 的两个主要组件 CLR 和 FCL
- 理解通用中间语言 CIL
- 理解.NET Framework 4.5 的新增功能

1.1 .NET Framework 基础概念

开发人员可以使用.NET Framework 创建 Web 网站、Web 服务应用程序、Windows 系统以及智能设备应用程序等。微软公司从发布第一个.NET Framework 以来，已经发布了 1.0 版、1.1 版、2.0 版、3.0 版、3.5 版、4.0 版，目前.NET Framework 4.5 是最新的版本，也是功能最强大和最完善的一个版本。

1.1.1 什么是.NET Framework

在传统的软件开发工作中，开发人员需要面对的是多种服务器和终端系统，包括用于个人计算机的 Windows 系统、用于服务器的 Windows 服务器系统、非 Windows 系统（如 FreeBSD、Linux 和 BSD）、用于平面设计的 Mac OS X 操纵系统，以及各种移动终端系统（如 Windows Mobile、IOS、Android）等。

在开发基于以上这些系统的软件时，开发者需要针对不同的硬件和操作系统，编写大量实现兼容性的代码，并使用不同的方式对代码进行编译。这一系列问题，都给软件设计和开发带来很多困难。

以 Windows 操作系统为例，目前主要使用的 Windows 操作系统内核包括 Windows 9X、NT4、NT5.0/5.1、NT6.0/6.1、Windows CE、Windows Mobile 6.X 和 Windows Phone OS 等，在这些操作系统下进行软件开发，可使用的技术包括以下几种：

- 用于图形图像开发的 GDI、DirectX、OpenGL 等技术。
- 用于数据库操作的 ADO、DAO、RDO、ODBC 等技术。
- 用于 Web 应用开发的 ASP、JSP、PHP 等技术。
- 用于移动终端开发的 XNA、HTML5 等技术。

以上这些技术都有各自的标准和接口，相互不兼容。有些软件开发人员必须学习和使用相同的技术才能实现协作；而企业在实施开发项目时，也需要聘用指定技术的开发人员，才能实现最终的产品。

基于以上问题，微软在 21 世纪初开发出了一种致力于敏捷而快速的软件开发框架，其更加注重平台无关化和网络透明化，以公用语言运行时（Common Language Runtime，CLR）为基础，支持多种编程语言，这就是微软的.NET Framework。

1.1.2 .NET Framework 的目标

.NET Framework（框架）是支持生成和运行下一代应用程序和 Web 服务的内部 Windows 组件。事实上它的主要特色在于简化应用程序的开发复杂性，提供一个一致的开发模型，开发人员可以选择任何支持.NET 的编程语言来进行多种类型的应用程序开发,如 Basic、C#、J#等。概括而言,.NET Framework 旨在实现下列目标:

- 提供一个一致的面向对象的编程环境。无论开发的程序是在本地存储并执行的 Windows 窗体程序,还是基于 B/S 或者 C/S 架构的网络程序,其编程界面风格及控件都是相似的。
- 提供一个将软件部署和版本控制冲突最小化的代码执行环境。
- 提供一个可提高代码(包括未知的或不完全受信任的第三方创建的代码)执行安全性的代码执行环境。
- 提供一个可消除脚本环境或解释环境的性能问题的代码执行环境。
- 使开发人员的经验在面对类型大不相同的应用程序(如基于 Windows 的应用程序和基于 Web 的应用程序)时保持一致。
- 按照行业标准生成所有通信,确保基于.NET 框架的代码可与任何其他代码集成。

.NET Framework 由两个主要的组件组成:分别为公共语言运行时(Common Language Runtime,CLR)和.NET Framework 类库(Framework Class Library,FCL)。

1.1.3 公共语言运行时

公共语言运行时(CLR)是.NET 框架的基础。可以将运行时看作一个在执行时管理代码的代理,它提供内存管理、线程管理和远程管理等核心任务,并且还强制实施严格的类型安全以及可提高安全性和可靠性的其他形式的代码准确性验证。以运行时为目标的代码称为托管代码,而不以运行时为目标的代码称为非托管代码。.NET 框架提供了托管执行环境,简化了开发和部署并与各种编程语言的集成,从而能够提高开发人员的工作效率。例如,程序员在用自己选择的开发语言编写应用程序时,可以利用其他开发人员用其他语言编写的运行时、类库和组件。

图 1-1 显示了公共语言运行时和类库、应用程序之间以及整个系统之间的关系。

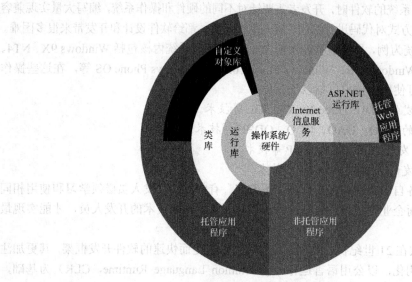

图 1-1 .NET 的总体结构

1.1.4 .NET Framework 类库

.NET Framework 类库(FCL)是一个与公共语言运行时紧密集成的可重用的类型集合,包括类、接口和值类型的库,提供对系统功能的访问,且被设计为构建.NET Framework 应用程序、组件和控件的基础。这使得.NET 框架类型不但易于使用,而且还减少了学习.NET 框架新功能所需要的时间。此外,第三方组件可与.NET 框架中的类无缝集成。

1.2 通用中间语言

通用中间语言(Common Intermediate Language,CIL)曾被称为微软中间语言,类似于一个面向对象的汇编语言,独立于具体 CPU 和平台的指令集,它可以在任何支持.NET 框架的环境下运行。

在.NET 编程环境中,不管程序员使用 C++、C#、VB.NET 还是 J#语言编写程序,在程序进行编译的时候,编译器都会将源代码编译为 CIL 语言,然后再通过实时(Just In Time, JIT)编译器编译为针对各种不同 CPU 的指令(注意,因为 JIT 是实时编译器,所以它只编译需要运行的 CIL 语言段,而不是全部一下编译完,这样可以提高程序编译效率)。

因为所有的.NET 编程语言都基于.NET 框架并生成 CIL,所以这些语言的编程风格非常相似,因此,学会一种.NET 编程语言,其他.NET 编程语言很快就能掌握。在本书中,采用的编程语言是 C#。.NET 体系结构如图 1-2 所示。

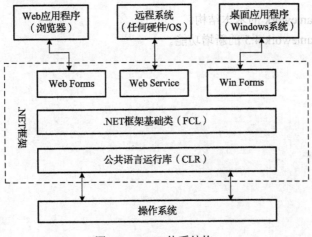

图 1-2　.NET 体系结构

1.3　.NET Framework 4.5 的新功能

.NET Framework 4.5 是在以前版本.NET Framework 4.0 的基础上完善而成的,为方便团队开发,增强应用程序的安全性,适应网络技术的新发展,微软对.NET 框架原有的功能进行了完善和改进,并增加了很多新功能:
- 新增了对 Windows 商店应用程序的支持。
- 新增了可移植类库功能。
- 可生成在多个.NET 框架平台(如 Windows Phone 和 Windows 应用商店应用程序的.NET)上处理的托管程序集。
- 使用异步操作提高文件输入/输出性能。
- 提高多核处理器的启动性能。

- 对多个客户端启用异步流消息，提高 WCF 应用程序的可伸缩性。
- 新增资源文件生成器（resgen.exe）。
- 对 HTML5 的全面支持。
- 增强了托管扩展框架（Managed Extensibility Framework，MEF）功能。
- 提供用于 HTTP 应用程序的新编程接口。
- 增强的 Windows Presentation Foundation（WPF）功能，向 WPF 应用程序添加功能区用户界面。
- 更新的工作流（Windows Workflow Foundation）技术。

1.4 小结

本章详细介绍了.NET Framework 的概念、目标以及框架包含的两个重要组件 CLR 和 FCL；然后介绍了通用中间语言 CIL；最后阐述了.NET Framework 4.5 相比以前版本新增的功能。

1.5 习题

1. 简述.NET Framework 的基本结构。
2. 简述.NET Framework 4.5 的新增功能。

第 2 章 Visual Studio 2012 集成化开发环境

本章要点或学习目标

- 认识 Visual Studio 2012 IDE
- 了解 Visual Studio 2012 的一些开发特性
- 能够安装 Visual Studio 2012 应用程序

2.1 获取 Visual Studio 2012

"工欲善其事，必先利其器"。好的开发工具可以让程序设计人员事半功倍，Visual Studio 2012 开发工具是目前所有开发工具中的佼佼者，该工具是微软公司未来配合.NET 战略推出的 IDE 开发环境，本身包含.NET Framework 及 ASP.NET 程序开发服务器。另外，在编写程序时该工具的智能代码提示功能会主动提示目前可用的属性、方法及参数等，程序开发人员可很方便地从中选择需要的代码，如图 2-1 所示为 Visual Studio 2012 智能显示可用的方法、属性及参数。

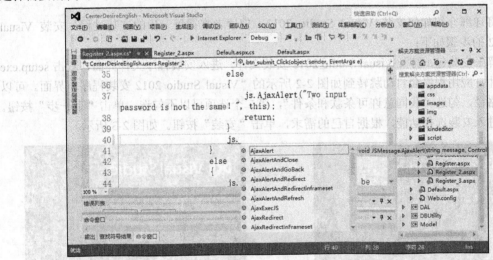

图 2-1 Visual Studio 2012 智能显示可用的方法、属性及参数

那么，我们如何获取 Visual Studio 2012 呢？方法就是通过搜索引擎搜索"VS2012 安装包下载"，然后找到适合的链接下载 Visual Studio 2012 安装包，下载完毕即可。本章提供一个 Visual Studio 2012 的安装包下载地址（Visual Studio 2012 Express For Win 8 简体中文版）：http://download.microsoft.com/download/8/1/b/81b0c41a-595f-4d5d-8c83-bb29addb265d/vs2012_winexp_chs.iso，读者可以打开该链接地址进行下载、安装。

2.2 安装 Visual Studio 2012

对于专业程序开发人员来说，一般会通过安装 Visual Studio 2012 集成开发环境，来开发 ASP.NET 应用程序。本节将对 Visual Studio 2012 的安装与配置进行介绍。

2.2.1 系统要求

1. 操作系统要求

- Windows XP Service Pack 2.0
- Windows Server 2003 Service Pack 1.0
- Windows 7
- Windows 8

2. 硬件要求

- CPU：至少 600MHz（推荐使用 1GHz）
- 内存：至少 1GB（推荐使用 4GB）
- 显示器：至少 800×600 像素，256 色（建议用 1024×768 像素，增强色为 16 位）

3. 磁盘要求

- 全部安装（包括帮助文档，即 MSDN），安装盘上至少需要 2.86GB 磁盘空间，系统盘至少剩余 6GB 磁盘空间

2.2.2 安装步骤

下面将详细介绍如何安装 Visual Studio 2012，使读者掌握每一步的安装过程。安装 Visual Studio 2012 的步骤如下：

（1）解压安装包，打开 Visual Studio 2012 安装文件，进入安装程序文件界面，双击 setup.exe 可执行文件，应用程序会自动跳转到如图 2-2 所示的"Visual Studio 2012 安装程序"界面。可以选择安装路径，勾选"我同意许可条款和条件"，第二个选项可以不勾选，单击"下一步"按钮。

（2）进入安装选择功能，根据自己的需求，单击"安装"按钮。如图 2-3 所示。

图 2-2　Visual Studio 2012 安装程序起始页

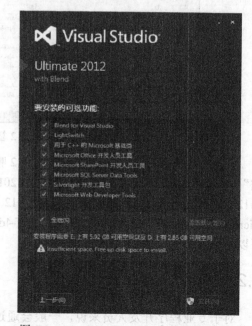

图 2-3　Visual Studio 2012 安装选择界面

第 2 章　Visual Studio 2012 集成化开发环境

（3）进入安装界面，如图 2-4 所示，安装成功后就可以启动了。

（4）首次使用 Visual Studio 2012 之前，需要指定您从事最多的开发活动类型，如 Visual Basic 或 Visual C#，此信息用于将预定义的设置集合应用于针对您的开发活动而设计的开发环境，如图 2-5 所示。另外，Visual Studio 2012 需要一个密钥，这里提供一个供大家使用：YKCW6-BPFPF-BT8C9-7DCTH-QXGWC，如图 2-6 所示。

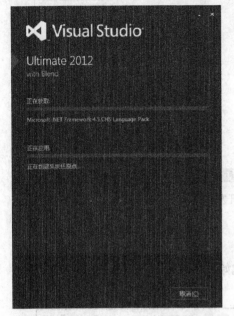

图 2-4　Visual Studio 2012 安装进度界面

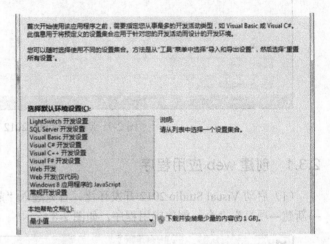

图 2-5　Visual Studio 2012 选择默认环境设置

图 2-6　Visual Studio 2012 密钥填写

2.3　Visual Studio 2012 开发界面

当打开 Visual Studio 2012 时，将显示如图 2-7 所示的界面，该窗口与普通的 Windows 窗体区别不大，同样具有菜单栏、工具栏，然后是一些自动停靠的窗口。下面我们通过创建一个 Web 应用程序来介绍 Visual Studio 2012 的一些开发特性。

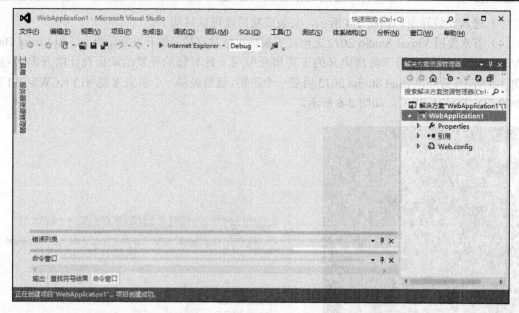

图 2-7 Visual Studio 2012 开发界面

2.3.1 创建 web 应用程序

(1) 启动 Visual Studio 2012 开发环境，首先进入"起始页"界面。在该界面中，单击"文件→新建→项目"命令，创建应用程序，如图 2-8 所示。

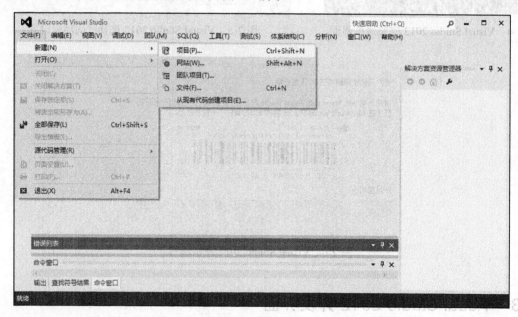

图 2-8 新建项目

(2) 选择"新建项目"后，将打开新 Web 应用程序窗口。在该窗口的"模板"区域内选择"Web"，再选择"ASP.NET 空 Web 应用程序"，然后确定 Web 应用程序的位置，并选择编程语言，如图 2-9 所示：

第 2 章　Visual Studio 2012 集成化开发环境

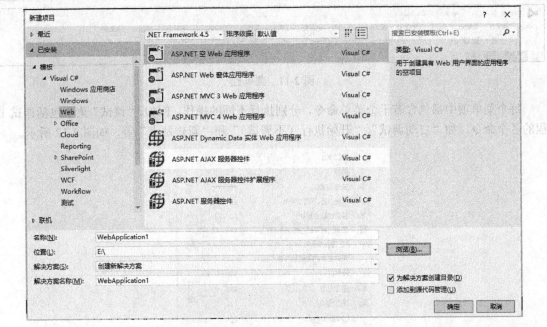

图 2-9　创建 Web 应用程序

（3）单击"确定"按钮，创建 Web 应用程序。同时，在开发环境下右击项目名称，添加新项 Default.aspx 页面，窗口的布局如图 2-10 所示。

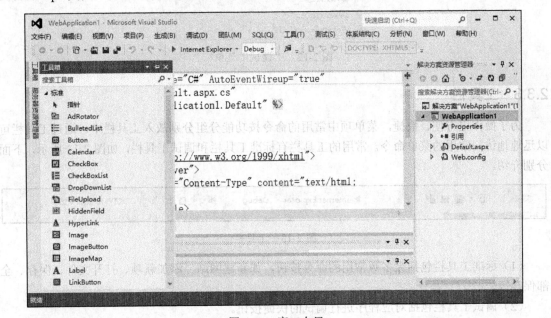

图 2-10　窗口布局

2.3.2　菜单栏

菜单栏显示了所有可用的 Visual Studio 2012 命令，除了"文件"、"编辑"、"视图"、"窗口"和"帮助"菜单之外，还提供编程专用的功能菜单，如"网站"、"生成"、"调试"、"工具"和"测试"等，如图 2-11 所示。

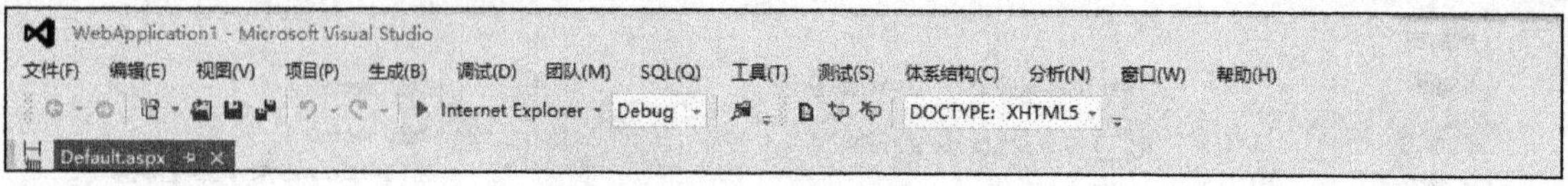

图 2-11 菜单栏

每个菜单项中都包含若干个菜单命令，分别执行不同的操作，例如，"调试"菜单包括调试工程的各个命令，如"启动调试"、"开始执行（不调试）"和"新建站点"等，如图 2-12 所示。

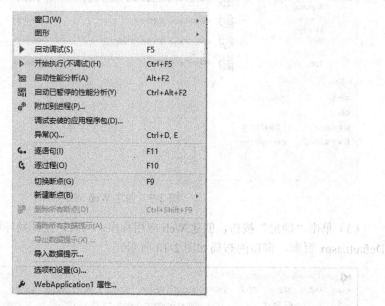

图 2-12 "调试"菜单

2.3.3 工具栏

为了操作更方便、快捷，菜单项中常用的命令按功能分组分别放入工具栏中，通过工具栏可以迅速地访问常用的菜单命令。常用的工具栏有标准工具栏和调试工具栏，如图 2-13 所示，下面分别介绍。

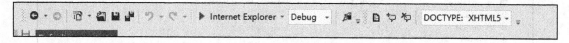

图 2-13 工具栏

（1）标准工具栏包括大多数常用的命令按钮，如新建网站、添加新项、打开文件、保存、全部保存等。

（2）调试工具栏包括对应程序进行调试的快捷按钮。

2.3.4 解决方案资源管理器

解决方案资源管理器是常用的一个窗口，例如当打开在 2.3.3 节中示例的 WebForm1 程序项目后，Visual Studio 2012 主窗口如图 2-10 所示。

可以看到在解决方案资源管理器中列出了项目中的所有文件和文件夹，并且在左下栏增加了一个属性窗口。单击不同的文件夹或文件，属性窗口自动显示出相应的属性信息。

2.3.5 控件工具箱

工具箱是 Visual Studio 2012 的重要工具，每一个开发人员都必须熟悉这个工具。工具箱提供了进行 Windows 窗体应用程序开发所必需的控件。通过工具箱，开发人员可以方便地进行可视化的窗体设计，简化了程序设计的工作量，提高了工作效率。根据控件功能的不同，将工具箱划分为 12 个栏目，如图 2-14 所示。

单击某个栏目，将显示该栏目下的所有控件，如图 2-15 所示。当需要某个控件时，可以通过双击所需要的控件直接将控件加载到窗体上，也可以先选择需要的控件，再将其拖动到设计窗体上。工具箱面板中的控件可以通过工具箱右键菜单（如图 2-16 所示）来控制，如实现控件的排序、删除、显示方式等。

图 2-14 Visual Studio 2012 "工具箱"面板

图 2-15 工具箱窗口

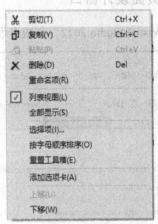

图 2-16 工具箱右键菜单

2.3.6 服务器资源管理器

服务器资源管理器窗口可以很便利地列出指定服务器中的资源和数据库服务器资源，这个窗口使开发人员能十分方便地查看服务器端的资源，并可以通过拖动的方式向程序中添加服务器资源。服务器资源管理器中较常用的是数据链接项，在该项中可以添加修改数据表、视图、存储过程等，非常方便，如图 2-17 所示。

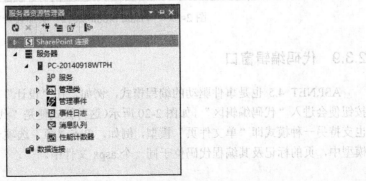

图 2-17 服务器资源管理器

2.3.7 错误列表

"错误列表"为代码中的错误提供了及时的提示和可能的解决方法。例如,当某句代码结束时忘记输入分号,错误列表中会显示如图 2-18 所示的错误。错误列表就好像一个错误提示器,它可以将程序中的错误代码及时地显示给编辑者,并通过提示信息找到相应的错误代码。

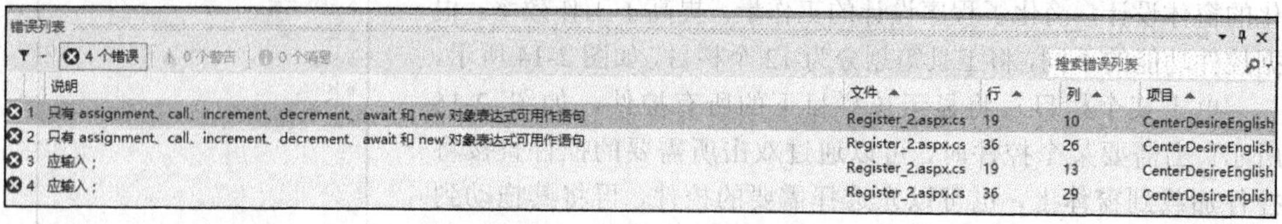

图 2-18 "错误列表"面板

2.3.8 页面设计窗口

在"Visual Studio 2012"集成开发环境中,页面设计窗口如图 2-19 所示。

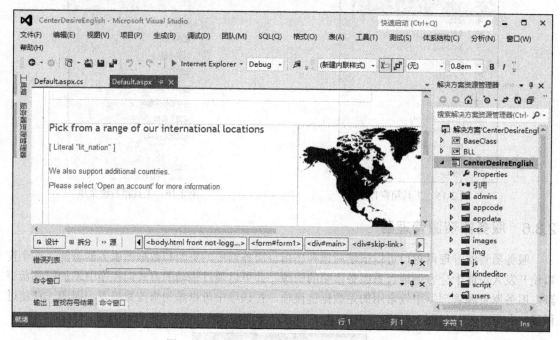

图 2-19 "Visual Studio 2012"页面设计窗口

2.3.9 代码编辑窗口

ASP.NET 4.5 也是事件驱动的编程模式,例如,在"设计"窗体中添加一个按钮。双击这个按钮便会进入"代码编辑区",如图 2-20 所示(这种模式便是"代码隐藏页")。同时 ASP.NET 4.5 也支持另一种模式即"单文件页"模型,例如,单击"源"选项卡,如图 2-21 所示。在单文件页模型中,页的标记及其编程代码位于同一个 .aspx 文件中。

第 2 章　Visual Studio 2012 集成化开发环境

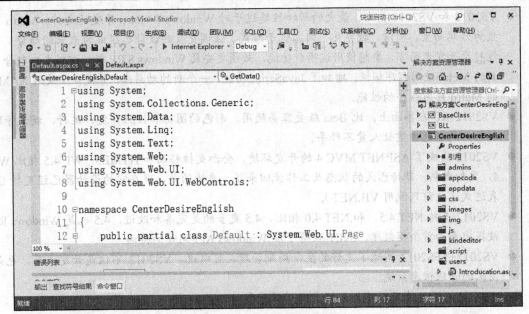

图 2-20　"代码编辑器"窗口

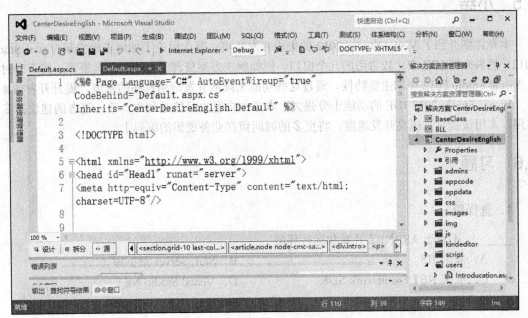

图 2-21　"HTML 代码编辑器"窗口

2.4　Visual Studio 2012 的主要特性

对于开发者而言，一款优秀智能的开发工具能够提升应用开发的效率，Visual Studio 作为主流的开发工具，不仅能够让这款开发工具满足用户体验的需要，同时能够支持更多的新技术架构。2012 年 5 月 31 日，和 Windows 8 RP 版一起，微软发布了 Visual Studio 2012 和 .NET Framework 4.5 的 RC 候选版该版本在 Beta 版的基础上进行了很多改进，尤其是用户界面。

概括而言，VS2012 具有六大技术特点：

- VS2012 和 VS2010 相比，最大的新特性莫过于对 Windows 8 Metro 开发的支持。Metro 天生为云端而生，简洁、数字化、内容优于形式、强调交互的设计已经成为未来的趋势。不过对于开发者而言，要想使用这项新功能，必须要安装 Windows 8 RP 版。该版本中包含了新的 Metro 应用程序模板，增加了 JavaScript 功能、一个新的动画库，并提升了使用 XAML 的 Metro 应用程序的性能。
- VS2012 RC 在界面上，比 Beta 版更容易使用，彩色的图标和按照开发、运行、调试等环境区分的颜色方案让人爱不释手。
- VS2012 集成了 ASP.NET MVC 4 的开发环境，全面支持移动和 HTML5，WF 4.5 相比 WF 4，更加成熟，期待已久的状态及工作流回来了，更棒的是，现在它的设计器已经支持 C# 表达式（之前只能用 VB.NET）。
- VS2012 支持.NET 4.5，和.NET 4.0 相比，4.5 更多的是完善和改进，4.5 也是 Windows RT 被提出来的首个框架库，.NET 获得了和 Windows API 同等的待遇。
- VS2012+TFS2012 实现了更好的生命周期管理，可以说，VS2012 不仅是开发工具，也是团队的管理信息系统。
- VS2012 对系统资源的消耗并不大，不过需要 Windows 7/8/10 的支持。

2.5 小结

本章详细介绍了 Visual Studio 2012 的集成开发环境，首先讨论了如何正确安装 Visual Studio 2012，然后介绍 IDE 中比较常用的几个窗口，例如解决方案资源管理器、工具箱等。接下来讨论了 Visual Studio 2012 中的主要特性，通过这些功能来降低开发应用程序的难度，提升开发效率。

Visual Studio 2012 IDE 的功能十分强大，本章的内容也只能是九牛一毛，笔者的建议是多学多用，多用快捷键来提高开发速度，将更多的时间留在业务逻辑的编码上。

2.6 习题

1. 选择题

_____不属于 ASP.NET 开发和运行环境。
    A. 安装 IIS   B. SQL Server 数据库
    C. 安装.NET Framework SDK   D. Visual Studio.NET

2. 应用题

（1）简述 Visual Studio 2012 开发环境中各窗口的基本功能。
（2）根据所学的内容，在计算机 E 盘下创建一个测试用的 Web 应用程序（参考路径 E:\webtest）。
（3）打开习题（1）中建立的 Web 应用程序，双击解决方案资源管理器中的新建页 WebForm1.aspx，单击切换页面视图，切换到"设计视图"，页内添加文字"Welcome to My Website！"，单击工具栏【运行】按钮或快捷键【F5】。

第 3 章 ASP.NET 技术简介

本章要点或学习目标

- 了解 ASP.NET 4.5 的新增功能
- 熟悉 ASP.NET 的文件类型和目录结构
- 掌握 Web.config 文件配置
- 掌握 ASP.NET Web 站点管理工具 WAT 和 Web 窗体基础

3.1 ASP.NET 4.5 概述

ASP.NET 是微软.NET Framework 中一套用于生成 Web 应用程序和 XML Web Service 的技术。ASP.NET 页面在服务器上执行并生成发送到桌面或移动浏览器的标记(如 HTML、XML 或 WML)。该页面使用一种已编译的、由事件驱动的编程模型,这种模型可以提高性能并支持将应用程序逻辑同用户界面相隔离。

3.1.1 ASP.NET 基础概念

ASP.NET 是一种建立在公用语言运行时(CLR)上的编程框架,利用.NET 框架提供的强大类库可以使用较少的代码完成功能强大的企业级 Web 应用程序。ASP.NET 可以使用多种开发语言,其中 C#最为常用。因为 C#是.NET 独有的语言,并且对 Web 开发做了很多优化以提高程序开发效率。此外,常用的开发语言还有 VB.NET,适用于以前使用过 VB 语言做开发的程序员。ASP.NET 为开发者提供了一个全面而强大的服务器控件结构,从外观上看,ASP.NET 和 ASP 是相近的,但本质上是完全不同的,具体体现在以下四个方面:

- 开发语言不同。ASP 仅局限于使用 non-type 脚本语言来开发,用户给 Web 页中添加 ASP 代码的方法与客户端脚本中添加代码的方法相同,导致代码杂乱;ASP.NET 允许用户选择并使用功能完善的 strongly-type 编程语言,也允许使用潜力巨大的.NET Framework。
- 运行机制不同。ASP 是解释运行的编程框架,所以执行效率较低;ASP.NET 是编译性的编程框架,运行是服务器上的编译好的公共语言运行时库代码,可以利用早期绑定,实施编译来提高效率。
- 开发方式不同。ASP 把界面设计和程序设计混在一起,维护和重用困难;ASP.NET 采用页面设计与代码分离的设计方案,更好地适应了项目开发中的美工与程序员开发的并行工作。提倡组件与模块化设计,每一个页、对象、HTML 元素都是一个运行的组件对象,复用性和维护性得到了提高。
- 编程思维不同。ASP 使用 VBS/JS 这样的脚本语言混合 html 来编程,而这些脚本语言属于弱类型、面向结构的编程语言,而非面向对象;ASP.NET 摆脱了以前 ASP 使用脚本语言来编程的缺点,理论上可以使用任何编程语言包括 C#、C++、JS 等。以 C#为例,它是面向对象的编程语言,而不是一种脚本,所以它具有面向对象编程语言的一切特性,比如封装性、继承性、多态性等等,这就解决了 ASP 以上弱点。

3.1.2 ASP.NET 4.5 的新功能

ASP.NET 从 1.0 发展到 4.5 以来，在每个版本都有很重要和实用的功能推出，在 1.0 到 2.0 时代，Web 控件的使用大大方便了开发者的开发；在 ASP.NET 3.5 中提供了动态数据支持，不用编写一行代码就可以极为快速地制作使用 LINQ to SQL 对象模型的数据驱动的网站；在 4.0 版本中，借鉴了开源程序设计阵营中使用众多的 MVC 框架思想，引入了 ASP.NET MVC 框架，以吸引更多的其他平台编程人员的加入。ASP.NET 4.5 的新特性如下：

- ASP.NET 4.5 继承并完善了 4.0 中 MVC 框架思想，为新版 MVC 4 框架设计提供了丰富的模板。
- 提供了强类型数据控件，在数据控件中使用强类型的表达式，而不是使用绑定或 Eval 表达式访问复杂属性。
- 全面支持 HTML5 新特性。
- Web 窗体编程中的模型绑定。允许直接将数据控件绑定到数据访问方法，并自动对用户输入的数据进行格式转化。
- 为客户端脚本 JavaScript 提供隐式验证方式，即将验证代码和 HTML 分离，通过将客户端验证代码移到单个外部 JavaScript 文件，页面将变小且加载起来更为快速。
- 通过改进客户端脚本的绑定和合并，提高页面处理效率。将单独的 JavaScript 和 CSS 文件合并起来并通过绑定和缩减来减小其加载的范围，加快页面加载速度。
- 通过集成具有验证用户输入、防止注入攻击的 AntiXSS 库，对常规的表单进行编码，以防止跨站脚本攻击。
- 支持 WebSockets 协议。
- 支持异步读取和写入 HTTP 请求和响应。
- 支持异步模块和处理程序。
- 在 ScriptManager 控件中支持内容分发网络（CDN）回退功能。
- ASP.NET 4.5 设计新特性在微软集成开发环境 VS2012 中得到了全面体现，这些新特性的详细讲解及使用将在后续章节中逐渐给出。

3.1.3 ASP.NET 开发工具

相对于 ASP 而言，ASP.NET 拥有更加完善的开发工具。在传统的 ASP 开发中，可以使用 Dreamweaver 和 FrontPage 等工具进行页面开发。当时使用 Dreamweaver 和 FrontPage 等工具进行 ASP 应用程序开发时，其效率并不能提升，并且这些工具对 ASP 应用程序的开发和运行也不会带来性能的提升。

相比之下，对于 ASP.NET 应用程序，微软提供了 Visual Studio 开发环境支持其进行高效开发，开发人员还能够使用 ASP.NET 控件进行高效的应用程序开发，这些控件包括日历控件、分页控件、数据源控件和数据绑定控件。开发人员能够在 Visual Studio 开发环境中拖动相应的控件到页面中实现复杂的应用程序编写。

Visual Studio 开发环境在人机交互的设计理念上更加完善。使用 Visual Studio 开发环境进行应用程序开发能够极大地提高开发效率，实现复杂的编程应用，如图 3-1 所示为 Visual Studio 2012 ASP.NET 的开发界面。

Visual Studio 开发环境为开发人员提供了诸多控件，使用这些控件能够实现在 ASP 中难以实现的复杂功能，极大地简化了开发人员的开发。使用 Visual Studio 开发环境进行 ASP.NET 应用程序开发，还能够直接编译和运行 ASP.NET 应用程序。在使用 Dreamweaver 和 FrontPage 等工具进行页面开发时，需要安装 IIS 进行 ASP.NET 应用程序的运行。而 Visual Studio 提供了虚拟的服务器环境，用户可以像编写 C/C++ 应用程序一样在开发环境中进行应用程序的编译和运行。

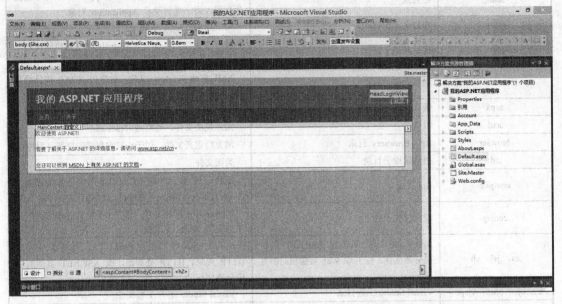

图 3-1　Visual Studio 2012 ASP.NET 的开发界面

3.1.4　ASP.NET 客户端

ASP.NET 应用程序是基于 Web 的应用程序，所以用户可以使用浏览器作为 ASP.NET 应用程序的客户端访问 ASP.NET 应用程序。浏览器已经是操作系统中必备的常用工具，包括 IE9、IE10、Firefox、Chrome 等常用浏览器都可以支持 ASP.NET 应用程序的访问和使用。对于 ASP.NET 应用程序而言，由于其客户端为浏览器，所以 ASP.NET 应用程序的客户端部署成本低，可以在服务器端进行更新而无需进入客户端进行客户端的更新。

3.2　ASP.NET 程序结构

3.2.1　ASP.NET 文件类型

网站应用程序由不同类型的文件组成，有的由 ASP.NET 管理，有的则由 IIS 服务器支持并管理。Visual Web Developer 中的 Add New 菜单可以创建大部分类型的 ASP.NET 文件。

文件类型与应用程序进行映射。例如系统会自动运行 Notepad（Windows 自带的记事本程序）来打开扩展名是 .txt 的文件，本质上是 .txt 文件默认被映射到 Notepad.exe 上。而网站应用的文件类型则映射到 IIS 应用程序扩展。

1．ASP.NET 管理的文件类型

ASP.NET 管理的文件类型映射到 IIS 的 aspnet_isapi.dll 上，ASP.NET 管理的文件类型如表 3-1 所示。

表 3-1 ASP.NET 管理的文件类型

文件类型	保存位置	描述
.asax	根目录	Global.asax 文件，包含 HttpApplication 对象的派生代码，用于重新展示 Application 对象
.ascx	根目录或子目录	可重用的自定义 Web 控件
.ashx	根目录或子目录	处理器文件，包含实现 IHttpHandler 接口的代码，用于处理输入请求
.asmx	根目录或子目录	XML Web Services 文件，包含由 SOAP 提供给其他 Web 应用的类对象和功能
.aspx	根目录或子目录	ASP.NET Web 窗体，包含 Web 控件和其他业务逻辑
.axd	根目录	跟踪视图文件，通常是 Trace.axd
.browser	App_Browsers 目录	浏览器定义文件，用于识别客户端浏览器可用特征
.cd	根目录或子目录	类图文件
.compile	Bin 目录	定位于适当汇编集中的预编译文件，可执行文件（.aspx, .ascx, .master, theme）预编译后放在 Bin 目录
.config	根目录或子目录	Web.config 配置文件，包含用于配置 ASP.NET 若干特征的 XML 元素集
.cs, .jsl, vb	App_Code 目录（有些是 ASP.NET 的代码分离文件，位于与 Web 页面相同的目录）	运行时被编译的类对象源代码，类对象可以是 HTTP 模块、HTTP 处理器，或 ASP.NET 页面的代码分离文件
.csproj, vbpro, vjsproj	Visual Studio 工程目录	Visual Studio 客户工程文件
.disco, .vsdisco	App_WebReferences 目录	XML Web Services Discovery 文件。用于定位可用 Web Services
dll	Bin 目录	已编译类库文件。作为替代，可将类对象源代码保存到 App_Code 目录
.licx, .Webinfo	根目录或子目录	许可协议文件，许可协议有助于保护控件开发者的知识产权，并对控件用户的使用权进行验证
.master	根目录或子目录	模板文件定义 Web 页面的统一布局，并在其他页面中得到引用
.mdb, .ldb	App_Data 目录	Access 数据库文件
.mdf	App_Data 目录	SQLServer 数据库文件
.msgx, .svc	根目录或子目录	Indigo Messaging Framework（MFx）服务文件
.rem	根目录或子目录	远程处理器文件
.resources	App_GlobalResources 或 App_LocalResources 目录	资源文件，包含图像、本地化文本，或其他数据的资源引用串
.resx	App_GlobalResources 或 App_LocalResources 目录	资源文件，包含图像、本地化文本，或其他数据的资源引用串
.sdm, .sdmDocument	根目录或子目录	系统定义模型（SDM）文件
.sitemap	根目录或子目录	系统定义模型（SDM）文件
.sitemap	根目录	网站地图文件，包含网站的结构 ASP.NET 通过默认的网站地图提供者，简化导航控件对网站地图文件的使用
.skin	App_Themes 目录	皮肤定义文件，用于确定显示格式
.sln	Visual Web Developer 工程目录	Visual Web Developer 工程的项目文件
.soap	根目录或子目录	SOAP 扩展文件

2. IIS 管理的文件类型

ASP.NET 管理的文件类型同样被映射到 IIS 中的 asp.dll。IIS 管理的文件类型见表 3-2。

表 3-2 IIS 管理的文件类型

文件类型	保存位置	描述
.asa	根目录	Global.asa 文件，包含 ASP 会话对象或应用程序对象生命周期中的各种事件处理
.asp	根目录或子目录	ASP Web 页面，包含@指令和使用 ASP 内建对象的脚本代码
.cdx	App_Data 目录	Visual FoxPro 的混合索引文件
.cer	根目录或子目录	证明文件，用于对网站的授权
.idc	根目录或子目录	Internet Database Connector（IDC）文件，被映射到 httpodbc.dll。注意：由于无法为数据库连接提供足够的安全性，IDC 将不再被继续使用。IIS 6.0 是最后一个支持 IDC 的版本
.shtm，.shtml，.stm	根目录或子目录	包含文件，被映射到 ssinc.dll

3. 静态文件类型

IIS 仅提供已注册 MIME 类型的静态文件服务。注册信息保存在 MimeMap IIS 元数据库中。如果某种文件类型已经映射到指定应用程序，在不需要作为静态文件的情况之下，无需再在 MIME 类型列表中进行包含。比如，ASP.NET 源文件类型就不能包含在 MIME 类型列表中，因为不允许浏览器直接查看到源代码的内容。

表 3-3 已注册 MIME 文件类型

文件类型	保存位置	描述
.css	根目录或子目录，以及 App_Themes 目录	样式表文件，用于确定 HTML 元素的显示格式
.htm，.html	根目录或子目录	静态网页文件，由 HTML 代码编写

3.2.2 ASP.NET 目录结构

每个 Web 应用程序都要规划自己的目录结构，除了自己设计的目录结构外，ASP.NET 也定义一些有特殊意义的目录。

- Bin: 这个目录包含了所有预编译的 ASP.NET 的 Web 应用程序使用的.Net 程序集（通常是 DLLs），这些程序集也包括预编译的网页类，以及被这些类所引用的其他程序集。
- App_Code: 这个目录中包含了应用程序中被动态预编译的源代码文件，这些代码文件通常是独立的组件，例如日记组件或数据访问类库。这些被编译的代码没有出现在 Bin 目录中，ASP.Net 把它放在动态编译时使用的临时目录中。（如果在 Visual Studio 中使用工程模式开发 Web 应用程序，而不是一般的网站模式，就不需要使用这个目录，工程中的所有代码文件连同网页一起会自动被编译到 Web 应用程序的程序集中。）
- App_GlobalResources: 这个目录中保存 Web 应用程序中每个网页都可以访问的全局资源。
- App_LocalResources: 这个目录中保存的资源除了只允许它们所服务的网页访问以外，其他的作用跟 App_GlobalResources 目录一样。
- App_WebReferences: 这个目录保存着 Web 应用程序使用的 Web Services 的引用，包括 WSDL 文件和 WebServices 的 discovery 文档。
- App_Data: 这个目录是给数据存储保留的，包括 SQL Server 2005 Express 的数据库文件和 XML 文件。当然也可以自由在其他的目录中保存数据文件。
- App_Browsers: 这个目录中包含了保存在 XML 文件中的浏览器的定义。这些 XML 文件定义了客户端浏览器的不同的渲染行为。虽然 ASP.NET 是在全局范围内使用它，但是 App_Browsers 允许给独立的 Web 应用程序配置这种行为。
- App_Themes: 这个目录保存了 Web 应用程序使用的一些项目。

3.3 ASP.NET 配置

使用 ASP.NET 配置系统的功能，可以配置整个服务器上的所有 ASP.NET 应用程序、单个 ASP.NET 应用程序、各个页面或应用程序子目录。可以配置各种功能，如身份验证模式、页缓存、编译器选项、自定义错误、调试和跟踪选项等。

3.3.1 Web.config 配置文件

Web.config 文件是一个 XML 文本文件，它用来储存 ASP.NETWeb 应用程序的配置信息（如最常用的设置 ASP.NETWeb 应用程序的身份验证方式），它可以出现在应用程序的每一个目录中。Web.config 继承来自.NET Framework 安装目录的 machine.config 文件，machine.config 配置文件存储了与影响整个机器的配置信息，不管应用程序位于哪个应用程序域中，都将取用 machine.config 中的配置。Web.config 继承了 machine.config 中的大部分设置，同时也允许开发人员添加自定义配置，或者是覆盖 machine.config 中已有的配置。

在运行时对 Web.config 文件的修改不需要重启服务就可以生效（注：节例外）。当然 Web.config 文件是可以扩展的。用户可以自定义新配置参数并编写配置节处理程序以对它们进行处理。必须要理解，配置节是指块中的每个配置节都对应了一个节处理程序，很多配置节的节处理程序已经在默认的 machine.config 配置文件进行了声明。因此在创建标准 ASP.NET 应用程序时，并不需要自己添加处理程序，除非开发人员创建了自定义节处理程序。下面介绍 Web.config 配置文件中常用的配置节：

- <appSettings>节：<appSettings>节主要用来存储 ASP.NET 应用程序的一些配置信息，比如上传文件的保存路径等。
- <connectionStrings>节：<connectionStrings>节主要用于配置数据库连接，我们可以在<connectionStrings>节点中增加任意个节点来保存数据库连接字符串，以后在代码中通过代码的方法动态获取节点的值来实例化数据库连接对象，这样更改数据库仅仅需要更改一下配置文件即可。
- <authentication>节：设置 ASP.NET 身份验证模式，有四种身份验证模式，取值见表 3-4。

表 3-4 <authentication>节的四种身份验证模式

模 式	说 明
Windows	使用 Windows 身份验证，适用于域用户或者局域网用户
Forms	使用表单验证，依靠网站开发人员进行身份验证
Passport	使用微软提供的身份验证服务进行身份验证
Node	不进行任何身份验证

- <authorization>节：控制对 URL 资源的客户端访问（如允许匿名用户访问）。此元素可以在任何级别（计算机、站点、应用程序、子目录或页）上声明。必须与<authentication> 节配合使用。
- <compilation>节：<compilation>节点配置 ASP.NET 使用的所有编译设置，默认的 debug 属性为"true"，即允许调试，在这种情况下会影响网站的性能，所以在部署以后应该将该节点的值设置为 false。
- <customErrors>节：<customErrors>节用于定义一些错误信息的信息。此节点有 Mode 和 defaultRedirect 两个属性，其中 defaultRedirect 属性是一个可选属性，表示程序发生错误时

第 3 章 ASP.NET 技术简介　　21

重定向到的默认 URL，如果没有指定该属性则显示一般性错误。Mode 属性是一个必选属性，它有三个可能值，它们所代表的意义见表 3-5。

表 3-5　<customErrors>节的 Mode 属性

Mode	说　明
On	表示在本地和远程用户都会看到自定义错误信息
Off	禁用自定义错误信息，本地和远程用户都会看到详细的错误信息
RemoteOnly	表示本地用户将看到详细错误信息，而远程用户将会看到自定义错误信息

- <httpRuntime>节：<httpRuntime>节点用于对 ASP.NET HTTP 运行库设置。该节可以在计算机、站点、应用程序和子目录级别声明。
- <pages>节：<pages>节用于表示对特定页设置，主要有三个属性，见表 3-6。

表 3-6　<pages>节的属性

属性名	说　明
buffer	是否启用了 HTTP 响应缓冲
enableViewStateMac	是否应该对页的视图状态运行计算机身份验证检查（MAC）
validateRequest	是否验证用户输入中有跨站点脚本攻击和 SQL 注入式漏洞攻击，默认为 true，如果出现匹配情况就会发生 HttpRequestValidationException 异常。对于包含在线文本编辑器页面一半自行验证用户输入而将此属性视为 false

- <sessionState>节：<sessionState>节用于配置当前 ASP.NET 应用程序的会话状态配置。<sessionState>节的 Mode 属性可以是以下几种值之一，见表 3-7。

表 3-7　<sessionState>节的 Mode 属性

属性值	说　明
Custom	使用自定义数据来存储会话状态数据
InProc	默认值。由 ASP.NET 辅助进程来存储会话状态数据
Off	禁用会话状态
SQLServer	使用进程外 SQL Server 数据库保存会话状态数据
StateServer	使用进程外 ASP.NET 状态服务存储状态信息

一般默认情况下使用 InProc 模式来存储会话状态数据，这种模式的好处是存取速度快，缺点是比较占用内存，所以不宜在这种模式下存储大型的用户会话数据。

- <trace>节：配置 ASP.NET 跟踪服务，主要用来程序测试判断哪里出错。

3.3.2　嵌套配置设置

嵌套的配置设置是可以在一个应用程序中同时应用多个 Web.config 文件，ASP.NET 使用多层次的配置系统，允许开发人员在不同的层次配置设置。

例如在 test01 网站的根目录中，有一个 Web.config 配置文件，该文件提供了整个网站都可用的配置信息，如图 3-2 所示。为了演示嵌套配置设置，在该网站中新添加一个文件夹，右击 test01 项目名称，选择"新建文件夹"菜单项，命名为 NestedDemo，在 NestedDemo 下添加一个 NestedDemo.aspx 的 Web Form。接下来右击 NestedDemo 文件夹，选择"添加新项"菜单项，在弹出的添加新窗口中选择"Web 配置文件"项，如图 3-3 所示。

图 3-2　创建 test01 网站

图 3-3 创建嵌套的 Web 配置文件

单击"添加"按钮,这个 Web.config 配置文件将添加到 NestedDemo 文件夹中。VS2012 中添加的 Web.config 自动生成的代码结构,如图 3-4 所示。

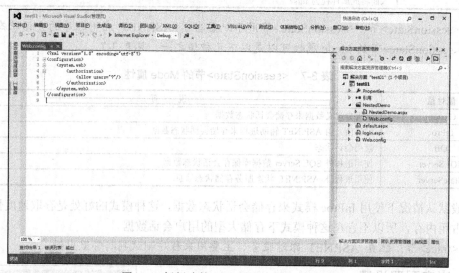

图 3-4 新创建的 Web 配置文件代码结构

配置文件之间是相互影响的:
- 首先是 Web 服务器读取机器上的两个配置文件,分别是 machine.config 和 Web.config,这两个文件保存了影响 Web 程序正常运行的重要信息。
- 如果在网站上保存有 Web.config 配置文件,接下来 Web 服务器将读取位于网站根目录中的配置配置。如果在网站根目录中具有与在操作系统下的 machine.config 或 Web.config 相同的配置信息,则以网站根目录下的配置为准。
- 如果需要为网站下的子目录配置不同的设置,开发人员可以为不同的目录添加不同的 Web.config 文件。同样,在子目录下的 Web.config 文件将覆盖根目录下的配置,如果在 Web.config 配置文件中没有与其父级目录的相同配置项,则使用来自父级的配置设置,嵌套的配置设置示意如图 3-5 所示。

第 3 章 ASP.NET 技术简介

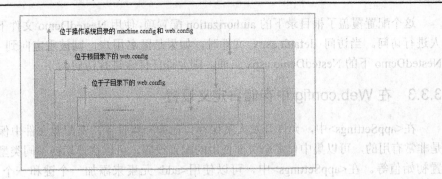

图 3-5 嵌套的配置设置示意图

在图 3-5 中，内层 Web.config 配置文件继承外层的配置，内层配置会覆盖外层配置。

在 test01 网站中，我们建立了两个 Web.config 文件，并且添加一个 login.aspx 文件用于身份验证。本例假定整个网站是不易被匿名用户访问的，除了 NestedDemo 文件夹之外，下面来分步解释如何实现这个需求。

根目录下的配置文件中包含大量的配置设置，这些设置大多是用来配置 ASP.NET AJAX 技术的，因此不要随便改这些配置项。找到 <system.Web> 配置块中的 authenitcation 配置项，将其删除并添加如下的身份验证配置。

【例 3-2】 嵌套配置的设置方法。

程序代码如下：

```
<configuration>
    <system.Web>
    <!--
    通过<authentication>节可以配置 ASP.NET 用来
    识别进入的用户
    安全身份验证模式
    -->
    <authentication mode="Forms">
        <forms name="401kApp" loginUrl="login.aspx"></forms>
    </authentication>
    <authorization>
        <deny users="?"/>
    </authorization>
        <compilation debug="true" targetFramework="4.5" />
        <httpRuntime targetFramework="4.5" />
    </system.Web>
</configuration>
```

这个配置的作用是禁止匿名用户访问网站上的文件，匿名用户的访问将被定向到 login.aspx 文件。

为了让匿名用户能直接访问到 NestedDemo 文件夹下的 NestedDemo.aspx 页面，我们更改 NestedDemo 文件夹下的 Web.config 配置文件的配置。在 system.Web 下面添加如下的配置设置。

```
<system.Web>
<authorization>
<allow users="?"/>
</authorization>
</system.Web>
```

这个配置覆盖了根目录下的 authorization 配置项，使用 NestedDemo 文件下的文件允许被任何人进行访问。当访问 default.aspx 文件时，如果是匿名用户，则被重定向到 login.aspx，当访问 NestedDemo 下的 NestedDemo.aspx 页面，则允许任何人进行访问。

3.3.3 在 Web.config 中存储自定义设置

在<appSettings>中，允许开发人员保存自己的配置设置。在配置文件中保存自定义设置信息是非常有用的，可以集中化多个页面使用的配置设置，可以快速切换不同类型的操作，为变量设置初始值等。在<appSettings>中，可以使用<add>元素来添加一个键和一个值，新建一个名为 appSettingsDemo 的网站。在<appSettings>配置节中添加如下的配置代码，如示例 3-3 所示。

【例 3-3】 在配置中存储自定义设置。

```
<!--appSettings 是应用程序设置,可以定义应用程序的全局常量设置等信息-->
<appSettings>
<add key="sitename" value="添加自定义的配置设置的演示" />
</appSettings>
```

在该配置中仅添加了一个自定义设置，开发人员可以根据需要在<appSettings>中用这种方式添加多个配置设置。下面演示如何在程序代码中访问在 appSettings 中的配置信息。

```
using System;
using System.Collections.Generic;
using System.Linq;
using System.Web;
using System.Web.UI;
using System.Web.UI.WebControls;
//为了使用 WebConfigurationManager 类，必须添加此命名空间的引用
using System.Web.Configuration;
namespace appSettingsDemo
{
  public partial class appSettingsDemo : System.Web.UI.Page
   {
    protected void Page_Load(object sender, EventArgs e)
     {
       //调用 Web.config 文件中 appSettings 中的自定义配置信息
       Label1.Text = WebConfigurationManager.AppSettings["sitename"];
     }
   }
}
```

从代码中可以看到，只需要调用位于 System.Web.Configuration 命名空间中的 AppSettings 属性，传递<appSettings>中添加的 key 字符串即可访问其 value 值。

3.3.4 ASP.NET Web 站点管理工具 WAT

在 VS2012 中，提供了一个相当方便的网站管理工具，使开发人员可以使用可视化的方式来设置配置文件。可以单击 VS2012 主菜单中"项目"中的"ASP.NET 配置"菜单项来打开 WAT。

WAT 是一个基于 Web 的配置管理工具，这个工具将以可视化的方式编辑位于网站根目录中的 Web.config 文件。初始打开时的页面如图 3-6 所示。

第 3 章　ASP.NET 技术简介

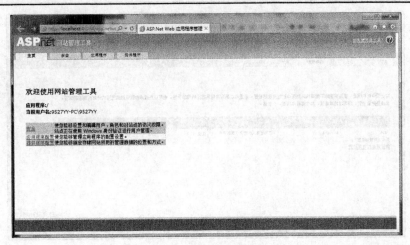

图 3-6　WAT 初始界面

　　WAT 配置工具是一个具有 4 个配置页的页面，主页面提供了对其他三个设置页面的链接，并具有对每个配置页面的简短描述，在本书后面章节中，将会分别对这些配置项进行详细的介绍。现在演示使用 WAT 工具向<appSettings>配置节中添加自定义设置项。步骤如下：

　　（1）单击主页面中的应用程序配置链接，将会打开如图 3-7 所示的应用程序配置窗口。可以看到在该配置页面中又提供了四个子配置项，包括应用程序设置、SMTP 设置、应用程序状态设置和调试与跟踪设置。选择应用程序设置下面的管理应用程序设置，进入如图 3-8 所示的配置窗口。在该窗口中列出了已经在<appSettings>中添加的应用程序设置，单击"创建新应用程序设置"链接，进入如图 3-9 所示的页面。

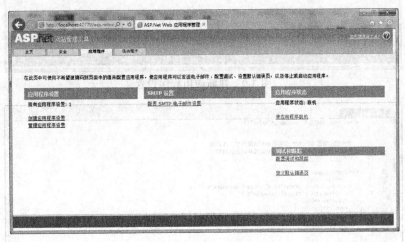

图 3-7　应用程序配置

　　（2）在创建新应用程序设置中，提供了两个文本框，用于分别输入 key 值和 value 值。在这两个文本框中输入需要添加到 Web.config 配置文件<appSettings>中的设置项，单击"保存"按钮，WAT 提示用户已经成功创建了设置项，单击"确定"按钮，返回到应用程序管理页面，可以看到已经正确添加了应用程序设置项。

　　（3）关闭 WAT 窗口，VS2012 会自动更新 Web.config 文件。如图 3-10 所示。

　　WAT 简化了编写配置文件的方式，本书后面的章节将会再次提到 WAT 工具，来配置其他的配置设置。

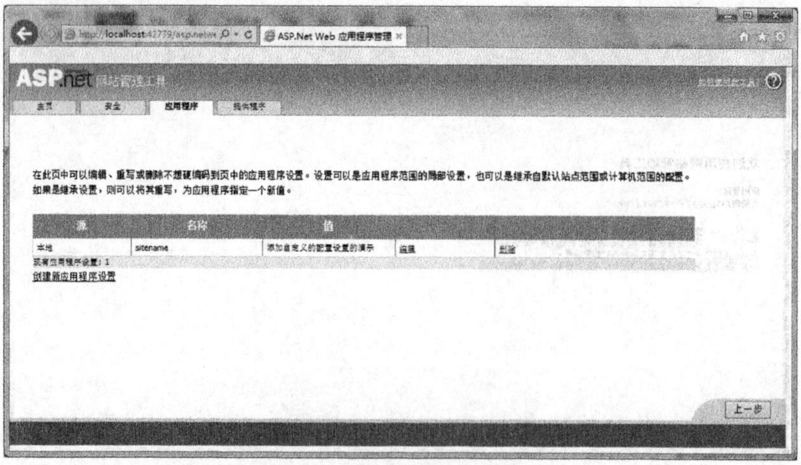

图 3-8 管理应用程序设置

图 3-9 建新应用程序设置

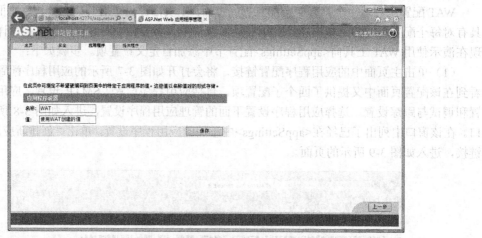

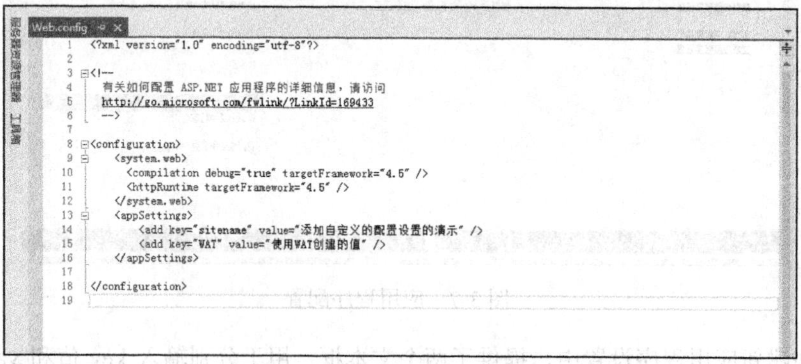

图 3-10 更新后的 Web.config 文件

3.3.5 编程读取和写入配置设置

ASP.NET 在 System.Web.configuration 命名空间中提供了 WebConfigurationManager 类,用来在运行时编程读取和写入配置设置。在本章前面已经演示过使用该类读取<appSettings>配置节中的设置项,除此之外,WebConfigurationManager 类还提供了其他几个成员用于读取或设置其他配置项。

WebConfigurationManager 静态类中的几个成员如下所示：
- AppSettings 属性：提供访问添加到<appSettings>节中的自定义信息。
- ConnectionStrings 属性：提供访问<connectionStrings>配置项中的信息。
- OpenWebConfiguration()方法：为指定的 Web 应用程序返回配置对象。
- OpenMachineConfiguration()方法：返回对 machine.config 文件进行访问的配置对象。

现在以建立 WebConfigurationManagerDemo 的项目来演示如何编程读取和写入相关的配置项。

【例 3-4】 编程读取和写入相关的配置项。

（1）双击打开 default.aspx 文件，按【F7】键进入后置代码窗口，在 using 区添加对 System.Web.configuration 的命名空间的引用。代码如下：

```
using System.Web.configuration;
```

（2）接下来演示如何读取<connectionStrings>配置项中的连接字符串。在 Page_Load 事件中添加如下的代码：

```
using System.Web.Configuration;
using System.Configuration; //为了使用 WebConfigurationManager，需要添加该
                            //命名空间
namespace WebConfigurationManagerDemo
{
  public partial class _default : System.Web.UI.Page
  {
    protected void Page_Load(object sender, EventArgs e)
    {
      Response.Write("读取 Web.config 配置文件中的链接字符串<br/>");
      foreach (ConnectionStringSettings connection in WebConfigurationManager.
           ConnectionStrings)
      {
        Response.Write("链接名称："+connection.Name+"<br/>");
        Response.Write("连接字符串：" + connection.ConnectionString +
             "<br/><br/>");
      }
    }
  }
}
```

这段代码用于在浏览器窗口中输入连接字符串信息，输出结果如图 3-11 所示。

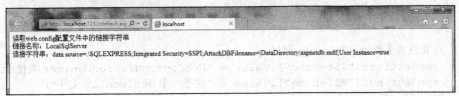

图 3-11 读取配置文件中的连接字符串信息

不难发现，Web.config 配置文件中并未添加任何连接字符串信息，结果却看到一个 LocalSqlServer 连接字符串。这是因为 WebConfigurationManager 这个类具有累积的特性，也就是说，这个类会同时寻找其上层的配置文件中相同配置节的配置信息，因此会看到定义在 machine.config 配置文件中的连接字符串。

WebConfigurationManager 配置文件提供了直接读取本网站的<appSettings>和<connectionStrings>配置节中的配置项。除此之外，使用 WebConfigurationManager 类还可以读取位于其他位

置的配置项,这主要是通过使用 WebConfiguration Manager.OpenWebConfiguration()方法来实现的。该方法将返回一个包含指定位置的配置项的配置对象。

还可以使用 Configuration.GetSection()方法来返回指定的配置节对象,该方法的返回值是 object 类型的对象,因为具体的节对象的类型需要由运行时来指定,因此对于返回的对象需要执行强制类型转换。例如,可以使用如下的代码来读取<authentication>配置块:

```
//返回位于网站根目录下的配置对象
Configuration config = WebConfigurationManager.OpenWebConfiguration("~/");
//搜索位于<system.Web>内部的<authentication>元素
AuthenticationSection authSection = (AuthenticationSection)config.
GetSection(@"system.Web/authentication");
```

使用 WebConfigurationManager 类可以在运行时修改或写入配置项,WAT 管理工具就是利用了 ASP.NET 的这个特性,因此只要开发人员愿意,也可以编写自己的配置文件管理工具。示例 3-5 演示了如何在运行时添加自定义的<appSettings>设置项。

【例 3-5】 使用 WebConfigurationManager 类动态修改或写入配置项。

程序代码如下:

```
//首先返回位于网站根目录下的配置对象,必须注意这里的网站根目录虚拟路径用~/,而不要使
用一个/号
Configuration config = WebConfigurationManager.OpenWebConfiguration("~/")
                    as System.Configuration.Configuration;
KeyValueConfigurationCollection appSettings = config.AppSettings.Settings;
if (config != null)
{
  //在这里向 appSettings 添加值
  appSettings.Add("SiteName", "SiteName");
  appSettings.Add("FileName", "FileName");
  config.Save();
}
Response.Write("读取 Web.config 配置文件中的<appSettings>配置节<br/>");
foreach (string key in appSettings.AllKeys)
{
  Response.Write("键值名: " + key + "<br/>");
  Response.Write("键值值为: " + appSettings[key].Value + "<br/><br/>");
}
if (config != null)
{
  //在这里更改 appSettings 对象
  appSettings["SiteName"].Value = "WebConfigurationManager 类使用演示";
  appSettings["FileName"].Value = "这是一个 Web.config 文件";
  config.Save();
}
Response.Write("读取 Web.config 配置文件中更改后的<appSettings>配置节<br/>");
foreach (string key in appSettings.AllKeys)
{
  Response.Write("键值名: " + key + "<br/>");
  Response.Write("键值值为: " + appSettings[key].Value + "<br/><br/>");
}
```

这段代码首先读取网站根目录的 Web.config 配置文件,然后获取 appSettings 配置节,为

appSettings 配置节中的设置项进行赋值，最后调用 config.Save 方法来保存配置信息。程序运行的效果如图 3-12 所示。

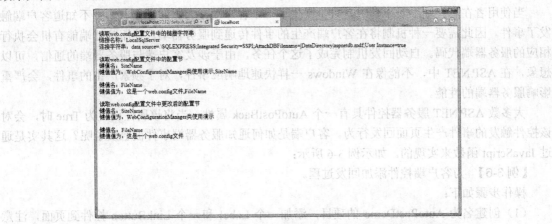

图 3-12　使用 WebConfigurationManager 类动态修改或写入配置项

3.4　Web 窗体基础

一个 ASP.NET Web 应用程序主要由许多的 Web 页面（也可称为 Web 窗体）组成，访问应用程序的用户将会在浏览器中直接看到这些 Web 窗体的运行效果。在 ASP.NET 中，开发人员可以使用类似于开发 Windows 应用程序的基于控件方式来开发 ASP.NET 应用程序，当 ASP.NET Web 窗体运行时，ASP.NET 引擎读取整个.aspx 文件，生成相应的对象，并触发一系列事件。

ASP.NET 使用事件驱动的编程模型，这与 Windows 开发有点类似，开发人员只需要向 Web 窗体添加控件，然后响应相应的控件事件。

3.4.1　基于事件的编程模型

ASP.NET 事件编程模型的一个基本过程如下：

（1）当页面首次运行时，ASP.NET 创建 page 对象和控件对象，初始化代码将被执行，然后页面被渲染为 HTML 格式返回到客户端。

（2）当用户触发了页面回发（Postback）时，通常是触发了一些事件，比如单击按钮事件，这时页面将再次提交所有的表单数据到服务器端。

（3）ASP.NET 截取返回的页面，并重新创建 page 对象。

（4）ASP.NET 检查是什么事件触发了 Postback，并触发相应的事件，这时开发人员编写的触发事件的代码将被执行。

（5）页面将被渲染并返回到客户端。page 对象从内存中释放，如果其他 Postback 产生，ASP.NET 将重复步骤（2）～（4）。

在 ASP.NET 中，大多数控件事件都会产生一个页面回发过程，这个过程将向服务器端提交所有的表单数据，服务器端的 ASP.NET 引擎获取到返回的表单数据，触发用户定义的服务器端代码，然后重新生成页面，发送回客户端。简单的示意如图 3-13 所示。

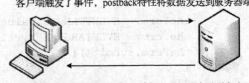

图 3-13　页面回发过程

3.4.2 自动回发特性（AutoPostBack）

当使用者在客户端触发事件时，只是产生了一个客户端行为，服务器其实并不知道客户端触发了事件。因此需要一种机制将在客户端产生的事件传递到服务器端，让服务器端能有机会执行相应的服务器端代码。自动回发机制完成了这个任务，由于涉及客户端与服务器端的通信，可以想象，在 ASP.NET 中，不能像在 Windows 一样快速地响应事件，对于频繁产生的事件，会严重影响服务器端的性能。

大多数 ASP.NET 服务器控件具有一个 AutoPostBack 属性，当将该属性设置为 True 时，会对该控件触发的事件产生页面回发行为。客户端是如何通知服务器端事件被触发了呢？这其实是通过 JavaScript 函数来实现的。如示例 3-6 所示：

【例 3-6】 为客户端控件添加回发过程。

操作步骤如下：

（1）创建名为 AutoPostDemo 的项目，添加一个 Label 和一个 LinkButton 控件到页面，注意到 LinkButton 是没有 AutoPostBack 属性的。因为单击按钮必须要产生一个回发过程以便执行服务器端代码。

（2）双击 LinkButton 控件，VS2012 将进入后置代码窗口，并生成了 LinkButton1_Click 的代码框架。添加如下所示的代码：

```
protected void LinkButton1_Click(object sender, EventArgs e)
{
Label1.Text = "这是服务器端代码";
}
```

（3）按【F5】键运行程序，当浏览器窗口打开后，右击空白处，选择"查看源代码"菜单项，会看到 ASP.NET 输出的 LinkButton 按钮的代码如下所示：

```
<a id="LinkButton1" href="javascript:__doPostBack(&#39;LinkButton1&#39;,&#39;&#39;)">LinkButton1</a>
```

（4）LinkButton 执行了一个名为_doPostBack 的 JavaScript 函数，回发过程实际上是由这个函数来完成的。这个函数的代码可以在源代码中的 Script 代码区看到，如下所示：

```
<script type="text/javascript">
//<![CDATA[
var theForm = document.forms['form1'];
if (!theForm) {
   theForm = document.form1;
}
function __doPostBack(eventTarget, eventArgument)
{
 if (!theForm.onsubmit || (theForm.onsubmit() != false))
{
  theForm.__EVENTTARGET.value = eventTarget;
  theForm.__EVENTARGUMENT.value = eventArgument;
  theForm.submit();
  }
}
//]]>
</script>
```

代码使用两个隐藏域来保存向服务器端提交的数据，最后调用 form 的 submit 方法向服务器端发送数据，这样就产生了一个客户端与服务器端交互的过程。

综上所述，开发人员也可以很容易地为一些客户端控件添加回发过程，只需要调用__doPostBack 这个 JavaScript 函数就可以产生一个页面回发过程。

3.4.3 Web 窗体处理流程

本小节来简单讨论 Web 窗体的处流程。当客户端发起对一个 Web 窗体的请求后，Web 窗体执行了很多的步骤用来生成客户端所需要的页面。当客户端发起对一个 Web 页面的请求时，ASP.NET 将执行 6 个步骤来完成页面的处理过程，如图 3-14 所示。

下面对图 3-14 中所出现的几个步骤进行介绍，如下所示：

（1）当用户请求 Web 窗体时，页面框架初始化最初被执行，这个过程生成所有在 aspx 页面中定义的控件。另外，如果页面不是首次被请求，而是通过回送请求，这个过程将反序列化视图状态信息，并应用到控件。在这个过程中，将触发一个较少使用的 ASP.NET 事件，名为 Page.Init 事件，之所以较少使用是因为该事件出现得过早，在控件对象还没创建，并且视图状态信息还没被加载时就触发了。

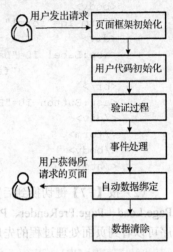

图 3-14 Web 窗口处理过程

（2）用户代码初始化是一个非常重要的过程，因为在该过程中，将触发 Page_Load 事件，基本上大多数的 Web 窗体都会通过响应该事件来完成一些初始化的工作。需要注意的是，不管是首次请求还是回送请求，Page_Load 事件总是会被触发，ASP.NET 提供了一个非常有用的属性 IsPostBack，用于判断是否是回送的页面请求。

（3）在验证这一步中，ASP.NET 包含的验证控件能够自动地验证用户控件，并且显示错误消息。这些控件在页面被加载后但是任何事件被触发前触发验证过程。可以通过 Page.IsValid 属性来判断当前页面是否通过验证。

（4）事件处理过程发生在页面被完全加载并且被验证之后，在这个过程中，将处理开发人员在控件事件中编写的代码。

（5）如果页面上使用了数据源控件，这一步将自动地完成数据的绑定工作，并实现数据的更新和查询过程。事件上有两种类型的数据源操作，一种是产生的数据改变操作，如插入、删除和更新，发生在所有的控件事件都执行完毕，但是在 Page.PreRender 事件触发之前。另外一种则是在 Page.PreRender 触发之后，数据源控件完成查询工作，并向所链接的控件插入数据。

（6）在自动数据绑定事件完成之后，将生成 HTML 输出到客户端。当页面被输出后，清除工作将会开始，Page.Unload 事件被触发，Page 对象仍然可用，但是 HTML 已经被输出到了浏览器无法进行更改，可以在 Page.Unload 事件中添加代码来完成清除的工作。

我们通过示例 3-7 来演示 Web 窗体的处理过程：

【例 3-7】 Web 窗体的处理过程。

操作步骤如下：

（1）在 VS2012 建立新的空项目，命名为 PageLifeCycleDemo。添加 default.aspx 页面，在页面中添加一个 Button 控件和一个 Label 控件，并设置相应的属性。设置完成后的 HTML 源代码如下所示：

```
<%@ Page Language="C#" AutoEventWireup="true" CodeBehind="default.aspx.cs"
    Inherits="PageLifeCycleDemo.defult" %>
```

```html
<!DOCTYPE html>
<html xmlns="http://www.w3.org/1999/xhtml">
<head runat="server">
<meta http-equiv="Content-Type" content="text/html; charset=utf-8"/>
<title>页面处理过程演示</title>
</head>
<body>
<form id="form1" runat="server">
<div>
<asp:Label ID="Label1" runat="server" Text="Label" EnableViewState=
        "false"></asp:Label>
<br/>
<asp:Button ID="Button1" runat="server" Text="单击这里触发事件" />
</div>
</form>
</body>
</html>
```

（2）按【F7】键切换到后置代码窗口，在该窗口中，将会添加五个事件，分别是 Page.Init、Page.Load、Page.PreRender、Page.Unload 和 Button.Click 事件，通过对这五个事件产生的输出顺序可以看到页面处理过程的先后次序。程序代码如下所示：

```csharp
using System;
using System.Collections.Generic;
using System.Linq;
using System.Web;
using System.Web.UI;
using System.Web.UI.WebControls;
namespace PageLifeCycleDemo
{
  public partial class defult : System.Web.UI.Page
  {
    protected void Page_Load(object sender, EventArgs e)
    {
        Label1.Text += "Page_Load事件处理器<br/>";
        if (Page.IsPostBack)
        {
          Label1.Text += "<b>这不是页面首次加载，这里回送请求</b><br/>";
        }
    }
    protected void Page_Init(object sender, System.EventArgs e)
    {
        Label1.Text += "Page_Init事件处理器<br/>";
    }
    protected void Page_PreRender(object sender, EventArgs e)
    {
        Label1.Text += "Page_PreRender事件处理器<br/>";
    }
    protected void Page_Unload(object sender, EventArgs e)
    {
        Label1.Text += "Page_Unload事件处理器<br/>";
    }
    protected void Button1_Click(object sender, EventArgs e)
```

```
            {
                Label1.Text += "Button1_Click事件处理器<br/>";
            }
        }
    }
```

在这些代码中，当这五个事件单独触发时，分别向 Label1 的 Text 属性赋了值。注意在标记代码中将 EnableViewState 属性设置成 False，以免在单击按钮后会保存之前的页面事件信息。运行结果如图 3-15 所示。

图 3-15　页面处理过程演示运行结果

3.4.4　ASP.NET 中的 Page 类

不难发现在 VS2012 中，每当创建一个新的 Web 窗体时，总是从 System.Web.UI.Page 开始继承。Page 类是 ASP.NET 中所有 Web 窗体的父类，该类提供了大量的功能供 ASP.NET 应用程序使用，比如使用 FindControl 方法来搜索页面上的控件，使用前面讲过的 Page.IsPostBack 属性判断是否是页面回发。除此之外，Page 类还提供了如下几个重要且十分常用的属性：

- IsPostBack 属性：这个布尔属性指定页面是初次加载还是回送加载。
- EnableViewState 属性：布尔属性，指定是否允许视图状态，这个属性将覆盖页面中控件的 EnableViewState 属性的设置。
- Application 属性：保存在 Web 站点中可以被所有用户使用的信息的集合。
- Session 属性：保存只能被单个用户使用的信息的集合。
- Cache 属性：允许开发人员对页面中的对象进行缓存。
- Request 属性：这是一个 HttpRequest 类型的对象，包含当前的 Web 请求的信息，使用这个属性可以获取用户端浏览器信息，从一个页面向另一个页面传递数据等。
- Response 属性：这是一个 HttpResponse 类型的对象，表示 ASP.NET 将发送到客户端浏览器的响应信息。
- Server 属性，这是一个 HttpServerUtility 类型的对象，允许完成多种类型的任务，比如对 HTML 文本进行编码，跳转到其他 Web 网页等。
- User 属性：如果用户经过验证，这个属性将初始化用户信息。

此外，Page 类还是一个控件容器类，因此提供大量的查找或设置控件的方法，这让开发人员可以动态地创建用户界面。下面的几节将对几个常用的属性的用法进行详细的讨论。

3.4.5　页面重定向

Response 类提供了一个 Redirect 方法，该方法可以将页面重定向到另一个页面。下面通过示例 3-8 演示如何使用 Page 类进行页面的重定向操作。

【例 3-8】 使用 Redirect 方法进行页面重定向。

操作步骤如下：

（1）新建一个 ASP.NET 网站，命名为 RedirectDemo。在该网站上添加一个新的 Web 页面，命名为 NewWebForm.aspx。在 Default.aspx 中添加两个 Button 控件，设置相应的属性。设置后的程序代码如下所示：

```
<%@ Page Language="C#" AutoEventWireup="true" CodeBehind="default.aspx.cs" Inherits="RedirectDemo._default" %>
<!DOCTYPE html>
<html xmlns="http://www.w3.org/1999/xhtml">
<head runat="server">
<meta http-equiv="Content-Type" content="text/html; charset=utf-8"/>
<title></title>
</head>
<body>
<form id="form1" runat="server">
<div>
<asp:Button ID="Button1" runat="server" Text="使用 Response.Redirect 重定向页面" /><br />
<asp:Button ID="Button2" runat="server" Text="使用 Server.Transfer 重定向页面" />
</div>
</form>
</body>
</html>
```

（2）双击 Button1 控件，在其代码框架中添加如下代码：

```
Response.Redirect("New.aspx");
```

这行代码将使页面重定向到 New.aspx。必须要理解，当使用 Redirect 方法时，ASP.NET 将立即停止页面处理过程，并发送一个重定向消息给浏览器。Redirect() 方法后面的任何代码将不会被执行。当浏览器收到重定向消息时，将发送对 New.aspx 的请求，使用 Redirect 方法还可以发送到其他网站的网页请求。

（3）接下来使用另一种方法来重定向页面。双击 Button2 控件，在其代码框架中添加如下代码：

```
Server.Transfer("New.aspx");
```

在运行时，会发现页面同样被重定向到 New.aspx，Redirect 方法与 Server 属性的 Transfer 有很多区别。一个明显的区别是使用 Transfer 方法不允许发送对其他 Web 站点或非 ASP.NET 页面的请求，比如请求一个 HTML 文件是失败的。Transfer 方法仅允许用户在同一个 Web 站点中从一个 ASP.NET 页面跳转到另一个，并且浏览器会显示原始页的 URL。

3.4.6 HTML 编码

如果想输出一些属于 HTML 关键字的特殊字符，例如想输出 <b> 到页面中，默认情况下，<b> 将会被 ASP.NET 解析为 HTML 代码。如果想在浏览器中输出：<b>你好</b>，换行符
 你在这里 <吗>？，代码如下所示：

```
Label1.Text = @"<b>hello world<b/>,换行符<br/>hello world<啊?>";
```

如果不经过 HTML 编码，则会输出如图 3-16 所示的结果。

第 3 章 ASP.NET 技术简介

图 3-16 HTML 输出结果图

这时候，需要使用 HTML 编码来防止 ASP.NET 将这些特殊的字符解析成 HTML 代码，因此需要使用 Server.HtmlEncode 方法来进行 HTML 的编码。例如将上面的代码更改如下：

```
Label1.Text = Server.HtmlEncode (@"<b>hello world<b/>，换行符<br/>hello
              world<啊？>");
```

现在可以看到输出的结果，如图 3-17 所示，果然已经正确显示了字符串，没有被解析成 HTML。Server.HtmlEncode 将一些特定的 HTML 字符编码替换成字符串，常用的 HTML 特定字符如表 3-8 所示。

图 3-17 经过 HTML 编码后的输出结果

表 3-8 HTML 特定字符表

字符串	说 明	编码后的字符串
	空格	
<	小于符号	&lt;
>	大于符号	&gt;
&	And 符号	&amp;
"	双引号	&quot;

HTMLEncode 方法在接受传入的文本字符串时非常有用，如果开发人员确实想以 HTML 来显示这些经过编码的字符串，可以使用 HtmlDecode 方法。该方法完成与 HtmlEncode 相反的过程。

HttpServerUtility 类还提供了 UrlEncode 和 UrlDecode 方法。本书其他章节会提到这两个方法的详细用法。

3.5 应用程序事件

在 ASP.NET 中，当应用程序启动时，应用程序终止时都会触发一些事件，使用这些事件可以完成一些特殊的处理工作，如撰写日志等。Global.asax 允许开发人员编写代码以响应这些应用程序事件，本节将详细讨论如何响应应用程序事件。

3.5.1 Global.asax 全局文件

Global.asax 允许开发人员编写事件处理代码响应全局事件，现在通过示例 3-9 演示 Global.asax 文件的使用。

【例 3-9】Global.asax 文件的使用。

操作步骤如下：

（1）建立名为 GlobalDemo 的网站，右击项目名称，选择"添加新项"菜单项，在弹出的添加新项模板中选择全局应用程序类，如图 3-18 所示。

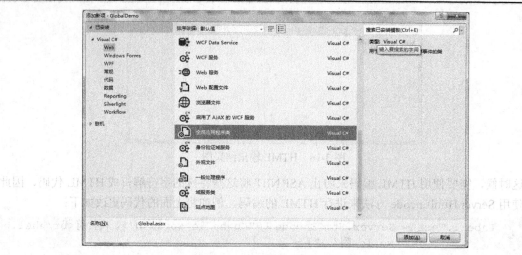

图 3-18 创建 Global.asax 文件

(2) 单击"添加"按钮，生成如下所示的代码框架，以便于开发人员直接填入代码。

```csharp
using System;
using System.Collections.Generic;
using System.Linq;
using System.Web;
using System.Web.Security;
using System.Web.SessionState;
namespace GlobalDemo
{
    public class Global : System.Web.HttpApplication
    {
        protected void Application_Start(object sender, EventArgs e)
        {
        }
        protected void Session_Start(object sender, EventArgs e)
        {
        }
        protected void Application_BeginRequest(object sender, EventArgs e)
        {
        }
        protected void Application_AuthenticateRequest(object sender, EventArgs e)
        {
        }
        protected void Application_Error(object sender, EventArgs e)
        {
        }
        protected void Session_End(object sender, EventArgs e)
        {
        }
        protected void Application_End(object sender, EventArgs e)
        {
        }
    }
}
```

由上面的代码可以发现，Global.asax 文件并不是一个独立的类文件。事实上，当 Global.asax 文件中的脚本块被编译时，ASP.NET 会将其编译为从 HttpApplication 类派生的类，然后使用该派生类表示应用程序。（注意：在每个 Web 网站中，只能有一个 Global.asax 文件）

（3）在 Global.asax 文件中添加如下所示的代码块，当应用程序接收到请求时将会在页面上显示一行信息。

```
protected void Application_OnEndRequest()
{
    Response.Write("<hr/>请求时间：  " + DateTime.Now.ToString());
}
```

3.5.2 基本应用程序事件

VS2012 生成的 Global.asax 代码框架中只包含了基本的应用和事件，实际上可供使用的应用程序事件是很多的，笔者简短统计了一下应该有十二个左右，可以参考 MSDN 以查看更多事件的详细信息。在本节将对其中比较常用的事件进行讨论。基本的应用程序事件如表 3-9 所示。

表 3-9 常用的应用程序事件列表

事件名称	描　　述
Application_Start()	在应用程序启动后，当有一个用户请求时触发这个时间，后继的用户请求将不会触发该时间，在该事件中通常用于常见或者缓存一些初始信息以便以后重用
Application_End()	当应用程序关闭时，比如 Web 服务器重新启动触发事件，可以在这个事件中插入清除代码
Application_BeginRequest()	当有用户请求产生时，触发该事件，这个时间发生在页面代码执行之前
Application_EndRequest()	当有用户请求产生时，触发该事件，这个事件发生在页面代码执行之后
Session_Start()	只要有用户请求 Web 页面，就会触发该事件，该事件对于每个请求的用户都会触发一次，假如有 100 个用户，则会触发 100 次
Session_End()	当会话超时或者以编程的方式终止会话时，这个事件被触发

下面通过示例 3-10 演示如何使用 Global.asax 文件。

【例 3-10】 使用 Applicataion_Error 来捕捉应用程序中未处理的异常。

操作步骤如下：

（1）新建一个 ASP.NET Web 站点，命名为 ApplicationErrorDemo。

（2）右击该 Web 项目，创建一个 Global.asax 文件，在 Application_Error 事件中添加如下程序代码：

```
protected void Application_Error(object sender, EventArgs e)
{
    Response.Write("<b>");
    Response.Write("Web 应用程序未经处理的上一个异常如下：！</b><br/>");
    //这个调用了 Server.GetLastError().Message.ToString();
    Response.Write(Server.GetLastError().Message.ToString());
    Response.Write("<hr />" + Server.GetLastError().ToString());
    Server.ClearError();
}
```

这段代码的作用是当有未处理的异常触发时，立即在页面上显示出异常的消息和异常的名称，最后清除异常。下面在 Default.aspx 中制造一个未处理的异常。

（3）在 Page_Load 事件处理器中添加如下代码：

```
protected void Page_Load(object sender, EventArgs e)
{
int i = 0, j = 0;
int x = i / j;     //制造一个异常;
}
```

这段代码让一个被除数为 0，必然会产生一个异常。在运行时，将会看到如图 3-19 所示的运行结果。

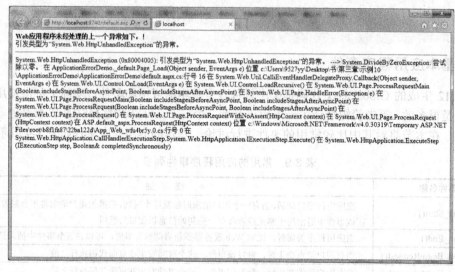

图 3-19 Application_Error 事件运行结果

3.6 小结

本章主要介绍 ASP.NET 4.5 的技术基础，首先介绍 ASP.NET 4.5 版本的特点，讨论了这个版本的 ASP.NET 不是一次全面的更新，而是在原有的 ASP.NET 4.0 基础上的大升级。在 3.2 节，讨论了 ASP.NET 应用程序的基本结构，对文件类型和目录结构进行了详细的介绍。3.3 节对 ASP.NET 中的配置进行了详细的讨论，首先简单介绍 Web.config 配置文件，接着讨论了如何处理嵌套的 Web.config 配置文件，存储自定义的设置，使用 Web 站点管理工具 WAT 可视化地编写配置信息。以编程的方式读取和写入配置设置并进行示例的说明，最后讨论了如何对配置块进行加密。3.4 节对 Web 窗体涉及的基本知识进行了介绍。ASP.NET 是一种事件驱动的编程模型，并讨论了自动回送技术，对 Web 窗体处理流程进行了举例说明，最后简要介绍了 Page 类，并举了两个例子进行讨论。3.5 节对 ASP.NET 中的 Global.asax 文件进行了讨论，并演示了如何处理基本的应用程序事件。

3.7 习题

1. 全局应用程序类是在什么文件中？
2. 大多数 ASP.NET 服务器控件具有一个什么属性，当将该属性设置为 True 时，会对该控件触发的事件产生页面回发行为。
3. 简述 ASP.NET 4.5 的特点。

第 4 章　C#语言基础

本章要点或学习目标

- 了解 C#中的变量和常量
- 了解 C#中的数据类型，并能够进行基本的数据类型转换
- 熟悉几种基本的流程控制语句
- 了解并能够使用简单数组
- 理解面向对象编程的概念
- 熟悉并能够使用和构造函数
- 了解继承和多态、委托、事件

4.1　C#语言概述

C#是专门用于.NET 的编程语言，它是为在.NET Framework 上运行的多种应用程序而设计的。C#简单、功能强大、类型安全，是一种面向对象的语言，是从 C，C++以及 Java 演化而来的，C#吸取了其他语言的优点，并解决了它们存在的问题。C#凭借自身的多项创新，实现了应用程序的快速开发，它几乎可以开发出所有的 Windows 程序。

4.2　C#语言的基本语法

4.2.1　C#数据类型

在 C#中数据类型为 Common Type System（CTS），包含值类型和引用类型。值类型直接存储值，而引用类型存储的是对值的引用。将一个值类型变量赋给另一个值类型变量时，将复制包含的值。这与应用类型变量的赋值不同，应用类型变量的赋值只复制引用对象的引用，而不复制对象本身。从值类型不可能派生出新的类型。值类型不包含 null 值，但是引用类型可以。值类型和引用类型其结构都能实现接口。

1．值类型

C#中的值类型主要如表 4-1 所示。

表 4-1　C#值类型表

类　　型	CTS 类型	说　　明	范　　围
Sbyte	System.SByte	8 位有符号整数	−128～127
short	System.Int16	16 位有符号整数	−32768～32767
int	System.Int32	32 位有符号整数	−2147483648～2147483647
long	System.Int64	64 位有符号整数	−263～263
byte	System.Byte	8 位无符号整数	0～255
ushort	System.Unit16	16 位无符号整数	0～65535

续表

类　型	CTS 类型	说　明	范　围
unit	System.Unit32	32 位无符号整数	0～4294967295
ulong	System.Ulong	64 位无符号整数	0～264
float	System.Single	32 位单精度浮点数	±1.5×10-45～±3.4×1038
double	System.Double	64 位双精度浮点数	±5.0×10-324～±1.7×10308
decimal	System.Decimal	128 位双精度浮点数	±1.0×10-28～7.9×1028

值类型声明语法如下：

```
Type name;
name=TypeVaue;
```

或者：

```
Type name=new Type();
```

参数说明如下：

- Type：类型，包含表 4-1 中的所有值类型。
- name：值类型的名称。
- TypeValue：相对于类型的值。

下面以整数类型为例，对于值类型进行初始化。

例如，声明未进行初始化的整型局部变量。

```
int n;
```

例如，对整型变量进行初始化，其默认值为 0。

```
n = new int();
```

以上代码等同于：

```
myInt = 0;
```

例如，在声明整型变量的同时对其进行初始化。

```
int n = new int();
```

以上代码等同于：

```
int n = 0;
```

在这里要说明的是，在对值类型进行声明时，int 类型的默认值为 0，char 类型的默认值为 "0"，bool 类型的默认值为 false，Byte 类型的默认值为 0。

2. 引用类型

引用类型变量又称为对象，可存储对实际数据的引用。引用类型有：class、interface、delegate。C#有两个内置的引用类型，分别为 Object 和 String 类型，下面将对其进行详细的讲解。

Object 类型在.NET Framework 中是 Object 的别名。在 C#的统一类型系统中，所有类型（预定义类型、用户定义类型、引用类型和值类型）都是直接或间接从 Object 继承的。可以将任何类型的值赋给 Object 类型变量。将值类型的变量转换为对象的过程称为"装箱"。将对象类型的变量转换为值类型的过程称为"取消装箱"。下面通过例子来说明 Object 的引用。

【例 4-1】 Object 类型的引用调用。

程序代码如下：

```csharp
namespace BaseBrief
{
    class Program
    {
        class ObjectClass                            //定义一个类
        {
            public int i = 10;                       //定义一个整型变量
        }
        static void Main(string[] args)
        {
            object a;                                //定义object类型
            a = 2;                                   //装箱
            Console.WriteLine(a);                    //输出装箱后的值
            Console.WriteLine(a.GetType());          //输出类型
            Console.WriteLine(a.ToString());         //以字符串类型输出
            Console.WriteLine();                     //换行
            a = new ObjectClass();                   //用ObjectClass类进行初始化
            ObjectClass classRef;                    //定义ObjectClass
            classRef = (ObjectClass)a;               //拆箱
            Console.WriteLine(classRef.i);           //输出i值
        }
    }
}
```

输出结果为：

```
2
System.Int32
2
10
```

说明：可以看出 classRef 只是指向了 a，因为 classRef 并没有实例化，所以它的 classRef.i 等于 10。

string 类型表示 Unicode 字符的字符串。string 是 .NET Framework 中的 string 的别名。字符串对象一旦被创建，内容就不能更改。尽管 string 是引用类型，但定义相等运行算符（==和!=）是为了比较 string 对象（而不是引用）的值。这使得对字符串相等性的测试更为直观。例如下面的字符串的比较示例。

【例 4-2】 字符串的比较。

程序代码如下：

```csharp
static void Main(string[] args)
{
    string a = "welcome";                               //定义字符串
    string b = "we";                                    //定义字符串
    b = b + "lcome";                                    //字符串连接
    Console.WriteLine(a==b);                            //判断字符串内容是否相同
    Console.WriteLine((object)a == (object)b);          //判断字符串实例是否相同
    Console.ReadKey();
}
```

程序运行结果如下：

```
True
False
```

可看出，字符串内容是相同的，但是 a 和 c 引用的不是同一个字符串实例。

string 可以包含转义序列，因为这些转义序列需要一个反斜杠开头，所以如果字符串中使用非转义的反斜杠，则需要用两个来表示，如：string a="C\\user\\file\\test.txt"。但是要是大量这样使用，容易让人难以理解，在 C#中可以在字符串前面加上"@"符号，这样字符串里的字符就不会被解释为转义序列了，如：string a=@"C\user\file\test.txt"。

3．装箱和拆装

装箱就是将值类型转换为引用类型 Object，这使得值类型可以存放在垃圾回收堆中。如图 4-1 所示。
拆箱就是从对象中提取值类型，将引用类型转换为值类型。如图 4-2 所示。

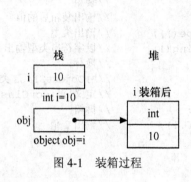

图 4-1 装箱过程

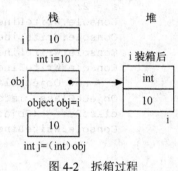

图 4-2 拆箱过程

例如下面的一段代码：

```
int a = 10;
object b = (object) a;              //装箱
b=123;
a = (int) b;                        //拆箱
```

相对于简单的赋值而言，拆箱和装箱需要大量的运算。对值类型进行装箱时，必须分配并构造一个全新的对象。拆箱所需要的强制转换也需要大量的计算。因此装箱和拆箱会对性能产生影响。

4.2.2 变量和常量

1．变量

变量是指在程序运行过程中其值可以不断变化的量。变量通常用来保存程序运行过程中的输入数据、计算获得的中间结果和最终结果。变量的命名规则必须符合标识符的命名规则，并且变量命名要人性化，以便理解。

在 C#中，变量可分为静态变量、实例变量、数组变量、局部变量、参数值、引用参数和输出参数这 7 种。下面分别对这 7 中变量进行简单的讲解。

（1）静态变量

通过 static 修饰符声明的变量称为静态变量。静态变量只有被创建并加载后才会生效，同样被卸载后失效。声明一个整型静态变量 a 的代码如下：

```
static int a= 0;
```

注意：最好在声明时对静态变量赋值。

（2）实例变量

声明变量时，没有 static 修饰的变量称为实例变量。当类被实例化时，将生成属于该类的实例变量。当不再对该实例进行引用,并且已执行实例的析构函数后,此实例变量将失效。类中实例变量的初始值是该类型变量的默认值。为了方便进行赋值检查,类中的实例变量应是初始化的。例如,声明一个整型的实例变量 a,代码如下:

```
int a;
```

(3) 数组变量

数组元素随着数组的存在而存在,当任意一个数组实例被创建时,该数组元素也被同时创建。每个数组元素的初始值是该数组元素类型的默认值。声明一个整型数组变量的代码如下:

```
int[] arry=new int[5];
```

(4) 局部变量

顾名思义,具有局部作用的变量称为局部变量,它只在定义它的块内起作用。所谓块是指大括号"{"和"}"之间的所有内容。局部变量从被声明的位置开始起作用,当块结束时,局部变量也就消失。声明一个整型的局部变量 n 的代码如下:

```
public void Test()
{
   int n=0;
}
```

(5) 参数值

声明一个变量时,该变量没有 ref 和 out 修饰,可称值变量为值参数。值参数在其隶属的函数子句被调用时自动生成,同时被赋给调用中的参数值。当函数成员返回时,值参数失效。为了方便赋值检验,所有的值参数都被认为是已被初始化过的。例如,声明一个方法 Test 的参数为整型的值参数变量 a 的代码如下:

```
public void Test(int a)
{
}
```

(6) 引用参数

用 ref 修饰符声明的参数为引用参数。引用参数不创建新的存储位置。引用参数的值总是与基础变量相同。若要使用 ref 参数,则定义方法和调用方法都必须显式使用 ref 关键字。例如,声明一个方法 Test 的参数为整型的引用参数变量 a。

声明具有引用参数的方法:

```
public void Test(ref int a)
{
}
```

调用具有引用参数的方法:

```
int b=0;
Test(ref b);
```

下面讲解引用参数的赋值规则。

● 按量作为引用参数在函数成员调用中传递之前必须已明确赋值。
● 在函数成员内部,引用参数被视为初始已赋值。
● 在结构类型的实例方法或实例访问器内部,this 关键字的行为与该结构类型的引用参数完全不同。

（7）输出参数

用 out 修饰符声明的参数是输出参数。输出参数不创建新的存储位置。相反，输出参数表示在对该函数成员调用中被当作"自变量"的变量所表示的同一个存储位置。因此，输出参数的值总是与基础变量相同。声明一个方法 Test 的参数为整型的引用参数变量 a 的代码如下：

```
public void Test(out int a)
{
}
```

调用具有输出参数的方法：

```
int b=0;
Test(out b);
```

下面讲解输出参数的赋值规则：
- 变量作为参数在函数成员调用中传递之前，不一定要明确赋值。
- 在正常完成函数成员调用之后，每个作为输出参数传递的变量都被认为在该执行路径中已赋值。
- 在函数成员内部，输出参数被视为初始为赋值。
- 函数成员的每个输出参数在该函数成员正常返回前都必须已明确赋值。
- 在结构类型的实例构造函数内部，this 关键字的行为与结构类型的输出参数完全相同。

2．常量

常量又称常数，是在程序运行的过程中其值不改变的量。在 C#中，常量的数据类型主要有几种：sbyte，byte，short，ushort，int，uint，long，ulong，char，float，double，decimal，bool，string 等。

常量通常使用 const 关键字声明，代码如下：

```
class Calendar1
{
    public const int num=10;
}
```

上面的示例中，常数 num 始终为 10，不能更改。

只要不造成循环引用，用于初始化一个常数的表达式就可以引用另一个常数。代码如下：

```
class Calendar2
{
const int a=10;
const int b=5;
const double c=a/b;
}
```

常数可标记为 public（公有）、private（私有）、protected（派生）、internal（程序集）或 protectedinternal（类派生的当前程序集）。这些访问修饰符定义类的用户访问该常数的方式。

4.2.3 数据类型转换

1．隐式转换

隐式类型转换是指将低精度数值转换为高精度数值，可以直接赋值而不用任何转换。隐式转换可能在多种情况下发生，包括在调用方法时或在赋值语句中。

隐式类型转换如表 4-2 所示。

表 4-2 隐式类型换换表

源类型	目标类型
Sbyte	short、int、long、float、double、decimal
byte	short、ushort、int、uint、long、ulong、float、double、decimal
short	int、long、float、double、decimal
ushort	int、uint、long、ulong、float、double、decimal
uint	long、ulong、float、double、decimal
char	ushort、int、uint、long、ulong、float、double、decimal
float	double
ulong	float、double、decimal
Long	float、double、decimal

例如，将整型转换为单精度型。代码如下：

```
int a=10;
float b=a;              //整型转换为单精度型
```

2. 显示转换

显示转换是指将高精度数值转换为低精度数值，必须指明将要转换的目标类型。由于数据类型的差异，有可能丢失部分数据。例如，将双精度型转换为整型。代码如下：

```
double a=10.023;
int b=(int)a;           //双精度型转换为整型
转换后 b=10;
```

3. System.Convert 转换

System.Convert 类为支持的转换提供了一整套方法。它提供了一种与语言无关的方法来执行转换，而且可用于针对公共语言运行库的所有语言。Convert 类可确保所有公共转换都可使用一般格式。该类可执行收缩转换以及不相关数据的转换。例如，可以从 String 类型转换为数值类型，从 DateTime 转换为 String 类型，以及从 Sting 类型转换为 bool 类型。

Convert 转换的方法如表 4-3 所示。

表 4-3 Convert 类转换方法

方 法	说 明
ToBase64CharArray	将 8 位无符号整数数组的子集转换为用 Base64 数字编码的 Unicode 字符数组的等价子集
ToBase64String	将 8 位无符号整数数组的子集转换为其等效 String 形式（使用 Base64 数字编码）
ToByte	将指定的值转换为 8 位无符号整数
ToChar	将制定的值转换为 Unicode 字符
ToDateTime	将指定的值转换为 Decimal（十进制数字）
ToDecimal	将指定的值转换为双精度浮点数
ToDouble	将指定的值转换为双精度浮点数
ToInt16	将指定的值转换为 16 位有符号整数
ToInt32	将指定的值转换为 32 位有符号整数
ToInt64	将指定的值转换为 64 位有符号整数
ToSByte	将指定的值转换为 8 位有符号整数
ToString	将指定的值转换为字符串
ToSingle	将指定的值转换为单精度浮点数

用 Convert 方法将 string 类型转化为 int 的代码如下:

```
string a="123456";
int b=Convert.ToInt32(a);
```

以上转换的结果为 b=123456。

Convert 方法也可以进行字符串类型与日期类型的转换,如果想将一个字符串类型的日期转换为字符串类型,可以进行如下代码转换:

```
string str="1993/10/02";
DateTime dt=Convert.ToDateTime(str);
```

则 dt 即为日期型字符。同理也可将日期类型转换为字符串类型,代码如下:

```
DateTime dt="1993/10/02";
string str=Convert.ToString(dt);
```

4.2.4 运算符与表达式

程序对数据的操作,其实就是指对数据的各种运算。被运算的对象,如常数、常量、变量等称为操作数。运算符是指用来对操作数进行各种运算的操作符号,如加号或减号等。诸多的操作数通过运算符连成一个整体后,就成为一个表达式。

在 C#.NET 中具有丰富的运算符,可分为算术运算符、赋值运算符、位逻辑运算符、比较运算符、链接运算符、逻辑运算符、字符运算符。

1. 算术运算符

算术运算符用于组合数字、数值变量、数值字段和数值函数,以得到另一个数字。用于链接运算表达式的各种运算符如表 4-4 所示。

表 4-4 算术运算符

运算符	运算符定义	举 例	说 明
+	加法符号	X=A+B	X 等于 A 加 B 所得的结果
-	减法符号	X=A-B	X 等于 A 减 B 所得的结果
*	乘法符号	X=A*B	X 等于 A 乘 B 所得的结果
/	除法符号	X=A/B	X 等于 A 除 B 所得的商
%	取模符号	X=A%B	X 等于 A 除 B 所得的余数

2. 赋值运算符

赋值运算符用于赋值运算。在 C#.NET 中常用的赋值运算符及其描述如表 4-5 所示。

表 4-5 赋值运算符

运算符	运算符定义	举 例	说 明
=	赋值	X=A	
+=	加	X+=A	X=X+A
-=	减	X-=A	X=X-A
*=	乘	X*=A	X=X*A
/=	除	X/=A	X=X/A
%=	取余	X%=A	X=X%A

3. 比较运算符

比较运算符用于比较两个对象之间的相互关系,返回值为 True 和 False。各种比较运算符如表 4-6 所示。

第 4 章 C#语言基础

表 4-6 比较运算符

运算符	说明	举例	结果
=	运算符检验两个操作数 A、B 是否相等	3==1	False
>	运算符检验第一个操作数 A 是否大于第二个操作数 B	3>1	True
<	运算符检验第一个操作数 A 是否小于第二个操作数 B	3<1	False
!=	运算符检验两个操作数 A、B 是否不相等	"a"!="A"	True
>=	运算符检验第一个操作数 A 是否大于或等于第二个操作数 B	3>=1	True
<=	运算符检验第一个操作数 A 是否小于或等于第二个操作数 B	3<=1	False

4．逻辑运算符

逻辑运算符的作用是对操作数进行逻辑运算。操作数可以是逻辑量（True 或 False）或关系表达式，逻辑运算的结果也是一个逻辑量。表 4-7 中列出了 C#.NET 中的逻辑运算符。

表 4-7 逻辑运算符

运算符	运算符定义	举例	说明
&&	与	A&&B	A、B 同时为 True，结果为 True
||	或	A||B	A、B 有一个为 True 时，结果为 True
!	非	!A	如 A 原值为 True，结果为 False
^	异或	A^B	A、B 结果相反时，结果为 True

下面列举具体的示例，以便读者进一步理解：

```
bool x;
x=(23>12)&&(12>10)          //x=True
x=(23>12)||(12>10)          //x=True
x=(23>12)||(12<10)          //x=True
x=(23<12)||(12<10)          //x=False
x=!(23>12)                  //x=False
x=(23>12)^(12<10)           //x=True
x=(23>12)^(12>10)           //x=False
```

5．运算符优先级

当表达式中包含多个运算符时，运算符的计算是有优先级的。例如，表达式 x+y*z 会按 x+(y*z) 计算，因为 * 运算符的优先级高于 + 运算符。表 4-8 安优先级降低的顺序提供了所有运算符。同一行中的运算符具有相同的优先级，按它们在表示中出现的顺序从左向右计算。

表 4-8 比较运算符

类别操作符	操作符
初级操作符	(x) x.y f(x)a [x] x+ +x—new type of sizeof checked unchecked
一元操作符	+ - ! ~ ++ +x—x (T) x
乘除操作符	* / %
加减操作符	+ -
移位操作符	<< >>
关系操作符	< > <= >= is as
等式操作符	== !=
逻辑与操作符	&
逻辑异或操作符	^
逻辑或操作符	|
条件与操作符	&&
类别操作符	操作符
条件或操作符	|
条件操作符	?:
赋值操作符	= *= /= %= += -= <= >= &= ^= |=

当操作数出现在两个同级运算符之间时,运算符的关联控制运算的执行顺序。所有的二进制运算都是向左关联的,即运算的执行顺序是从左向右的。优先级和关联性可以通过带括号的表达式控制。

4.2.5 流程控制

一个程序指令一般都是按顺序执行的,但实际上在许多时候会根据一定的条件来执行不同的程序指令段,这就需要有相关的控制语句来控制程序的流程。这个过程叫做流程控制,这种改变流程的语句叫做控制语句。

1. 分支结构

使用分支结构语句块中的条件表达式可以控制程序中哪些语句被执行,以及以什么样的次序执行。在C#.NET中选择语句又可以分为两种:if 语句和 switch 语句。

(1) if 语句

● 简单条件表达式

If 语句是最有用的控制结构之一,当条件为真时执行一系列语句,当条件为假时执行另一系列语句。If 分支语句在程序中计算条件值,并根据条件值决定下一步执行的操作。简单的 if 分支结构有以下两种形式。

格式一:if(布尔表达式) { 程序语句 }
格式二:if(布尔表达式) { 程序语句 } else { 程序语句 }
当 if 语句中的布尔表达式的值为"True"时,则执行后面的程序语句,例如:

```
string str;
if(score>=60)
{
    str="恭喜您通过了!";
}
else
{
    str="很遗憾您没通过!";
}
```

根据表达式的值,程序决定是否把 str 变量设置为"恭喜您通过了!"。如果 score 变量的值大于等于 60,则 str 变量被设置为"恭喜您通过了!",else 语句不再执行;否则,就跳过这条赋值语句,然后执行下面的语句,此时 str 被设置为"很遗憾您没通过!"。这比较运算的结果不是 True 就是 False,条件表达式从来不会产生模棱两可的值。

If 语句可以嵌套 if 语句,如下例所示:

```
int Number,Digits;
Number=53;        //初始化 Number 变量
if(Number<10)
{
    Digits=1;
}
else
{
if(Number<100)
{
    Digits=2;
}
```

```
        else
        {
            Digits=3;
        }
    }
```

上述代码等同于如下代码：

```
    int Number,Digits;
    Number=53;        //初始化 Number 变量
    if(Number<10)
    {
        Digits=1;
    }
    else if(Number<100)
    {
    Digits=2;
    }
    else
    {
    Digits=3;
    }
```

● 复杂条件表达式

在 if 语句中的布尔表达式可以由多个表达式组成，这些表达式可以使用与（&&）、或（||）、非（!）进行连接。例如，在下列 if 语句中，若 score 的值大于 60 且小于 100，那么让 str 设为"恭喜您通过了！"，其代码如下：

```
    if(score>=60&&score<=100)
    {
        str=" 恭喜您通过了！";
    }
```

另外，C#.NET 有一个三元运算符（?:）是 if...else 语句的省略形式，当需要进行比较并返回一个布尔值时，该运算符是很有用的。例如：

```
    int Number=80;
    string str;
    str=(Number>=60)?"通过":"没通过";
```

上面代码执行的结果为 str 被赋值为"通过"。

（2）switch 语句

如果要将同一表达式与多个不同的值进行比较，可以使用 switch 语句替换 if 语句。另外，switch 语句只计算表达式一次，然后在每次比较中都在使用它。switch 结构的语法如下所示：

```
    switch(条件表达式)
    {
    case 值1:语句 1;
    break;
    case 值2:语句 2;
    break;
    ……
    default:语句;
    break;
    }
```

switch 语句的形式是以 switch 表达式开始，后跟一连串的 switch 块，每一个 switch 块通过 case 来标记。当条件表达式的值对应于某个特定的 case 值时，程序就紧跟着该 case 的代码。若没有与之匹配的 case 值，而定义了 default 条件，则执行 default 条件中的代码。

另外，每个 switch 块结束处必须使用 break 语句，否则就会产生编译错误。因为编译器不允许连续执行多个 switch 块。

可以用下面的程序段说明 switch 语句是如何实现程序的多路分支的。

假如考查课的成绩按优秀、良好、中等、及格、不及格分为五等，分别用 4，3，2，1，0 来表示。但实际的考卷为百分制，分别对应的分数为 90～100，80～90，70～80，60～70，60 以下。下面的程序将考卷成绩 x 转换为考查课的成绩 y，代码如下：

```
int y,x=78;
switch(x/10)
{
    case 10:y=4;break;
    case 9:y=4;break;
    case 8:y=3;break;
    case 7:y=2;break;
    case 6:y=1;break;
    default:y=0;break;
}
```

该示例的执行顺序如下：

① 先计算条件表达式（x/10）的值，从 x 初值整除 10 后，可得表达式的值为 7。

② 若 case 标记中的某个常数值与条件表达式的值相等，执行控制权就会传送该 case 标记后的语句。本实例应执行"case7："后的语句，即执行"y=2"。

2．循环结构

循环结构用于在一定条件下多次重复执行一组语句。

C#支持的循环结构包括以下几种：

- for 语句
- foreach 语句
- while 语句
- do…while 语句

（1）for 语句

当事先知道某个语句块要被执行多少次时，for 循环可很好地发挥作用。

for 语句的格式为：

```
for(initializer;condition;iterator)
{
    Embedded-statement
}
```

其中 initializer、condition、iterator 这三项都是可选项。initializer 为循环控制变量做初始化，循环控制变量可以有一个或多个（用逗号隔开）；condition 为循环控制条件，也可以有多个语句；iterator 按规律改变循环控制变量的值。for 语句执行顺序如下：

① 按书写顺序将 initializer 部分（如果有的话）执行一遍，为循环控制变量赋初值；

② 测试 condition（如果有的话）中的条件是否满足；

③ 若没有 condition 项或条件满足则执行内嵌语句一遍，按 iterator 改变循环控制变量的值，回到②执行；

④ 若条件不满足则 for 循环终止。

下面的例子是在浏览器中显示数字 1～9，清楚地显示出了 for 语句是怎样工作的：

```
for(int i=0;i<10;i++)
{
    Response.write(i.ToString()+"<br>");
}
```

循环计数变量在超过结束值之前不终止。

下面的过程将计数器变量 j 每次循环重复时递增 2。循环结束后，Total 为 2、4、6、8 和 10 的总和。

```
public int TwoTotal()
{
int j,Total=0;
for(j=2;j<=10;j=j+2)
{
    Total=Total+j;
}
return(Total);
}
```

若要减少计数器变量，可以使用负的步长值。这样做之后，应指定小于起始值的结束值。在下面示例中，计数器变量 j 每次循环重复时减 2。循环结束后，Total 为 16、14、12、10、8、6、4 的总和。

```
public int NewTotal()
{
int j,Total=0;
for(j=16;j>=4;j=j-2)
{
    Total=Total+j;
}
return(Total);
}
```

可以使用 break 语句使计数器在超过其结束之前退出 for 循环。例如：

```
public int NewTotal()
{
int j,Total=0;
for(j=16;j>=4;j=j-2)
{
    Total=Total+j;
    if(Total>30)
    break;
}
return(Total);
}
```

如上例，当 Total 的值大于 30 时，计数器并未超过其结束值，但 for 循环依然会终止。

（2）foreach 语句

foreach 语句为数组或对象集合中的每一个元素重复一个嵌入语句组。foreach 语句用于循环访

问集合以获取所需要的信息,但不应用于更改集合内容,以免产生不可预知的副作用。此语句的形式如下:

```
foreach(type identifier in exression)
{
    statement
}
```

其中各参数含义如下:
- type: identifier 的类型;
- identifier: 表示集合元素的迭代变量。如果迭代变量为值类型,则无法修改的只读变量也是有效的;
- expression: 对象集合或数组表达式。集合元素的类型必须可以转换为 identifier 类型;
- statement: 要执行的嵌入语句。

当与数组一起使用时,foreach 语句为数组中的每个元素重复执行嵌入语句。下面这个示例搜索一个整数数组中的偶数和奇数,并统计其个数。

```
int odd=0, even=0;
int[] arr=new int[]{1,2,3,4,5,6,7,8,9,10,11};
foreach(int i in arr)
{
if(i%2==0)
{
    even++;
}
else
{
    odd++;
}
}
```

(3)do…while 语句

当事先不知道需要执行多少次循环体时,可以使用 do…while 语句,执行的具体次数取决于条件表达式的值。可以在条件表达式为 True 时一直重复语句。条件通常从两个值的比较得到,也可以是任何计算为布尔值(True 或 False)的表达式。与 while 语句不同,do 语句的体循环至少执行一次,与 expression 的值无关。其语法结构如下所示:

```
do
{
    statement
}while(expresion);
```

其中各参数的含义如下:
- expression: 一个表达式,可隐式转换为布尔类型或包含重载 True 和 False 运算符的类型。此表达式用于测试循环终止条件;
- statement: 要执行的嵌入语句。

下面这个程序段说明 do 语句的用法:

```
int x;
int y=0;
do
```

```
    {
      x=y++;
      Response.Write(x.ToString()+"<br>");
    }while(y<5);
```

该程序的执行结果是："1, 2, 3, 4, 5"。

注意，在下面这个程序段中，虽然条件求得 false 值，但循环仍将执行一次。

```
    int n=10;
    do
    {
      Response.Write("当前 n 的值是："+n.ToString());
      n++;
    }while(n<5);
```

该程序段执行的结果是："当前 n 的值是：10"。

（4）while 语句

当循环体的执行次数不确定时，还可以使用 while 语句，具体执行次数取决于条件表达式的值，只要条件为 True，则重复该语句。while 语句始终在循环开始前检查该条件，因此 while 循环执行零次或很多次。它的语法结构形式为：

```
    while(expression)
    {
      statement
    }
```

其中各参数含义如下：

- expression：是一个表达式，可隐式转换为布尔类型或包含重载 True 和 False 运算符的类型。此表达式用于测试循环终止条件。
- statement：要执行的嵌入语句。

while 语句的执行顺序如下：

① 计算布尔表达式 expression 的值。
② 当布尔表达式的值为真时，执行内嵌语句一次，程序转至第①步。
③ 当布尔表达式的值为假时，while 循环终止。

【例 4-3】 while 语句的用法。

程序代码如下：

```
    private void Button1_Click(object sender,System.EventArgs e)
    {
    int n=1;
    while(n<6)
    {
    Response.Write("当前 n 的值是："+n.ToString()+"<br>");
    n++;
    }
    }
```

本例在 Web 浏览器中的显示结果如下：

```
    当前 n 的值是：1
    当前 n 的值是：2
    当前 n 的值是：3
```

```
当前n的值是：4
当前n的值是：5
```

在while语句中允许使用break语句结束循环，执行后续语句；也可以用continue语句停止内嵌语句执行，继续进行while循环。使用下面的程序段来计算一个整数x的阶乘值：

```
long y=1;
while(true)
{
    y*=x;
    x--;
    if(x==0)
    {
        break;
    }
}
```

4.2.6 数组

数组允许通过同一名称引用一系列的变量，并使用一个称为"索引"或"下标"的数字来进行区分。这在许多情况下，有助于代码的精炼和简洁，因为可以使用索引号设置循环来高效地处理任何数量的元素。

1. 声明数组变量

C#.NET数组从零开始建立索引，即数组索引从零开始。C#.NET中数组的工作方式与在大多数其他流行语言中的工作方式类似，但还是有一些差异应引起注意。

在声明数组时，方括号"[]"必须跟在类型后面，而不是标识符后面。在C#.NET中，将方括号放在标识符后面是不合法的语句。如下所示：

```
int[] table;      //正确
int table;        //错误
```

另一个细节是，在C#.NET中数组的大小不是其类型的一部分，而在C语言中它却是数组类型的一部分。这样，可以声明一个数组并向它分配int对象的任意数组，而不管数组长度如何。

```
int[] numbers;
numbers=new int[10];     //10个元素的数组
numbers=new int[20];     //现在是20个元素的数组
```

C#.NET支持一维数组和多维数组。声明数组并不是实际创建它们，在C#.NET中，数组是对象，必须进行实例化。

C#支持一维数组、多维数组（矩形数组）和数组的数组（交错的数组）。下面的示例展示如何声明不同类型的数组：

- 一维数组

```
int[] numbers;
```

- 多维数组

```
string[,] names;
```

- 数组的数组（交错的）：

```
byte[][] scores;
```

声明数组（如上所示）并不实际创建它们。在 C# 中，数组是对象（本教程稍后讨论），必须进行实例化。下面的示例展示如何创建数组：

- 一维数组

```
int[] numbers = new int[5];
```

- 多维数组

```
string[,] names = new string[5,4];
```

- 数组的数组（交错的）

```
byte[][] scores = new byte[5][];
for (int x = 0; x < scores.Length; x++)
{
   scores[x] = new byte[4];
}
```

还可以有更大的数组。例如，可以有三维的矩形数组：

```
int[,,] buttons = new int[4,5,3];
```

甚至可以将矩形数组和交错数组混合使用。例如，下面的代码声明了类型为 int 的二维数组的三维数组的一维数组。

```
int[][,,][,] numbers;
```

下面是一个完整的 C# 程序，它声明并实例化上面所讨论的数组。

【例4-4】 声明并实例化数组。

程序代码如下：

```
static void Main(string[] args)
 {
  //Single-dimensional array
  int[] numbers = new int[5];
  //Multidimensional array
  string[,] names = new string[5, 4];
  //Array-of-arrays (jagged array)
  byte[][] scores = new byte[5][];
  //Create the jagged array
    for (int i = 0; i < scores.Length; i++)
    {
        scores[i] = new byte[i + 3];
    }
  //Print length of each row
    for (int i = 0; i < scores.Length; i++)
    {
        Console.WriteLine("Length of row {0} is {1}", i, scores[i].Length);
    }
 }
```

运行结果如图4-3所示。

2．初始化数组

C#通过将初始值括在大括号"{}"内为在声明时初始化数组提供了简单而直截了当的方法。下面的示例展示初始化不同类型的数组的各种方法。

图4-3 运行结果

注意：如果在声明时没有初始化数组，则数组成员将自动初始化为该数组类型的默认初始值。另外，如果将数组声明为某类型的字段，则当实例化该类型时它将被设置为默认值 null。

（1）一维数组

```
int[] numbers = new int[5] {1, 2, 3, 4, 5};
string[] names = new string[3] {"Matt", "Joanne", "Robert"};
```

可省略数组的大小，如下所示：

```
int[] numbers = new int[] {1, 2, 3, 4, 5};
string[] names = new string[] {"Matt", "Joanne", "Robert"};
```

如果提供了初始值设定项，则还可以省略 new 运算符，如下所示：

```
int[] numbers = {1, 2, 3, 4, 5};
string[] names = {"Matt", "Joanne", "Robert"};
```

（2）多维数组

```
int[,] numbers = new int[3, 2] { {1, 2}, {3, 4}, {5, 6} };
string[,] siblings = new string[2, 2] { {"Mike","Amy"}, {"Mary","Albert"} };
```

可省略数组的大小，如下所示：

```
int[,] numbers = new int[,] { {1, 2}, {3, 4}, {5, 6} };
string[,] siblings = new string[,] { {"Mike","Amy"}, {"Mary","Albert"} };
```

如果提供了初始值设定项，则还可以省略 new 运算符，如下所示：

```
int[,] numbers = { {1, 2}, {3, 4}, {5, 6} };
string[,] siblings = { {"Mike", "Amy"}, {"Mary", "Albert"} };
```

（3）交错的数组（数组的数组）

可以像下例所示那样初始化交错的数组：

```
int[][] numbers = new int[2][] { new int[] {2,3,4}, new int[] {5,6,7,8,9} };
```

可省略第一个数组的大小，如下所示：

```
int[][] numbers = new int[][] { new int[] {2,3,4}, new int[] {5,6,7,8,9} };
```

或：

```
int[][] numbers = { new int[] {2,3,4}, new int[] {5,6,7,8,9} };
```

请注意，对于交错数组的元素没有初始化语法。

3．访问数组成员

访问数组成员可以直接进行，类似于在 C/C++ 中访问数组成员。例如，下面的代码创建一个名为 numbers 的数组，然后向该数组的第五个元素赋以 5：

```
int[] numbers = {10, 9, 8, 7, 6, 5, 4, 3, 2, 1, 0};
numbers[4] = 5;
```

（1）下面的代码声明一个多维数组，并向位于 [1, 1] 的成员赋以 5：

```
int[,] numbers = { {1, 2}, {3, 4}, {5, 6}, {7, 8}, {9, 10} };
numbers[1, 1] = 5;
```

（2）下面声明一个一维交错数组，它包含两个元素。第一个元素是两个整数的数组，第二个元素是三个整数的数组：

```
int[][] numbers = new int[][] { new int[] {1, 2}, new int[] {3, 4, 5}};
```

(3) 下面的语句向第一个数组的第一个元素赋以 58，向第二个数组的第二个元素赋以 667：

```
numbers[0][0] = 58;
numbers[1][1] = 667;
```

4．数组是对象

在 C#中，数组实际上是对象。System.Array 是所有数组类型的抽象基类型。可以使用 System.Array 具有的属性以及其他类成员。这种用法的一个示例是使用"长度"(Length)属性获取数组的长度。下面的代码将 numbers 数组的长度（为 5）赋给名为 LengthOfNumbers 的变量：

```
int[] numbers = {1, 2, 3, 4, 5};
int LengthOfNumbers = numbers.Length;
```

System.Array 类提供许多有用的其他方法/属性，如用于排序、搜索和复制数组的方法。

5．对数组使用 foreach

C# 还提供 foreach 语句。该语句提供一种简单、明了的方法来循环访问数组的元素。例如，下面的代码创建一个名为 numbers 的数组，并用 foreach 语句循环访问该数组：

```
int[] numbers = {4, 5, 6, 1, 2, 3, -2, -1, 0};
foreach (int i in numbers)
{
    System.Console.WriteLine(i);
}
```

由于有了多维数组，可以使用相同方法来循环访问元素，例如：

```
int[,] numbers = new int[3, 2] {{9, 99}, {3, 33}, {5, 55}};
foreach(int i in numbers)
{
    Console.Write("{0} ", i);
}
```

该示例的输出为：

```
9 99 3 33 5 55
```

不过，由于有了多维数组，使用嵌套 for 循环将使您可以更好地控制数组元素。

4.3 面向对象编程

面向对象理论很早就被提出了，但它真正渗透到软件开发的各个领域，并且在软件开发实践中大规模应用。到目前为止，面向对象技术已是软件开发的主流，全面取代了结构化编程技术曾经具有的地位。

面向对象技术与结构化编程技术有着不同的风格，但同时也有着密切的联系。从具体编程角度来看，面向对象技术与结构化编程技术很难截然分开，两者的根本差别在于思维方式。

4.3.1 类

与使用 C 语言等结构化编程语言不一样，使用 C#编程，所有的程序代码几乎都放在类中，不存在独立于类之外的函数。因此，类是面向对象编程的基本单元。

在绝大多数面向对象语言中,一个类都可以包含两种成员:字段(Field)与方法(Method)。字段与方法这两个概念是面向对象理论的术语,是通用于各种面向对象语言的。而在C#语言中,可以简单地这样理解:

字段即变量,方法即函数。

类的字段一般代表类中被处理的数据,类的方法大多代表对这些数据的处理过程或用于实现某种特定的功能,方法中的代码往往需要访问字段保存的数据。

在C#中,定义若干个变量,写若干个函数,将这些代码按以下格式汇集起来,再起个有意义的名字,就完成了一个类的定义,其结构简单如下:

```
[public|private] class 类名
{
    [public|private] 数据类型   变量名;
    [public|private] 数据类型   函数名(参数列表)
    {
    }
}
```

在上述类的定义中,方括号代表这部分可选,而竖线则代表多选一。声明为public的变量和函数可以被外界直接访问,与此对应,private的变量与函数,则为类的私有成员,只能由类自己使用。

字段(Field)代表了类中的数据,在类的所有方法之外定义一个变量即定义了一个字段。在变量之前可以加上public、private和protected表示字段的访问权限。以下代码展示了在类Student中定义的两个公有字段Name和Number,外界可以通过类Student创建的对象来读取或设置这两个字段的值。

可以在定义字段的同时给予一个初始值,如下所示:

```
public class Student
{
    public string Name = "Tom";                //姓名
    public string Number = "121406070201";     //学号
}
```

4.3.2 属性、方法和事件

1. 方法

方法的定义及使用在"4.3.3 构造函数"中具体讲解,本节介绍方法的重载。

方法重载是面向对象语言(如C#)对结构化编程语言(如C)的一个重要扩充,如以下代码所示:

```
public class Math
{
    public int Add(int x)
    {
        return x+1;
    }
    public int Add(int x, int y)
    {
        return x + y;
    }
}
```

这两个同名的函数彼此构成了"重载(Overload)"关系。

重载函数的调用代码：

```
Math math = new Math();              //创建 Math 类的对象
//通过对象调用类的方法，结果保存在局部变量中
int result = math.Add(1);            //调用自增 Add 函数
int total = math.Add(1, 2);          //调用求和 Add 函数
Console.WriteLine(result);
Console.WriteLine(total);
```

两个构成重载关系的函数必须满足以下条件：
（1）函数名相同。
（2）参数类型不同，或参数个数不同。
需要注意的是，函数返回值类型的不同不是函数重载的判断条件。

2．属性

属性是一种特殊的"字段"。先来看一个用于表示学生信息的类 Student：

```
public class Student
{
  public String Name;            //姓名
  public DateTime Birthday;      //生日
  public int Age;                //年龄
}
```

Student 类中使用公有字段来表达学生信息，这种方式无法保证数据的有效性。比如外界完全可以这样使用 Student 类：

```
Student stu = new Student();
stu.Name = "";                                    //非法数据，名字怎能为空？
stu.Birthday = new DateTime(3000, 1, 3);          //公元 3000 年出生,他来自未来世界？
stu.Age = -1;                                     //年龄必须大于 0！
```

在设计类时使用属性（Property）可以保证只有合法的数据可以传给对象。以 Name 这个字段为例，它要求不能为空。
首先，定义一个私有的 _Name 字段：

```
private String _Name = "姓名默认值";
```

接着，即可定义一个 Name 属性：

```
public String Name
{
get   //读
  {
    return _Name;
  }
set   //写，使用隐含变量 value
  {
    if(value.Length == 0)
    throw new Exception("名字不能为空");
    _Name = value;
  }
}
```

Name 属性由两个特殊的读访问器（get）和写访问器（set）组成。当读取 Name 属性时，读访问器被调用，仅简单地向外界返回私有字段_Name 的值。当设置 Name 属性时，写访问器被调用，先检查外界传入的值是不是空串，再将传入的值保存于私有字段中。

经过这样的设计，以下代码在运行时会抛出一个异常提醒程序员出现了错误需要更正：

```
Student stu = new Student();
stu.Name = "";          //非法数据，名字怎能为空？
```

写访问器中有一个特殊的变量 value 必须特别注意，它代表了外界传入的值，例如以下代码向 Name 属性赋值：

```
Student stu = new Student();
stu.Name = "Tom";
```

"张三"这一字串值将被保存到 value 变量中，供写访问器使用。

由上述例子可知，编写属性的方法如下：

（1）设计一个私有的字段用于保存属性的数据；

（2）设计 get 读访问器和 set 写访问器存取私有字段数据。

C#中还允许定义只读属性和只写属性。只读属性只有 get 读访问器，而只写属性只有 set 写访问器。

4.3.3 构造函数

1．函数的概念

在程序开发过程中，经常发现多处需要实现或调用某一个公用功能（比如选择一个文件），这些功能的实现都需要书写若干行代码。如果在调用此功能的地方重复书写这些功能代码，将会使整个程序中代码大量重复，会增大开发工作量，增加代码维护的难度。

为了解决代码重复问题，绝大多数程序设计语言都将完成某一公用功能的多个语句组合在一起，起一个名字用于代表这些语句的全体，这样的代码块被称为"函数（function）"。引入"函数"概念后，程序中凡需要调用此公用功能的地方都可以只写出函数名，此名字就代表了函数中所包含的所有代码，这样，就不再需要在多个地方重复书写这些功能代码。

函数的出现，标志着软件开发进入了结构化编程的时代。调用和编写各种函数是程序员在结构化编程时的主要工作之一。

C#中一个函数的语法格式如下所示：

```
返回值类型  方法名(参数列表)
{
    语句1；
    语句2；
    return 表达式；
}
```

下面是一个典型的 C#函数示例：

```
int Add(int x)
{
   x = x + 1;
   return x;
}
```

函数需要向外界返回一个值，由 return 语句实现。

如果一个函数没有返回值或不关心其返回值,则将其返回值定义为 void。

```
void f()  //不返回任何参数
{
    语句 1;
    语句 2;
}
```

2. 函数的定义与使用

放在一个类中的函数(通常附加一个存取权限修饰符如 public 和 private)称为"方法(method)"。访问一个方法的最基本方式是通过类创建的对象。例如以下代码在类 Math 中定义了一个 Add()方法:

```
public class Math
{
    int Add(int x)
    {
        x = x + 1;
        return x;
    }
}
```

则可以通过使用 new 关键字创建类 Math 的对象来访问此 Add()方法:

```
class Program
{
    static void Main(string[] args)
    {
        Math math = new Math();         //创建 Math 类的对象
        int result = math.Add(1);        //通过对象调用类的方法,结果保存在局部变量中
    }
}
```

4.3.4 继承和多态

1. 继承

继承是面向对象编程中一个非常重要的特性,它也是另一个重要特性——多态的基础。

现实生活中的事物都归属于一定的类别。比如,老虎是一种动物。为了在计算机中模拟这种关系,面向对象的语言引入了继承(inherit)的特性。

构成继承关系的两个类中,Animal 称为父类(parent class)或基类(base class),Tiger 称为子类(child class)。(提示:在一些教材中,将父类称为超类(super class)。"继承"关系有时又称为"派生"关系,"B 继承自 A",可以说为"B 派生自 A",或反过来说,"A 派生出 B"。)

父类与子类之间拥有以下两个基本特性:

● 是一种(IS-A)关系:子类是父类的一种特例。
● 扩充(Extends)关系:子类拥有父类所没有的功能。

以下 C#代码实现了老虎类与动物类之间的继承关系:

```
class Animal
{
}
class Tiger:Animal
{
}
```

可以看到，C#中用一个冒号间隔开父类和子类。

（1）类成员访问权限

面向对象编程的一大特点就是可以控制类成员的可访问性。当前主流的面向对象语言都拥有以下三种基本的可访问性，如表4-9所示。

表 4-9　类成员的访问权限

可访问性	C#关键字	含　义
公有	public	访问不受限制
私有	private	只有类自身成员可以访问
保护	protected	子类可以访问，其他类无法访问

- public 和 private

public 和 private 主要用于定义单个类的成员存取权限，如以下代码所示：

```
public class A
{
  public int publicI;
  private int privateI;
  protected int protectedI;
}
```

当外界创建一个 A 的对象后，只能访问 A 的公有实例字段 publicI。

类 A 的私有实例字段 privateI 只能被自身的实例方法所使用：

```
public class A
{
  public int publicI;
  private int privateI;
  protected int protectedI;
  private void f()
  {
    privateI = 100; //OK!
  }
}
```

上述代码中，类 A 的私有方法 f() 访问了私有字段 privateI。注意，只要是类 A 直接定义的实例方法，不管它是公有还是私有的，都可以访问类自身的私有实例字段。

- protected

在形成继承关系的两个类之间，可以定义一种扩充权限——protected。当一个类成员被定义为 protected 之后，所有外界类都不可以访问它，但其子类可以访问。以下代码详细说明了子类可以访问父类的哪些部分：

```
class Parent
{
  public int publicField=0;
  private int privateFiled=0;
  protected int protectedField=0;
  protected void protectedFunc()
  {
  }
}
class Son:Parent
{
  public void ChildFunc()
  {
    publicField = 100;      //正确!子类能访问父类的公有字段
```

```
            privateFiled = 200;      //错误!子类不能访问父类的私有字段
            protectedField = 300;    //正确!子类能访问父类的保护字段
            protectedFunc();         //正确!子类能访问父类的保护方法
        }
    }
```

当创建子类对象后，外界可以访问子类的公有成员和父类公有成员，如下所示：

```
    Son obj = new Son();             //可以调用子类的公有方法
        obj.ChildFunc();             //可以访问父类的公有字段
        obj.publicField=1000;
```

由此可见，可以通过子类对象访问其父类的所有公有成员，事实上，外界根本分不清楚对象的哪些公有成员来自父类，哪些公有成员来自子类自身。

小结一下继承条件下的类成员访问权限：

- 所有不必让外人知道的东西都是私有的。
- 所有需要向外提供的服务都是公有的。
- 所有的"祖传绝招"，"秘不外传"的都是保护的。

C#中还有一种可访问性，就是由关键字 internal 所确定的"内部"访问性。internal 有点像 public，外界类也可以直接访问声明为 internal 的类或类的成员，但这只局限于同一个程序集内部。读者可以简单地将程序集理解为一个独立的 DLL 或 EXE 文件。一个 DLL 或 EXE 文件中可以有多个类，如果某个类可被同一程序集中的类访问，但其他程序集中的类不能访问它，则称此类具有 internal 访问性。例如类库项目 ClassLibrary1 可以生成一个独立的程序集（假定项目编译后生成 ClassLibrary1.dll），其中定义了两个类 A 和 B：

```
    namespace ClassLibrary1
    {
      internal class A
      {
        internal int InternalI=0;
      }
      public class B
      {
        public void f()
        {
          A a = new A();          //OK!
          a.InternalI= 100;       //OK!
        }
      }
    }
```

由于类 B 与类 A 属于同一个程序集，所以，B 中的代码可以创建 A 的对象，并访问 A 的声明为 internal 的成员 InternalI。在程序集 ClassLibrary1.DLL 之外，外界只能创建声明为 public 的类 B 的对象，不能创建声明为 internal 的类 A 的对象。internal 是 C#的默认可访问性，这就是说，如果某个类没有任何可访问性关键字在它前面，则它就是 internal 的。比如上面的类 A 也可以写成：

```
    class A
    {
        internal int InternalI=0;
    }
```

但要注意，在类中，如果省略成员的可访问性关键字，则默认为 private 的。例如：

```
class A
{
  int InternalI=0;
}
```

相当于：

```
internal class A
{
  private int InternalI=0;
}
```

（2）子类父类变量的相互赋值

构成继承关系的父类和子类对象之间有一个重要的特性：子类对象可以被当成基类对象使用。这是因为子类对象本就是一种父类对象，因此，以下代码是合法的：

```
Parent p;
Son c = new Son();
p = c;   //正确，子类对象可以传给父类变量
```

上述代码中 Parent 是 Son 类的父类。然而，反过来就不可以，以下代码是错误的：

```
c = p;   //错误，父类对象变量不可以直接赋值给子类变量
```

如果确信父类变量中所引用的对象的确是子类类型，则可以通过类型强制转换进行赋值，其语法格式为：

```
子类对象变量=（子类名称）基类对象变量；
```

或使用 as 运算符：

```
子类对象变量=基类对象变量 as 子类名称；
```

示例代码如下：

```
c = (Son)p;   //正确,父类对象变量引用的就是子类对象
```

或

```
c = p as Son;
```

（3）方法重载、隐藏与虚方法调用

由于子类对象同时"汇集了"父类和子类的所有公共方法，而 C#并未对子类和父类的方法名称进行过多限制，因此，一个问题出现了：如果子类中某个方法与父类方法的签名一样（即方法名和方法参数都一样），那当通过子类对象访问此方法时，访问的是子类还是父类所定义的方法呢？

让我们先从子类方法与父类方法之间的关系说起。总体来说，子类方法与父类方法之间的关系可以概括为以下三种。

- 扩充（Extend）：子类方法，父类没有；
- 重载（Overload）：子类有父类的同名函数，但参数类型或数目不一样；
- 完全相同：子类方法与父类方法从方法名称到参数类型完全一样。

对于第一种"扩充"关系，由于子类与父类方法不同名，所以不存在同名方法调用的问题，重点分析后两种情况。

- 重载（overload）

在前面介绍过方法重载的概念，在同一个类中构成重载的方法主要根据参数列表来决定调用哪一个。这一基本判断方法可以推广到类的继承情况。例如，以下代码在子类和父类中定义了一个重载的方法 OverloadF()：

```
class Parent
{
   public void OverloadF()
    {
    }
}
class Child :Parent
{
   public void OverloadF(int i)
    {
    }
}
```

使用代码如下:

```
Child obj = new Child();
obj.OverloadF();          //调用父类的重载方法
obj.OverloadF(100);       //调用子类的重载方法
```

可以看到,虽然重载的方法分布在不同的类中,但仍然可以将其看成是定义在同一个类中的,其使用方式与调用类的其他方法并无不同。

- 隐藏(Hide)

当子类与父类拥有完全一样的方法时,称"子类隐藏了父类的同名方法",如以下代码所示:

```
class Parent
{
 public void HideF()
  {
    Console.WriteLine("Parent.HideF()");
  }
}
 class Child :Parent
{
  public void HideF()
    {
      Console.WriteLine("Child.HideF()");
    }
}
```

请注意现在子类和父类都拥有了一个完全相同的方法 HideF(),于是问题发生了,如以下代码所示:

```
Child c = new Child();
c.HideF();             //调用父类的还是子类的同名方法?
```

上述代码运行输出:

```
Child.HideF()
```

修改一下代码:

```
Parent p = new Parent();
p.HideF();            //调用父类的还是子类的同名方法?
```

上述代码运行输出:

```
Parent.HideF()
```

由此可以得出一个结论:当分别位于父类和子类的两个方法完全一样时,调用哪个方法由对象变量的类型决定。

然而,面向对象的继承特性允许子类对象被当成父类对象使用,这使问题复杂化了,请读者看以下代码,想想会出现什么结果?

```
Child c = new Child();
Parent p;
p = c;
p.HideF();//调用父类的还是子类的同名方法?
```

上述代码运行输出:

```
Parent.HideF()
```

这就意味着即使 Parent 变量 p 中实际引用的是 Child 类型的对象,通过 p 调用的方法还是 Parent 类的。

如果确实希望调用的子类的方法,应这样使用:

```
((Child)p).HideF();
```

即先进行强制类型转换。

回到前面 Parent 和 Child 类的定义,Visual Studio 在编译这两个类时,会发出一个警告:

"警告 1 "HideExamples.Child.HideF()"隐藏了继承的成员 "HideExamples.Parent.HideF()"。如果是有意隐藏,请使用关键字 new"。

虽然上述警告并不影响程序运行结果,却告诉我们代码不符合 C#的语法规范,修改 Child 类的定义如下:

```
class Child :Parent
{
    public new void HideF()
    {
        Console.WriteLine("Child.HideF()");
    }
}
```

"new"关键字明确告诉 C#编译器,子类隐藏父类的同名方法,提供自己的新版本。由于子类隐藏了父类的同名方法,所以如果要在子类方法的实现代码中调用父类被隐藏的同名方法,请使用 base 关键字,示例代码如下:

```
base.HideF();        //调用父类被隐藏的方法
```

- 重写(override)与虚方法调用

上述隐藏的示例中,由于子类隐藏了父类的同名方法,如果不进行强制转换,就无法通过父类变量直接调用子类的同名方法,哪怕父类变量引用的是子类对象。这是不太合理的。我们希望每个对象都只干自己职责之内的事,即如果父类变量引用的是子类对象,则调用的就是子类定义的方法,而如果父类变量引用的就是父类对象,则调用的是父类定义的方法。这就是说,希望每个对象都"各人自扫门前雪,莫管他人瓦上霜"。

为达到这个目的,可以在父类同名方法前加关键字 virtual,表明这是一个虚方法,子类可以重写此方法;即在子类同名方法前加关键字 override,表明对父类同名方法进行了重写。看以下程序代码:

```
class Parent
{
    public virtual void OverrideF()
    {
        Console.WriteLine("Parent.OverrideF()");
    }
}
```

```
class Child : Parent
{
  public override void OverrideF()
  {
    Console.WriteLine("Child.OverrideF()");
  }
}
```

如以下代码所示：

```
Child c = new Child();
Parent p;
p = c;
p.OverrideF();          //调用父类的还是子类的同名方法？
```

上述代码运行的结果：

```
Child.OverrideF()
```

这一示例表明，将父类方法定义为虚方法，子类重写同名方法之后，通过父类变量调用此方法，到底是调用父类还是子类的，由父类变量引用的真实对象类型决定，而与父类变量无关。换句话说，同样一句代码：

```
p.OverrideF();
```

在 p 引用不同对象时，其运行的结果可能完全不一样。因此，如果我们在编程时只针对父类变量提供的对外接口编程，就使我们的代码成了"变色龙"，传给它不同的子类对象（这些子类对象都重写了父类的同名方法），它就干不同的事。

这就是面向对象语言的"虚方法调用（Virtual Method Invoke）"特性。很明显，"虚方法调用"特性可以让我们写出非常灵活的代码，大大减少由于系统功能扩充和改变所带来的大量代码修改工作量。

由此给出以下结论：面向对象语言拥有的"虚方法调用"特性，使我们可以只用同样的一个语句，在运行时根据对象类型而执行不同的操作。

2. 多态

多态编程并非什么新鲜的技术，在前面介绍继承时，就多次使用基类变量引用子类对象。这其实就是多态编程。多态编程的基本原理是：使用基类或接口变量编程。

在多态编程中，基类一般都是抽象基类，其中拥有一个或多个抽象方法，各个子类可以根据需要重写这些方法。或者使用接口，每个接口都规定了一个或多个抽象方法，实现接口的类根据需要实现这些方法。

因此，多态的实现分为两大基本类别：继承多态和接口多态。在此我们只介绍继承多态。假设某动物园管理员每天需要给他所负责饲养的狮子、猴子和鸽子喂食。我们用一个程序来模拟他喂食的过程。首先，建立三个类分别代表三种动物：Lion Class、Monkey Class、Pigeon Class。

饲养员用一个 Feeder 类来表示。由于三种动物吃的东西不一样，Feeder 类就必须拥有三个喂动物的公有方法：FeedLion()、FeedMonkey()、FeedPigeon()。

饲养员小李的喂食过程如下：

```
static void Main(string[] args)
{
    Monkey m = new Monkey();
    Pigeon p = new Pigeon();
```

```
            Lion l = new Lion();
            Feeder f = new Feeder();
            f.Name = "小李";
            f.FeedMonkey();        //喂猴子
            f.FeedPigeon();        //喂鸽子
            f.FeedLion();          //喂狮子
        }
```

如果动物园领导看小李工作努力，又把大熊猫交给他管理。这时，我们的程序不得不给 Feeder 类增加第四个方法：FeedPanda()。万一小李后来又不管鸽子了，那不又得从 Feeder 类中删除 FeedPigeon()方法吗？这种编程方式很明显是不合理的，可以应用多态的方法解决。

很明显，狮子、猴子和鸽子都是一种动物，因此，可以建立一个 Animal 抽象基类，让狮子、猴子和鸽子从其派生出来，如图 4-3 所示。

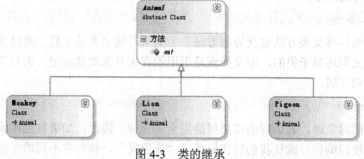

图 4-3 类的继承

由于不同的动物吃不同的食物，所以在 Animal 类中定义一个抽象的 eat()方法，由子类负责实现此方法：

```
        abstract class Animal
        {
          public abstract void eat();
        }
        //狮子
        class Lion : Animal
        {
          public override  void eat()
          {
            //吃肉
          }
        }
          //猴子
        class Monkey : Animal
          {
           public override void eat()
           {
            //吃水果
           }
          }
            //鸽子
        class Pigeon : Animal
          {
           public override void eat()
           {
            //吃粮食
           }
          }
```

现在，可以将 Feeder 类的三个喂养方法合并为一个 FeedAnimal，如图 4-4 所示。

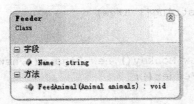

图 4-4 多态

Feeder 类代码如下：

```
//动物饲养员
class Feeder
{
  public string Name;
  public void FeedAnimal(Animal animals)
  {
    animals.eat();
  }
}
```

现在的喂食过程变成了这样：

```
static void Main(string[] args)
{
  Monkey m = new Monkey();
  Pigeon p = new Pigeon();
  Lion l = new Lion();
  Feeder f = new Feeder();
  f.Name = "小李";
  f.FeedAnimal(m);//喂猴子
  f.FeedAnimal(p);//喂鸽子
  f.FeedAnimal(l);//喂狮子
}
```

上述代码中有连续三句的动物喂养语句，还可以进一步使用多态的方法消除之。修改 Feeder 类的定义，给其增加一个新方法：FeedAnimals()，新方法完成的功能是喂养一群动物，它接收一个类型为 Animal 的数组：

```
//动物饲养员
class Feeder
{
public string Name;
  //喂一群动物
  public void FeedAnimals(Animal[] animals)
  {
    foreach (Animal an in animals)
    {
      an.eat();
    }
  }
}
```

现在的喂养过程代码如下：

```
static void Main(string[] args)
{
 //动物数组
 Animal[] ans={new Monkey(),new Pigeon(),new Lion()};
 Feeder f = new Feeder();
 f.Name = "小李";
 f.FeedAnimals(ans);
}
```

上述代码中数组 ans 的元素类型为 Animal，因此，可以在其中存入任何一个 Animal 的子类。具有这种特性的数组称为"多态数组"。简化后的代码变得非常简洁。对比最早的使用三个独立方法实现的方法，新代码适应性大大增强。不管有几种动物，也不管每种动物有多少只，只要将所有这些动物都"塞"进多态数组中，Feeder 类的 FeedAnimals 方法不用改就可以使用。

4.3.5 委托

委托是一种新的面向对象语言特性，在历史比较长的面向对象语言比如 C++中并未出现过。微软公司在设计运行于.NET Framework 平台之上的面向对象语言（如 C#和 Visual Basic.NET）时引入了这一新特性。

1．委托的概念

委托（delegate）也可以看成是一种数据类型，可以用于定义变量。但它是一种特殊的数据类型，它所定义的变量能接收的数值只能是一个函数，更确切地说，委托类型的变量可以接收一个函数的地址，很类似于 C++语言的函数指针。

简单地说：委托变量可看成是一种类型安全的函数指针，它只能接收符合其要求的函数地址。来看一个例子，这是一个控制台项目。

示例项目中定义了一个类 Math，其中有一个方法 Add：

```
public class Math
{
  public int Add(int x, int y)
  {
    return x + y;
  }
}
```

项目接着定义了一个委托数据类型 MathDelegateAdd，注意加粗的"delegate"关键字：

```
public delegate int MathDelegateAdd(int value1, int value2);
```

示例项目中上述定义语句放在两个类（Math 和 Program）之外。定义好了委托数据类型，在 Main()方法中即可定义一个此委托类型的变量：

```
MathDelegateAdd dgt;
```

接着可以给此变量赋值：

```
Math obj = new Math();
dgt = obj.Add;
```

委托变量接收一个对象的方法引用。赋值之后的委托变量可以当成普通函数一样使用：

```
        Console.WriteLine(dgt(1, 2));          //输出 3
```

从该示例项目中可以得到这样一个直观的印象：委托可以看成是一个函数的"容器"，将某一具体的函数"装入"后，就可以把它当成函数一样使用。其实，委托并不是函数的"容器"，它是一个派生自 Delegate 的类，但从使用角度出发，将其理解为函数"容器"也是可以的。

那么，是不是所有的函数都可以赋值给委托类型 MathDelegateAdd 的变量 dgt 呢？请注意 MathDelegateAdd 的定义语句，它规定了委托类型 MathDelegateAdd 的变量只能接收这样的函数：拥有两个 int 类型的参数，并且返回值类型也是 int。

只要是满足上述要求的函数，不管其名字如何，也不管它是静态的还是实例的，都可以传给委托类型 MathDelegateAdd 的变量 dgt，并通过 dgt 来"间接地"调用它们。定义委托类型时对函数的要求被称为函数的"签名（signature）"。函数的签名规定了函数的参数数目和类型，以及函数的返回值，体现了函数的本质特征。每一个委托都确定了一个函数的签名。拥有不同签名的函数不能赋值给同一类型的委托变量。因此，一个委托类型的变量，可以引用任何一个满足其要求的函数。

2. 委托的组合与分解

委托变量可以代表某一函数，使用委托变量就相当于调用一个函数。如果仅是这么简单，那么直接调用函数不就行了吗？为什么还要引入"委托"这一特性？

事实上，委托不仅可以代表一个函数，还可以组合"一堆"的函数，然后批量执行它们。如以下示例，它展示了委托变量之间的组合与分解。

定义了一个委托类型 MyDelegate：

```
delegate void MyDelegate(string s);
```

接着定义了一个拥有两个静态方法的类 MyClass：

```
class MyClass
{
  public static void Hello(string s)
  {
    Console.WriteLine("您好, {0}!", s);
  }
  public static void Goodbye(string s)
  {
    Console.WriteLine("再见, {0}!", s);
  }
}
```

请看下面代码：

```
class Program
{
  static void Main(string[] args)
  {
    MyDelegate a, b, c, d;          //创建引用 Hello 方法的委托对象 a:
    a = MyClass.Hello;
    Console.WriteLine("调用委托变量 a:");
    a("a");                         //创建引用 Goodbye 方法的委托对象 b:
    b = MyClass.Goodbye;
    Console.WriteLine("调用委托变量 b:");
```

```
        b("b");              //a 和 b 两个委托合成 c,
        c = a + b;
        Console.WriteLine("调用委托变量 c:");
        c("c=a+b");           //c 将按顺序调用两个方法
                              //从组合委托 c 中移除 a，只留下 b,用 d 代表移除结果,
        d = c - a;
        Console.WriteLine("调用委托变量 d:");
        d("d=c-a");           //后者仅调用 Goodbye 方法:
    }
}
```

上述代码中委托变量 c 组合了两个委托变量 a 和 b，因而，它拥有两个函数，当执行"c("c=a+b");"时，将导致 MyClass 类的两个静态函数都被执行。象 c 这样的委托变量又称为"多路委托变量"。可以用加法运算符来组合单个委托变量为多路委托变量。类似地，也可以使用减法运算符来从一个多路委托变量中移除某个委托变量。上述示例的运行结果如图 4-5 所示。

图 4-5 委托示例

4.3.6 事件

事件的主要特点是一对多关联，即一个事件源，多个响应者。在具体技术上，.NET Framework 的事件处理机制是基于多路委托实现的。

1. 事件与多路委托

先看一个多路委托示例项目，首先定义一个委托：

```
//定义一个委托
public delegate void MyMultiDelegate(int value);
```

接着，定义事件发布者与响应者类：

```
//事件发布者类
public class Publisher
{
    public MyMultiDelegate handlers;  //事件响应者清单
}
//事件响应者类
public class Subscriber
{
    //事件处理函数
    public void MyMethod(int i )
    {
        Console.WriteLine(i);
    }
}
```

以下为模拟实现事件响应的代码：

```
static void Main(string[] args)
{
    //一个事件源对象
```

```
    Publisher p = new Publisher();          //两个事件响应者
    Subscriber s1 = new Subscriber();
    Subscriber s2 = new Subscriber();//可以直接调用 Delegate 类的静态方法组合
                                     //多个委托
    p.handlers = System.Delegate.Combine(p.handlers, new MyMultiDelegate(s1.
           MyMethod)) as MyMultiDelegate;
    p.handlers = System.Delegate.Combine(p.handlers, new MyMultiDelegate(s2.
           MyMethod)) as MyMultiDelegate;
    //或调用+=运算符组合委托
    //p.handlers += new MyMultiDelegate(s1.MyMethod);
    //p.handlers += new MyMultiDelegate(s2.MyMethod);
    //最简单的写法
    //p.handlers += s1.MyMethod;
    //p.handlers += s2.MyMethod;
    //直接调用委托变量，代表激发事件
    p.handlers(10);
}
```

上述代码执行到最后一句时，将会调用两个事件响应者 s1 和 s2 的事件响应函数 MyMethod，在控制台窗口输出两个整数。如图 4-6 所示。

上面这个例子中，事件的激发是在 Main()函数中引发的（即上述代码的最后一句），而真实的事件不应允许由外界引发，必须由事件源对象自己引发。

图 4-6 多路委托

为了限制事件的激发只能由事件源对象自己引发，C#引入了一个新的关键字——event，为此需要修改上述项目，参看下面代码：

```
public delegate void MyMultiDelegate(int value);    //定义一个委托
    public class Publisher                               //事件发布者类
    {
      public event MyMultiDelegate handlers;            //定义一个事件
      public void FireEvent()                            //激发事件
      {
       handlers(10);
      }
    }
    public class Subscriber                              //事件响应者类
    {
      public void MyMethod(int i)                        //事件处理函数
      {
        Console.WriteLine(i);
      }
    }
```

与前不同之处在于 Publisher 类给 handlers 字段增加了一个 event 关键字，并提供了一个新的用于激发事件的方法 FireEvent()。

以下为模拟实现事件响应的代码：

```
static void Main(string[] args)
{
  Publisher p = new Publisher();
  Subscriber s1 = new Subscriber();
```

```
        Subscriber s2 = new Subscriber();
        //声明为事件的委托无法直接调用 Combine 方法
        //以下两句将无法通过编译
        //p.handlers = System.Delegate.Combine(p.handlers,new MyMultiDelegate(s1.
         MyMethod)) as MyMultiDelegate;
        //p.handlers = System.Delegate.Combine(p.handlers,new MyMultiDelegate(s2.
         MyMethod)) as MyMultiDelegate;
        p.handlers+=new MyMultiDelegate(s1.MyMethod);  //必须使用+=运算符给事件
                                                       //追加委托
        p.handlers+=new MyMultiDelegate(s2.MyMethod);
                    //声明为事件的委托也不能直接调用,下面这句无法通过编译
        //p.handlers(10);
        //只能通过类的公有方法间接地引发事件
        p.FireEvent();
        Console.ReadKey();
}
```

请注意上述代码中被注释掉的代码,它们是无法通过编译的,只能使用"+="给 handles 事件追加委托,也只能通过类的公有方法来间接地激发此事件。

上述代码运行结果依然如图 4-7 所示。

对比以上两个示例,不难看出事件与多路委托其实大同小异,只不过多路委托允许在事件源对象之外激发事件罢了。

图 4-7 事件响应

2. Visual Studio 窗体事件机制剖析

在一个 C# Windows 应用程序中,往窗体上拖一个按钮 button1,在窗体设计器中双击这一按钮,Visual Studio 将会生成一个函数框架并在代码编辑器中打开:

```
private void button1_Click(object sender, EventArgs e) {         }
```

这个函数就是按钮单击事件的事件处理函数。注意这一函数有两个参数,第一个参数代表了事件源对象,第二个参数代表与事件相关的信息。

对每一个 C#窗体,Visual Studio 都会自动生成一个"窗体名.Desinger.cs"文件,打开它,可以看到以下框架代码:

```
partial class Form1
{
  private System.ComponentModel.IContainer components = null;
  private void InitializeComponent()
   {
     this.button1 = new System.Windows.Forms.Button();
     this.button1.Click += new System.EventHandler(this.button1_Click);
   }
     private System.Windows.Forms.Button button1;
}
```

"this.button1.Click += new System.EventHandler(this.button1_Click);"这句很清晰地说明了按钮的单击事件其实是一个 System.EventHandler 类型的委托。

EventHandler 委托是.NET Framework 预定义的众多事件委托之一,查询 Visual Studio 文档,可以看到以下定义:

```
public delegate void EventHandler (Object sender, EventArgs e );
```

这是一个通用的事件委托声明,被用在许多地方(比如鼠标的单击事件)。但要注意,不同的事件拥有不同的委托声明,比如 MouseMove 事件所对应的委托就不是 EventHandler 类型的。

一个对象可以激发多个事件,在 Visual Studio 的属性窗口中激活"事件"面板,可以看到指定对象可激发的事件列表,如图 4-8 所示。

图 4-8 所示为按钮对象可激发的事件清单,已写好事件处理程序的事件名(图中为 Click 事件)后面跟着的就是事件处理函数名(图中为 button1_Click),在图中选定的事件中双击,Visual Studio 会自动生成相应的事件响应函数框架,同样会在"窗体名.Desinger.cs"文件中增加一行组合委托的语句。

例如,在图 4-8 中双击 KeyDown 这一行,将会在 Form1.cs 文件中生成一个事件响应函数框架:

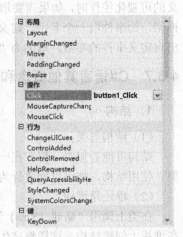

图 4-8 事件列表

```
private void button1_KeyDown(object sender, KeyEventArgs e)
{
}
```

并在"Form1.Designer.cs"文件中增加一行:

```
this.button1.KeyDown+=new System.Windows.Forms.KeyEventHandler(this.
button1_KeyDown);
```

请注意,KeyEventHandler 是.NET Framework 又一个预定义的事件委托之一,专用于响应键盘事件:

```
public event KeyEventHandler KeyDown;
```

KeyEventHandler 的声明如下:

```
public delegate void KeyEventHandler ( Object sender, KeyEventArgs e)
```

对于键盘事件,程序员往往需要知道是具体按键值,这些信息被封装到了事件参数 KeyEventArgs 中。比如想检测用户在单击按钮 button1 时是否压住了 Ctrl 键,此事件响应函数 button1_KeyDown()可这样写:

```
private void button1_KeyDown(object sender, KeyEventArgs e)
{
  if ((e.Control == true) && (e.KeyCode == Keys.Enter))
  {
    MessageBox.Show("您按下了 Ctrl Enter 键");
  }
}
```

可以看到,用户按键的信息全都是由 KeyEventArgs 类型的事件参数 e 所提供的,而 KeyEventArgs 又派生至 EventArgs 类。

```
public class KeyEventArgs : EventArgs
```

由此我们可以明白 Visual Studio 中对可视化窗体控件的事件处理机理:所有的.NET Framework 可视化窗体控件的预定义事件,都是某一对应的"事件名+Handler"委托类型的变量。与此事件相关的信息都封装在"事件名+Args"类型的事件参数中,此事件参数有一个基类 EventArgs,它是所有事件参数的基类。

理解了上述内部机理,对于我们在程序中定义自己的事件非常有好处,尤其是开发一个自定义的可视化控件时,如果需要增加新的事件类型,我们应尽量遵循.NET Framework 的定义事件的框架,给事件取一个名字,定义一个"事件名+Handler"的事件委托类型,再从 EventArgs 派生出自定义事件的参数,取名为"事件名+Args"。

4.3.7 C#语言其他概念和语言特色

1. 结构

(1) 结构与类

结构可能看似类,但存在一些重要差异,应引起注意。首先,类为引用类型,而结构为值类型。使用结构,您可以创建行为类似内置类型的对象,同时享有它们的好处。

(2) 堆还是堆栈

在类上调用"新建 (New)"运算符时,它将在堆上进行分配。但是,当实例化结构时,将在堆栈上创建结构。这样将产生性能增益。而且,您不会像对待类那样处理对结构实例的引用。您将直接对结构实例进行操作。鉴于此原因,向方法传递结构时,结构将通过值传递,而不是作为引用传递。

【例 4-5】 创建该结构的一个实例,并将其投入使用。

程序代码如下:

```csharp
struct SimpleStruct
{
    private int xval;
    public int X
    {
        get
        {
            return xval;
        }
        set
        {
            if (value < 100)
                xval = value;
        }
    }
    public void DisplayX()
    {
        Console.WriteLine("The stored value is: {0}", xval);
    }
}
class TestClass
{
    public static void Main()
    {
        SimpleStruct ss = new SimpleStruct();
        ss.X = 5;
        ss.DisplayX();
    }
}
```

输出结果为:

```
The stored value is: 5
```

（3）构造函数和继承

结构可以声明构造函数，但它们必须带参数。声明结构的默认（无参数）构造函数是错误的。结构成员不能有初始值设定项。总是提供默认构造函数以将结构成员初始化为它们的默认值。

使用 New 运算符创建结构对象时，将创建该结构对象，并且调用适当的构造函数。与类不同的是，结构的实例化可以不使用 New 运算符。如果不使用"新建 (new)"，那么在初始化所有字段之前，字段将保持未赋值状态，且对象不可用。

对于结构，不像类那样存在继承。一个结构不能从另一个结构或类继承，而且不能作为一个类的基。但是，结构从基类对象继承。结构可实现接口，而且实现方式与类实现接口的方式完全相同。以下是结构实现接口的代码片段：

```
interface IImage
{
    void Paint();
}

struct Picture : IImage
{
    public void Paint()
    {
        //painting code goes here
    }
    private int x, y, z;  //other struct members
}
```

（4）结构上的属性

通过使用属性可以自定义结构在内存中的布局方式。例如，可以使用 StructLayout(LayoutKind.Explicit) 和 FieldOffset 属性创建在 C/C++ 中称为联合的布局方式。

```
using System.Runtime.InteropServices;
[StructLayout(LayoutKind.Explicit)]
struct TestUnion
{
    [FieldOffset(0)]
    public int i;
    [FieldOffset(0)]
    public double d;
    [FieldOffset(0)]
    public char c;
    [FieldOffset(0)]
    public byte b1;
}
```

在上一个代码段中，TestUnion 的所有字段都从内存中的同一位置开始。

以下是字段从其他显式设置的位置开始的另一个示例：

```
using System.Runtime.InteropServices;
[StructLayout(LayoutKind.Explicit)]
struct TestExplicit
{
    [FieldOffset(0)]
    public long lg;
    [FieldOffset(0)]
    public int i1;
    [FieldOffset(4)]
```

```
        public int i2;
        [FieldOffset(8)]
        public double d;
        [FieldOffset(12)]
        public char c;
        [FieldOffset(14)]
        public byte b1;
    }
```

i1 和 i2 这两个 int 字段共享与 lg 相同的内存位置。使用平台调用时,这种结构布局控制很有用。

2. 用户自定义转换

C#允许程序员在类或结构上声明转换,以便可以使类或结构与其他类或结构或者基本类型相互进行转换。转换的定义方法类似于运算符,并根据它们所转换到的类型命名。

在 C#中,可以将转换声明为 implicit(需要时自动转换)或 explicit(需要调用转换)。所有转换都必须为 static,并且必须采用在其上定义转换的类型,或返回该类型。本教程介绍两个示例。第一个示例展示如何声明和使用转换,第二个示例演示结构之间的转换。

【例 4-6】 声明和使用转换。示例声明了一个 RomanNumeral 类型,并定义了与该类型之间的若干转换。

程序代码如下:

```
    struct RomanNumeral
    {
        public RomanNumeral(int value)
        {
            this.value = value;
        }
        //Declare a conversion from an int to a RomanNumeral. Note the
        //the use of the operator keyword. This is a conversion
        //operator named RomanNumeral:
        static public implicit operator RomanNumeral(int value)
        {
            //Note that because RomanNumeral is declared as a struct,
            //calling new on the struct merely calls the constructor
            //rather than allocating an object on the heap:
            return new RomanNumeral(value);
        }
        //Declare an explicit conversion from a RomanNumeral to an int:
        static public explicit operator int(RomanNumeral roman)
        {
            return roman.value;
        }
        //Declare an implicit conversion from a RomanNumeral to
        //a string:
        static public implicit operator string(RomanNumeral roman)
        {
            return("Conversion not yet implemented");
        }
        private int value;
    }
    class Test
    {
        static public void Main()
        {
            RomanNumeral numeral;
```

```
          numeral = 10;
    //Call the explicit conversion from numeral to int. Because it is
    //an explicit conversion, a cast must be used:
      Console.WriteLine((int)numeral);
    //Call the implicit conversion to string. Because there is no
    //cast, the implicit conversion to string is the only
    //conversion that is considered:
      Console.WriteLine(numeral);
    //Call the explicit conversion from numeral to int and
    //then the explicit conversion from int to short:
      short s = (short)numeral;
      Console.WriteLine(s);
    }
}
```

输出结果为:

```
10
Conversion not yet implemented
10
```

代码讨论：在上个示例中，语句"binary = (BinaryNumeral)(int)roman;"执行从 RomanNumeral 到 BinaryNumeral 的转换。由于没有从 RomanNumeral 到 BinaryNumeral 的直接转换，所以使用一个转换将 RomanNumeral 转换为 int，并使用另一个转换将 int 转换为 BinaryNumeral。另外，语句"roman = binary;"执行从 BinaryNumeral 到 RomanNumeral 的转换。由于 RomanNumeral 定义了从 BinaryNumeral 的隐式转换，所以不需要转换。

3. 运算符重载

运算符重载允许为运算指定用户定义的运算符实现，其中一个或两个操作数是用户定义的类或结构类型。

【例 4-7】 使用运算符重载创建定义复数加法的复数类 Complex。本程序使用 ToString 方法的重载显示数字的虚部和实部以及加法结果。

程序代码如下：

```
       public struct Complex
       {
          public int real;
          public int imaginary;
          public Complex(int real, int imaginary)
          {
             this.real = real;
             this.imaginary = imaginary;
          }
          //Declare which operator to overload (+), the types
          //that can be added (two Complex objects), and the
          //return type (Complex):
          public static Complex operator +(Complex c1, Complex c2)
          {
             return new Complex(c1.real + c2.real, c1.imaginary + c2.imaginary);
          }
          //Override the ToString method to display an complex number in the suitable format:
          public override string ToString()
          {
             return(String.Format("{0} + {1}i", real, imaginary));
          }
```

```
    public static void Main()
    {
      Complex num1 = new Complex(2,3);
      Complex num2 = new Complex(3,4);
      //Add two Complex objects (num1 and num2) through the
      //overloaded plus operator:
      Complex sum = num1 + num2;
     //Print the numbers and the sum using the overriden ToString method:
      Console.WriteLine("First complex number: {0}",num1);
      Console.WriteLine("Second complex number: {0}",num2);
      Console.WriteLine("The sum of the two numbers: {0}",sum);
    }
}
```

输出结果为：

```
First complex number: 2 + 3i
Second complex number: 3 + 4i
The sum of the two numbers: 5 + 7i
```

4.4 小结

本章主要讲述了C#语言的发展、基本语法、面向对象编程以及C#一些其他的一些概念及语言特色。其中有C#的数据类型、流程控制、数组等C#基础知识和类、构造与使用函数等一些面向对象编程知识。

通过学习本章，读者可对C#有一个总体的认识以及进行一些简单的编程，本章也是学习C#编程的最基本的知识点之一。

4.5 习题

1. 选择题

（1）C#的数据类型有_____和_____两种。

　　A. 值类型　　　B. 调用类型　　　C. 引用类型　　　D. 关系类型

（2）C#的值类型包括_____、_____和_____三种。

　　A. 枚举　　　　B. 基本类型　　　C. 整型　　　　　D. 结构

　　E. 浮点型　　　F. 字符型

（3）C#引用类型包括_____、_____、_____、_____、_____和_____六种。

　　A. string　　　 B. object　　　　C. 类　　　　　　D. float

　　E. char　　　　F. 数组　　　　　G. 代表　　　　　H. 接口

（4）装箱是把值类型转换到_____类型。

　　A. 数组　　　　B. 引用　　　　　C. char　　　　　D. string

（5）拆箱是引用类型返回到_____类型。

　　A. string　　　 B. char　　　　　C. 值　　　　　　D. 数组

（6）_____类型是所有类型的根。

　　A. System.Object　B. object　　　C. string　　　　D. System.Int32

（7）从派生类到基类对象的转换是_____类型转换。

A. 显示　　　　B. 隐式　　　　C. 自动　　　　D. 专向

（8）从基类到派生类对象的转换是_____类型转换。

A. 隐式　　　　B. 自动　　　　C. 专向　　　　D. 显示

（9）强制转换对象可以使用_____关键字实现。

A. is　　　　　B. as　　　　　C. this　　　　D. object

（10）命名空间用于定义_____的作用域。

A. 应用程序　　B. 有关类型　　C. 多重源代码　D. 层次结构

2. 填空题

（1）下列程序的运行结果是_____。

```
//Exam1.cs
using System;
class Using
{
public static void Main()
{
int i=918;
float f=10.25f;
short sh=10;
double d=11.19;
Console.WriteLine(i+f+sh+d);
}
}
```

（2）下列程序的运行结果是_____。

```
//Exam2.cs
using System;
class Using
  {
    public static void Main()
      {
        int i=5;
        float f=5.1f;
        Console.WriteLine(i*f);
      }
  }
```

3. 应用题

（1）已知 a=1，b=2，c=3，x=2，计算 $y=ax^2+bx+c$ 之值。

（2）已知圆的半径 Radius=2.5，计算圆的面积。（PI=3.14159）要求：

① 使用基本方法；

② 使用装箱与拆箱；

③ 输出以 double，float，int，decimal，short 表示；

④ 使用 object 类与类型转换；

⑤ 使用派生类与 as。

第 5 章 ASP.NET 内置对象

本章要点或学习目标

- 理解页面的生命周期
- 理解 ASP.NET 页面的结构及其使用方法
- 掌握 Response、Request、Server、Session 对象的常用属性和方法
- 掌握 Response、Request、Server、Session、Cookie 对象的应用

5.1 Page 类

在 ASP.NET Framework 中，Page 类为 ASP.NET 应用程序从.aspx 文件构建的所有对象提供基本行为。该类在命名空间 System.Web.UI 中定义，从 TemplateControl 中派生出来，实现了 HttpHandler 接口。Page 类通常与扩展名为.aspx 的文件相关联，这些文件在运行时被编译为 Page 对象，并被缓存在服务器内存中。

5.1.1 页面的生命周期

在我们的项目中，所有的 Web 页面都继承于 System.Web.UI.Page 类，要了解 Page 类，必须知道 ASP.NET 页面的工作过程。如图 5-1 所示为用户在浏览器上请求调用 ASP.NET 页面的具体过程：

（1）IIS 接收这个请求，识别出将要请求的文件类型为 ASPX 文件，并调用 aspnet_isapi.dll 模块处理它。

（2）aspnet_isapi.dll 接收请求，将请求的页面实例化成一个 ASPX 对象，并调用该对象的显示方法。该方法动态生成 HTML，并返回给 IIS。

（3）IIS 将 HTML 发送给浏览器。

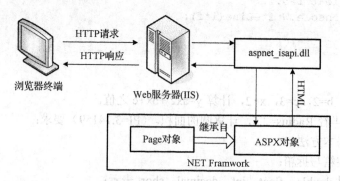

图 5-1 用户在浏览器上请求调用 ASP.NET 页面的具体过程

在这个过程中，每个页面都被编译成一个类，当有请求的时候就对这个类进行实例化。

对于页面生命周期，一共要关心如下 5 个阶段：

（1）页面初始化。在这个阶段，页面及其控件被初始化。页面确定这是一个新的请求还是一个回传请求。页面事件处理器 Page_PreInit 和 PageInit 被调用。另外，任何服务器控件的 PreInit 和 Init 被调用。

（2）载入。如果请求是一个回传请求，控件属性使用从视图状态和控件状态的特殊页面状态容器中恢复的信息来载入。页面的 Page_Load 方法以及服务器控件的 Page_Load 方法事件被调用。

（3）回送事件处理。如果请求是一个回转请求，任何控件的回发事件处理器被调用。

（4）呈现。在页面呈现状态中，视图状态保存到页面，然后每个控件及页面都是把自己呈献给输出相应流。页面和控件的 PreRender 和 Render 方法先后被调用。最后，呈现的结果通过 HTTP 响应发送回客户机。

（5）卸载。对页面使用过的资源进行最后的清除处理。控件或页面的 Unload 方法被调用。

5.1.2 Page 类的属性、方法和事件

Page 类与扩展名为 .aspx 的文件相关联。这些文件在运行时被编译为 Page 对象，并被缓存在服务器内存中。如果要使用代码隐藏技术创建 Web 窗体页，请从该类派生。应用程序快速开发（RAD）设计器（如 Microsoft Visual Studio）自动使用此模型创建 Web 窗体页。Page 对象充当页中所有服务器控件的命名容器。

在单文件页中，标记、服务器端元素以及事件处理代码全都位于同一个 .aspx 文件中。在对该页进行编译时，如果存在使用@Page 指令的 Inherits 属性定义的自定义基类，编译器将生成和编译一个从该基类派生的新类，否则编译器将生成和编译一个从 Page 基类派生的新类。

在代码隐藏模型中，页的标记和服务器端元素（包括控件声明）位于 .aspx 文件中，而用户定义的页代码则位于单独的代码文件中。该代码文件包含一个分部类，即具有关键字 partial 的类声明，以表示该代码文件只包含构成该页的完整类的全体代码的一部分。

代码隐藏页的继承模型比单文件页的继承模型要稍微复杂一些。模型如下：

（1）代码隐藏文件包含一个继承自基页类的分部类。基页类可以是 Page 类，也可以是从 Page 派生的其他类。

（2）.aspx 文件在@ Page 指令中包含一个指向代码隐藏分部类的 Inherits 属性。

（3）在对该页进行编译时 ASP.NET 将基于 .aspx 文件生成一个分部类，此类是代码隐藏类文件的分部类。生成的分部类文件包含页控件的声明。使用此分部类，您可以将代码隐藏文件用做完整类的一部分，而无须显式声明控件。

（4）ASP.NET 生成另外一个从在步骤（3）中生成的类继承的类。生成的第二个类包含生成该页所需的代码。生成的第二个类和代码隐藏类将编译成程序集，运行该程序集可以将输出呈现到浏览器。

下面用表格介绍 Page 类的常见属性和方法，如表 5-1 所示。

表 5-1 Page 类的常见属性和方法

属性或方法	描述
Application	为当前 Web 请求获取 HttpApplicationState 对象
IsPostBack	指示该页是否正为响应客户端回发而加载，或者它是否正被首次加载和访问
IsValid	指示页验证是否成功
Request	获取请求的页的 HttpRequest 对象
Response	获取与该 Page 对象关联的 HttpResponse 对象
Server	获取 Server 对象，它是 HttpServerUtility 类的实例

属性或方法	描述
Session	获取 ASP.NET 提供的当前 Session 对象
Validators	获取请求的页上包含的全部验证控件的集合
ViewState	获取状态信息的字典,这些信息使用户可以在同一页的多个请求间保存和还原服务器控件的视图状态
MapPath(virtualPath)	将 VirtualPath 指定的虚拟路径转换成实际路径
ResolveUrl(relativeUrl)	将相对地址 relativeUrl 转换为绝对地址
Validate()	执行网页上的所有验证控件
DataBind()	将数据源连接到网页上的服务器控件
Dispose()	强制服务器控件在内存释放之前执行最终的清理操作
FindControl(id)	在页面上搜索标识名称为 id 的控件
HasControls()	判断 Page 对象是否包含控件

Page 类除了属性和方法外,还有 8 个常见的事件如表 5-2 所示。

表 5-2 Page 类的主要事件

事件名称	描述
PreInit	在页面初始化开始前发生,是网页执行时第一个被触发的事件
PreLoad	在信息被写入到客户端前会触发此事件
Load	在网页被加载时会触发此事件
Init	在网页初始化开始时发生
PreRender	在信息被写入到客户端前触发此事件
Unload	网页完成处理并且信息被写入到客户端后触发此事件
InitComplete	在页面初始化完成时发生
LoadComplete	在页面生命周期的加载阶段结束时发生

上表中 Page 对象的事件贯穿于网页执行的整个过程。在每个阶段,ASP.NET 都触发了可以在代码中处理的事件,对于大多数情况,我们只需要关心 Page_Load 事件。该事件的两个参数是由 ASP.NET 定义的,第一个参数定义了产生事件的对象,第二个是传递给事件的详细信息。每次触发服务器控件的时候,页面都会去执行一次 Page_Load 事件,说明页面被加载了一次。这个技术称为回传(或者称为回送)技术,这个技术是 ASP.NET 最为重要的特性之一。这样,Web 页面就好像一个 Windows 窗体一样。在 ASP.NET 中,当客户端触发了一个事件,它不是在客户端浏览器上对事件进行处理,而是把该事件的信息传送回服务器进行处理。服务器在接收到这些信息后,会重新加载 Page 对象,然后处理该事件,所以 Page_Load 事件被再次触发。

由于 Page_Load 在每次页面加载时运行,因此其中的代码即使在回传的情况下也会运行,在这个时候 Page 的 IsPostBack 属性就可以用来解决这个问题,因为这个属性是用来识别 Page 对象是否处于一个回送的状态下,也就弄清楚是请求页面的第一个实例,还是请求回送原来的页面。可以在 Page 类的 Page_Load 事件中使用该属性,以便数据访问代码只在首次加载页面时运行,具体代码如下所示:

```
protected void Page_Load(object sender, EventAge e)
{
    if(!IsPostBack)
    {
        BindDropDownList()                //需要执行的代码
    }
}
```

5.2 Response 对象

Response 对象提供对当前页输出流的访问，Response 对象可以动态地响应客户端的请求，并将动态生成的响应结果返回给客户端浏览器。Response 对象可以向客户端浏览器发送信息，或者将访问者转移到另一个网址，传递页面的参数，还可以输出和控制 Cookie 信息等。

5.2.1 Response 对象的属性和方法

要想掌握好 Response 对象的使用，必须先熟悉它的常用属性和方法，Response 的主要属性和方法分别如表 5-3 和表 5-4 所示。

表 5-3 Response 对象的常用属性

属性	说明	属性值
BufferOutput	获取或设置一个值，该值指示是否缓冲输出，并在完成处理整个页之后将其发送	如果缓冲了到客户端的输出，则为 true；否则为 false。默认为 true
Cache	获取 Web 页的缓存策略（过期时间、保密性、变化子句）	包含有关当前响应的缓存策略信息的 HttpCachePolicy 对象
Charset	获取或设置输出流的 HTTP 字符集	输出流的 HTTP 字符集
IsClientConnected	获取一个值，通过该值指示客户端是否仍连接在服务器上	如果客户端当前仍在连接，则为 true；否则为 false

表 5-4 Response 对象的常用方法

方法	说明
Write	将指定的字符串或表达式的结果写到当前的 HTTP 输出
End	停止页面的执行并得到相应结果
Clear	用来在不将缓存中的内容输出的前提下，清空当前页的缓存，仅当使用了缓存输出时，才可以利用 Clear 方法
Flush	将缓存中的内容立即显示出来。该方法有一点和 Clear 方法一样，它在脚本前面没有将 Buffer 属性设置为 True 时会出错。和 End 方法不同的是，该方法调用后，该页面可继续执行
Redirect	使浏览器立即重定向到程序指定的 URL

5.2.2 应用 Response 对象

ASP.NET 中引用对象方法的语法是"对象名.方法名"。"方法"就是嵌入到对象定义中的程序代码，它定义对象怎样去处理信息。使用嵌入的方法，对象便知道如何去执行任务，而不用提供额外的指令。以下将通过几个例子来讲解 Response 对象的常用方法。

【例 5-1】 使用 Response 的 write 方法向客户端发送信息。

程序代码如下：

```
for(int i=1;i<=500;i++)
{
Response.Write("i= "+i+"<BR>");
}
```

本例使用"write"方法，向屏幕输出 500 个值。

【例 5-2】 使用 Response.End 方法调试程序。

程序代码如下：

```
<form id="Form1" method="post" runat="server">
    输入一个数值：<asp:TextBox id="txtVar" runat="server"></asp:TextBox>
```

```
<asp:Button id="btnSubmit" runat="server" Text="计算该值的平方值" onclick=
            "btnSubmit_Click"></asp:Button>
</form>
<Script Language="C#" Runat="Server">
void btnSubmit_Click(Object sender, EventArgs e)
{
    int N = int.Parse(Request.Form["txtVar"].ToString());
    Response.Write("N=" + N + "<br>");
    Response.Write("该值的平方值是: " + N*N);
}
</Script>
```

输入一个值"6",然后单击"计算该值的平方值"按钮,屏幕将显示如下结果:N=6,该值的平方值是:36

End 方法可以停止当前页面的执行,基于这个原因,可以结合 Response.write 方法输出当前页面上的某个变量、数组值。在代码中加上"Response.End()",代码如下:

```
<Script Language="C#" Runat="Server">
void btnSubmit_Click(Object sender, EventArgs e)
{
    int N = int.Parse(Request.Form["txtVar"].ToString());
    Response.Write("N=" + N + "<br>");
Response.End();
    Response.Write("该值的平方值是: " + N*N);
}
</Script>
```

这时再运行代码,将只会显示:N=6

实验证明,"Response.End()"方法停止了当前页面的执行。这仅仅是一个小例子,读者可以依此类推,在程序中使用 End 方法进行调试。

【例 5-3】 使用 Redirect 方法进行页面重定向。

在网页编程中,经常会遇到在程序执行到某个位置进行页面跳转的情况。Response.Redirect 方法可以满足这种需求,例如代码:

```
Response.Redirect("http://www.163.com");
```

执行该代码,页面将跳转到网易 163 的主页。

5.3 Request 对象

5.3.1 Request 对象的属性和方法

Request 对象是 HttpRequest 类的一个实例。当客户端从网站请求 Web 页时,Web 服务器接收一个客户端的 HTTP 请求,客户端的请求信息会包装在 Request 对象中,这些请求信息包括请求报头(Header)、客户端的主机信息、客户端浏览器信息、请求方法(如 POST、GET)和提交的窗体信息等。

要想掌握好 Request 对象的使用,必须先熟悉它的常用属性和方法,Response 的主要属性和方法分别如表 5-5 和表 5-6 所示。

表 5-5　Request 对象的常用属性

属　性	说　　明	属性值
QueryString	获取 HTTP 查询字符串变量集合	NameValueCollection 对象
Path	获取当前请求的虚拟路径	当前请求的虚拟路径
UserHostAddress	获取远程客户端的 IP 主机地址	远程客户端的 IP 地址
Browser	获取有关正在请求的客户端的浏览器功能的信息	HttpBrowserCapabilities 对象

表 5-6　Request 对象的常用方法

方　法	说　　明
BinaryRead	执行对当前输入流进行指定字节数的二进制读取
MapPath	为当前请求将请求的 URL 中的虚拟路径映射到服务器上的物理路径

5.3.2　应用 Request 对象

【例 5-3】　获取 QueryString 值。

程序中，经常可以使用 QueryString 来获得从上一个页面传递来的字符串参数。例如，在页面 1 中创建一个连接，指向页面 2，并用 QueryString 来查询两个变量：

```
<a href="Page2.aspx?ID=6&Name=Wang">查看</a>
```

在页面 2 中接收到从页面 1 中传过来的两个变量：

```
<Script Language="C#" Runat="Server">
void Page_Load(object sender, System.EventArgs e)
{
    Response.Write("变量 ID 的值: " + Request.QueryString["ID"] +"<br>");
    Response.Write("变量 Name 的值: " + Request.QueryString["Name"]);
}
</Script>
```

运行上面代码结果如下：

```
变量 ID 的值：6
变量 Name 的值：Wang
```

上面的例子可以成功地得到 QueryString 的值。用类似方法，可以获取 Form, Cookies, SeverVariables 的值。调用方法都是：

```
Request.Collection["VariabLe"]
```

Collection 包括 QueryString, ForM, Cookies, SeverVariables 四种集合, VariabLe 为要查询的关键字。不过，这里的 Collection 是可以省略的，也就是说，Request["Variable"]与 Request. Collection["Variable"]这两种写法都是允许的。如果省略了 Collection，那么 Request 对象会依照 QueryString, Form, Cookies, SeverVariables 的顺序查找，直至发现 Variable 所指的关键字并返回其值，如果没有发现其值，方法则返回空值（Null）。

不过，为了优化程序的执行效率，建议最好还是使用 Collection，因为过多地搜索就会降低程序的执行效率。

5.4　Server 对象

Server 对象又称为服务器对象，是 HttpServerUtility 类的一个实例，它用于封装服务器信息，定义一个与 Web 服务器相关的类，实现对服务器方法和属性的访问，如转换 XHTML 元素标志、获取网页的物理路径等。

5.4.1 Server 对象的属性和方法

Server 对象提供许多访问的方法和属性帮助程序有序地执行，Server 对象常用的属性和方法如表 5-7 和表 5-8 所示。

表 5-7 Server 对象的属性

属　　性	属　性　值	说　　明
MachineName	获取服务器的计算机名称	本地计算机的名称
ScriptTimeout	获取和设置请求超时	请求的超时设置（以秒计）

表 5-8 Server 对象的方法

方　　法	说　　明
CreateObject	创建 COM 对象的一个服务器实例
CreateObjectFromClsid	创建 COM 对象的服务器实例，该对象由对象的类标识符（CLSID）标识
Execute	使用另一页执行当前请求
Transfer	终止当前页的执行，并为当前请求开始执行新页
HtmlDecode	对已被编码以消除无效 HTML 字符的字符串进行解码
HtmlEncode	对要在浏览器中显示的字符串进行编码
MapPath	返回与 Web 服务器上的指定虚拟路径相对应的物理文件路径
UrlDecode	对字符串进行解码，该字符串为了进行 HTTP 传输而进行编码并在 URL 中发送到服务器
UrlEncode	编码字符串，以便通过 URL 从 Web 服务器到客户端进行可靠的 HTTP 传输

5.4.2 应用 Server 对象

【例 5-4】 返回服务器计算机名称。

通过 Server 对象的 MachineName 属性来获取服务器计算机的名称，示例如下：

```
<Script Language="c#" Runat="Server">
void Page_Load(object sender, System.EventArgs e)
{
    String ThisMachine;
    ThisMachine = Server.MachineName;
    Response.Write(ThisMachine);
}
</Script>
```

【例 5-5】 设置客户端请求的超时期限。

用法如下：

```
Server.ScriptTimeout = 60;
```

本例中，将客户端请求超时期限设置为 60 秒，如果 60 秒内没有任何操作，服务器将断开与客户端的连接。

5.5 Cache 对象

Cache 对象用于在 HTTP 请求期间保存页面或数据。该对象的使用可以极大地提高整个应用程序的效率，常用于将频繁访问的大量服务器资源存储在内存中，当用户发出相同的请求后，服务器不必再次处理而是将 Cache 中保存的信息返回给用户，节省了服务器处理请求的时间。其生存期依赖于该应用程序的生存期。

5.5.1 Cache 对象的属性和方法

Cache 对象的常用属性和方法分别如表 5-9 和表 5-10 所示。

表 5-9 Cache 对象的常用属性

属 性	说 明	属性值
Count	获取存储在缓存中的项数。当监视应用程序性能或使用 ASP.NET 跟踪功能时,此属性可能非常有用	存储在缓存中的项数
Item	获取或设置指定键处的缓存项	表示缓存项的键的 String 对象

表 5-10 Cache 对象的常用方法

方 法	说 明
Add	将指定项添加到 Cache 对象,该对象具有依赖项、过期和优先级策略,以及一个委托(可用于在从 Cache 移除插入项时通知应用程序)
Get	从 Cache 对象检索指定项
Remove	从应用程序的 Cache 对象移除指定项
Insert	向 Cache 对象插入项。使用此方法的某一版本改写具有相同 key 参数的现有 Cache 项

5.5.2 应用 Cache 对象

【例 5-6】 检索为 ASP.NET 文本框服务器控件缓存的值。

Get 方法可以从 Cache 对象检索指定项,其唯一的参数 key 表示要检索的缓存项的标识符。该方法返回检索到的缓存项,未找到该键时为空引用。

下面的示例展示如何检索为 ASP.NET 文本框服务器控件缓存的值。

```
Cache.Get("MyTextBox.Value");
```

【例 5-7】 移除 Cache 对象。

Remove 方法可以从应用程序的 Cache 对象移除指定项,其唯一的参数 key 表示要移除的缓存项的 String 标识符。该方法返回从 Cache 移除的项。如果未找到键参数中的值,则返回空引用。

下面的示例创建一个 RemoveItemFromCache 函数。调用此函数时,它使用 Item 属性检查缓存中是否包含与 Key1 键值相关的对象。如果包含,则调用 Remove 方法来移除该对象。

```
public void RemoveItemFromCache(Object sender, EventArgs e)
{
    if(Cache["Key1"] != null)
      Cache.Remove("Key1");
}
```

5.6 状态管理

5.6.1 ASP.NET 状态管理

状态管理是用户对同一页或不同页的多个请求维护状态和页信息的过程。与所有基于 HTTP 的技术一样,Web 窗体页是无状态的,这意味着它们不自动显示序列中的请求是否全部来自相同的客户端,或者单个浏览器实例是否一直在查看页或站点。由于这个原因,状态管理对于 Web 应用程序来说是非常重要的。

ASP.NET 提供了很多状态管理的机制,包括 ViewState 对象、Cookie 对象、Session 对象、Application 对象。

5.6.2 ViewState 对象

ViewState 是由 ASP.NET 框架管理的一个隐藏的窗体字段。当 ASP.NET 执行某个页面时,该页面上的 ViewState 值和所有控件将被收集并格式化成一个编码字符串,然后被分配给隐藏窗体字段的值属性。由于隐藏窗体字段是发送到客户端的页面的一部分,所以 ViewState 值被临时存储在客户端的浏览器中。如果客户端选择将该页面回传给服务器,则 ViewState 字符串也将被回传。

ViewState 提供了一个 ViewState 集合属性。该集合是 Collection 类的一个实例,是一个键值集合。开发人员可以通过键来为 ViewState 增加或者去除项。例如代码如下:

```
ViewState["Count"]=8;
```

在 ViewState 集合里,利用键名可以访问到与键名对应的值,下面的代码就是从 ViewState 集合里取得整型数据的代码:

```
int count=(int) ViewState["Count"];
```

5.6.3 Cookie 对象

Cookie 就是服务器暂存在计算机中的资料(文本文件),好让服务器用来辨认用户的计算机。Cookie 对象实际是 System.Web 命名空间中 HttpCookie 类的对象。Cookie 对象为 Web 应用程序保存用户相关信息提供了一种有效的方法。当用户访问某个站点时,该站点可以利用 Cookie 保存用户首选项或其他信息,这样当用户下次再访问该站点时,应用程序就可以检索以前保存的信息。

当用户第一次访问某个站点时,Web 应用程序发送给该用户一个页面和一个包含日期和时间的 Cookie。用户的浏览器在获得页面的同时还得到了这个 Cookie,并且将它保存在用户硬盘上的某个文件夹中。以后如果该用户再次访问这个站点上的页面,浏览器就会在本地硬盘上查找与该网站相关联的 Cookie。如果 Cookie 存在,浏览器就将它与页面请求一起发送到网站,Web 应用程序就能确定该用户上一次访问站点的日期和时间。

1. Cookie 对象的常用属性和方法

Cookie 对象的常用属性和方法如表 5-11 和表 5-12 所示。

表 5-11 Cookie 对象的常用属性

属性	说明	属性值
Name	获取或设置 Cookie 的名称	Cookie 的名称
Value	获取或设置 Cookie 的 Value	Cookie 的 Value
Expires	获取或设置 Cookie 的过期日期和时间	作为 DateTime 实例的 Cookie 过期日期和时间
Version	获取或设置 Cookie 符合的 HTTP 状态维护版本	此 Cookie 符合的 HTTP 状态维护版本

表 5-12 Cookie 对象的常用方法

方法	说明
Add	新增一个 Cookie 变量
Clear	清除 Cookie 集合内的变量
Get	通过变量名或索引得到 Cookie 的变量值
GetKey	以索引值来获取 Cookie 的变量名称
Remove	通过 Cookie 变量名来删除 Cookie 变量

2. 应用 Cookie 对象

【例 5-8】 设置 Cookie。

下面的示例将创建名为 "LastVisit" 的新 Cookie,将该 Cookie 的值设置为当前日期和时间,并将其添加到当前 Cookie 集合中,所有 Cookie 均通过 HTTP 输出流在 Set-Cookie 头中发送到客户端。

```
HttpCookie MyCookie = new HttpCookie("LastVisit");
DateTime now = DateTime.Now;
MyCookie.Value = now.ToString();
MyCookie.Expires = now.AddHours(1);
Response.Cookies.Add(MyCookie);
```

运行上面例子,将会在用户机器的 Cookies 目录下建立如下内容的文本文件:

```
mycookie
LastVisit
```

尽管上面的这个例子很简单,但可以从中扩展许多富有创造性的应用程序。

【例 5-9】 获取客户端发送的 Cookie 信息。

下面的示例是依次通过客户端发送的所有 Cookie,并将每个 Cookie 的名称、过期日期、安全参数和值发送到 HTTP 输出。

```
int loop1, loop2;
HttpCookieCollection MyCookieColl;
HttpCookie MyCookie;
MyCookieColl = Request.Cookies;
//把所有的cookie名放到一个字符数组中
String[] arr1 = MyCookieColl.AllKeys;
//用cookie名获取单个cookie对象
for (loop1 = 0; loop1 < arr1.Length; loop1++)
{
   MyCookie = MyCookieColl[arr1[loop1]];
   Response.Write("Cookie: " + MyCookie.Name + "<br>");
   Response.Write("Expires: " + MyCookie.Expires + "<br>");
   Response.Write ("Secure:" + MyCookie.Secure + "<br>");
//将单个cookie的值放入一个对象数组
   String[] arr2 = MyCookie.Values.AllKeys;
//遍历cookie值集合打印所有值
   for (loop2 = 0; loop2 < arr2.Length; loop2++)
   {
     Response.Write("Value" + loop2 + ": " + arr2[loop2] + "<br>");
   }
}
```

3. Cookie 对象的特点

概括而言,Cookie 对象具有如下特点:

- Cookie 只是一段字符串,并不能执行。
- 大多数浏览器规定 Cookie 的大小不超过 4 KB,每个站点能保存的 Cookie 不超过 20 个,所有站点保存的 Cookie 总和不超过 300 个。
- 除了 Cookie 外,几乎没有其他的方法在客户端的机器上写入数据(就连 Cookie 的写入操作也是浏览器进行的)。

- 当用户的浏览器关闭对 Cookie 的支持，而不能有效地识别用户时，只需在 web.config 中加入以下语句。

  ```
  <sessionState cookieless="AutoDetect">
  <sessionState cookieless="UseUri">
  ```

- ASP.NET 提供 System.Web.HttpCookie 类来处理 Cookie，常用的属性是 Value 和 Expires。
- 每个 Cookie 一般都会有一个有效期限，当用户访问网站时，浏览器会自动删除过期的 Cookie。
- 没有设置有效期的 Cookie 将不会保存到硬盘文件中，而是作为用户会话信息的一部分。

5.6.4 Session 对象

Session（会话状态）对象实际上操作 System.Web 命名空间中的 HttpSessionState 类。Session 对象可以为每个用户的会话存储信息。Session 对象中的信息只能被用户自己使用，而不能被网站的其他用户访问，因此可以在不同的页面间共享数据，但是不能在用户间共享数据。利用 Session 进行状态管理是一个 ASP.NET 的显著特点。它允许程序员把任何类型的数据存储在服务器上。Session 对象典型的应用有储存用户信息、多网页间信息传递、购物车等。

ASP.NET 采用一个具有 120 位的标识符来跟踪每一个 Session。ASP.NET 中利用专有算法来生成这个标识符的值，从而保证了（统计上的）这个值是独一无二的，这个特殊的标识符就被称为 SessionID。SessionID 是传播于网络服务器和客户端之间的唯一的一个标识信息。当客户端出示它的 SessionID，ASP.NET 找到相应的 Session，从状态服务器里获得相应的序列化数据信息，从而激活该 Session，并把它放到一个可以被程序所访问的集合里。

为了系统能够正常工作，客户端必须为每个请求保存相应的 SessionID，获取某个请求的 SessionID 的方式有两种：

- 使用 Cookies。在这种情况下，当 Session 集合被使用时，SessionID 被 ASP.NET 自动转化为一个特定的 Cookie（被命名为 ASP.NET_SessionID）。
- 使用改装的 URL。在这种情况下，SessionID 被转化一个特定的改装的 URL。ASP.NET 的这个新特性可以让程序员在客户端禁用 Cookies 时创建 Session。

ASP.NET 对于 Session 内容的存储也提供了多种模式，如图 5-2 所示。

- InProc（默认）。Session 存储在 IIS 进程中（Web 服务器内存）。InProc 拥有最好的性能，但牺牲了健壮性和伸缩性。
- StateServer。Session 存储在独立的 Windows 服务进程 ASP.NET_state.exe 中（可以不是 Web 服务器）。
- SqlServer。Session 存储在 SqlServer 数据库的表中，可以用 aspnet_regsql.exe 配置它（SqlServer 服务器）。

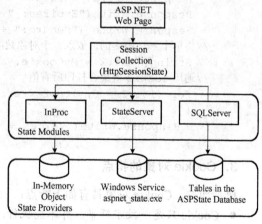

图 5-2 Session 的存储模式

1. Session 对象的属性、方法和事件

Session 对象的常用属性、方法和事件如表 5-13～表 5-15 所示。

第 5 章 ASP.NET 内置对象

表 5-13 Session 对象的常用属性

属 性	说 明
Contents	获取对当前会话状态对象的引用
IsCookieless	逻辑值,确定 Session ID 是嵌入 URL 中还是存储在 Cookie 中。true 表示存储在 Cookie 中
IsNewSession	逻辑值,true 表示是与当前请求一起创建的
Mode	获取当前会话状态的模式
SessionID	获取会话的唯一标识 ID
Timeout	获取或设置会话状态持续时间,单位为分钟,默认为 20 分钟

表 5-14 Session 对象的常用方法

方 法	说 明
Add	新增一个 Session 对象
Clear	清除会话状态中的所有值
Remove	删除会话状态集合中的项
RemoveAll	清除所有会话状态值
Abandon	取消当前会话

表 5-15 Session 对象的常用方法

事 件	说 明
Session_Start	用户请求网页时触发,相应的事件代码包含于 Global.asax 文件中
Session_End	用户会话结束时触发,相应的事件代码包含于 Global.asax 文件中

2. 应用 Session 对象

【例 5-10】通过 Add 方法设置 Session 对象。

通过 Add 方法可以设置 Session 对象的值,语法如下:

```
Session.Add("变量名",变量值);
```

在具体应用中,可以这样使用:

```
int userId = 1;
string userName = "test";
string userPwd = "sdgtrertkl";
Session.Add("userId",userId);
Session.Add("userName", userName);
Session.Add("userPwd", userPwd);
```

在上面例子中创建了 userId, userName, userPwd 三个 Session 来存储用户的登录信息。程序随时都可以通过这三个 Session 对象来查看用户的连接状态,这是实际的项目中最常见的 Session 应用。

需要注意的是,也可以不使用 Add 方法来设置 Session 对象,语法如下:

```
Session["变量名"]=变量值;
```

这样,上面的例子就可以改为:

```
Session["userId"] = userId;
Session["userName"] = userName;
Session["userPwd"] = userPwd;
```

需要指出的是,以上两种语句在作用上是相同的,读者可以根据自己的习惯来使用。
在 Session 里存储一个 DataSet 的示例代码如下:

```
Session["dataSet"] = dataSet;   //dataSet 为 DataSet 的一个实例
```

可以通过如下的示例代码从 Session 里取得该 DataSet:

```
dataset = (DataSet) Session["dataSet"];
```

对于当前用户来说，Session 对象是整个应用程序的一个全局变量，程序员在任何页面代码里都可以访问该 Session 对象。但在以下情况下，Session 对象有可能会丢失：
- 用户关闭浏览器或重启浏览器。
- 如果用户通过另一个浏览器窗口进入同样的页面，尽管当前 Session 依然存在，但在新开的浏览器窗口中将找不到原来的 Session。
- Session 过期。
- 程序员利用代码结束当前 Session。

3. Session 对象与 Cookie 对象的联系

Cookie 机制采用在客户端保持状态的方案，而 Session 机制采用的是在服务器端保持状态的方案。由于采用服务器端保持状态的方案在客户端也需要保存一个标识，即 SessionId，所以 Session 机制可能需要借助于 Cookie 机制来达到保存标识的目的，但实际上它还有其他选择。

5.6.5 Application 对象

Application 对象是 HttpApplicationState 类的一个实例。Application 对象为经常使用的信息提供了一个有用的 Web 站点存储位置，Application 中的信息可以被网站的所有页面访问，因此可以在不同的用户间共享数据。

Application 的原理是在服务器端建立一个状态变量，来存储所需的信息。要注意的是，首先，这个状态变量是建立在内存中的，其次是这个状态变量是可以被网站的所有页面访问的。

1. Application 对象的常用属性和方法

Application 对象的常用属性、方法如表 5-16 和表 5-17 所示。

表 5-16 Application 对象的常用属性

属 性	说 明
AllKeys	返回全部 Application 对象变量名到一个字符串数组中
CommonAppDataPath	获取所有用户共享的应用程序数据的路径
Count	获取 Application 对象变量的数量
OpenForms	获取属于应用程序的打开窗体的集合，在.NET Framework 2.0 版中是新增属性
Item	允许使用索引或 Application 变量名称传回内容值

表 5-17 Application 对象的常用方法

方 法	说 明
Add	新增一个新的 Application 对象变量
Clear	清除全部的 Application 对象变量
Get	使用索引关键字或变量名称得到变量值
GetKey	使用索引关键字来获取变量名称
Lock	锁定全部的 Application 变量
Remove	使用变量名称删除一个 Application 对象
RemoveAll	删除全部的 Application 对象变量
Set	使用变量名更新一个 Application 对象变量的内容
UnLock	解除锁定的 Application 变量

2. 应用 Application 对象

使用 Application 对象的语法如下所示:

```
Application("变量名")="变量值"
```

(1) 设置、获取 Application 对象的内容

```
<script language="C#" runat="server">
void Page_Load(object sender, System.EventArgs e)
{
    Application.Add("App1","Value1");
    Application.Add("App2","Value2");
    Application.Add("App3","Value3");
    int N;
    for(N=0;N<Application.Count;N++)
    {
        Response.Write("变量名: "+ Application.GetKey(N));
        Response.Write("变量值: "+ Application.Get(N) +"<br>");
    }
    Application.Clear();
}
</script>
```

在本例中，首先通过 Add 方法添加三个 Application 对象，并赋以初值，接着通过 Count 属性得到 Application 对象的数量，然后通过循环操作 GetKey 方法和 Get 方法分别得到新增对象的"索引"和"索引"所对应的"值"。

执行上面代码，得到如下结果：

```
变量名: App1 变量值: Value1
变量名: App2 变量值: Value2
变量名: App3 变量值: Value3
```

(2) Application 对象的加锁与解锁

Lock 方法可以阻止其他客户修改存储在 Application 对象中的变量，以确保在同一时刻仅有一个客户可修改和存取 Application 变量。如果用户没有明确调用 Unlock 方法，则服务器将在页面文件结束或超时即可解除对 Application 对象的锁定。

Unlock 方法可以使其他客户端在使用 Lock 方法锁住 Application 对象后，修改存储在该对象中的变量。如果未显式地调用该方法，Web 服务器将在页面文件结束或超时后解锁 Application 对象。

使用方法如下：

```
Application.Lock();
Application["变量名"]="变量值";
Application.UnLock();
```

5.7 小结

ASP.NET 提供了大量的对象类库，在这些类库中包含了许多封装好的内置对象，我们只需直接使用这些对象的方法和属性，简单快速地完成很多的功能。

本章详细讲解了 ASP.NET 的常用对象的属性和方法，这些对象都对应着.NET Framework 中

的一个类，这些对象提供了很多有用的属性和方法，在应用程序中有着自己的特定用途；Page 代表着一个 Web 窗体页；Request 用来从客户端获取信息；Response 用来向客户端发送信息；Server 提供了一些访问服务器的方法和属性；Application 用来维护应用程序状态；Session 用来维护会话状态；Cookie 用来在客户端存放数据。

5.8 习题

1．创建一个 Web 窗体并添加文本框、密码框、下拉列表框和提交按钮，要求单击"提交"按钮时通过 Request.Form 属性访问窗体变量集合并显示出每个窗体变量的名称和值。

2．创建两个 Web 窗体，要求在一个 Web 窗体中生成查询字符串变量，然后在另一个 Web 窗体中读取并显示所有查询字符串变量的名称和值。

3．创建一个 Web 窗体，要求通过 Request 对象的 ServerVariables 属性访问 Web 服务器变量的集合中的每个变量，并通过表格列出变量的名称和值。

4．创建一个 Web 窗体，要求通过 Request 对象的 Browser 属性获取有关正在请求的客户端的浏览器功能的信息，包括浏览器名称和版本号、操作系统平台、是否支持 Cookie 等。

5．创建一个 Web 窗体，通过 Cookie 来保存用户输入的登录信息。当用户填写了正确的登录信息并单击"提交"按钮时，将看到欢迎信息；若选择某个 Cookie 选项（除了"不保存"），则以后再次请求该页时，将从客户端读取已保存的 Cookie 信息，此时无需登录即可直接看到欢迎信息。

6．创建两个 Web 窗体，要求在一个.aspx 页面中通过调用 Server 对象的 Execute 方法执行另一个.aspx 页面。

7．创建两个 Web 窗体，要求在一个.aspx 页面中通过调用 Server 对象的 Transfer 方法执行另一个.aspx 页面。

8．创建一个 Web 窗体，要求通过设置 Session 对象的 Timeout 属性来控制会话的有效期限。在程序中将 Session.Timeout 属性设置为 2min，并创建两个会话变量。打开网页时，显示当前时间和两个会话变量的值。超过 2min 后，单击"查看会话变量"按钮，再次查看会话变量，检查会话变量的数目。

9．ASP.NET 包含哪些内置对象，分别有哪些类的实例？各有什么功能？

10．Request.Form 和 Request.QueryString 有什么区别？

11．如何利用 Response 对象实现网页的跳转？

12．如何得到客户端的 IP 地址？

13．简述 Cookie 的工作原理。

14．Session 对象与 Cookie 对象有什么相同点和不同点？

第 6 章 ASP.NET 页面语法

本章要点或学习目标

- 了解 ASP.NET 网页扩展名
- 了解常见的页面指令
- 掌握 HTML 服务器控件语法
- 掌握 ASP.NET 服务器控件语法
- 掌握网页中的代码块语法
- 掌握网页中的表达式语法

6.1 ASP.NET 网页扩展名

ASP.NET 的任何功能都可在具有适当文件扩展名的文本文件中创建。可以把 ASP.NET 网页扩展名理解为 ASP.NET 文件的"身份证",不同的扩展名决定了不同文件的类型和作用。通过 Internet 信息服务(IIS)将文件扩展名映射到 ASP.NET 运行处理。

例如,Web 页面的扩展名为.aspx,母版页的扩展名为.master 等。ASP.NET 网页中包含很多种文件类型,其扩展名的具体说明可参见表 6-1。

表 6-1 ASP.NET 网页扩展名

文件类型	位 置	说 明
.asax	应用程序根目录	通常是 Global.asax,该文件包含从 HttpApplication 类派生并表示该应用程序的代码
.ascx	应用程序的根目录或子目录	Web 用户控件文件,该文件定义自定义的、可重复使用的用户控件
.asmx	应用程序的根目录或子目录	XML Web Service 文件,该文件包含通过 SOAP 方式可用于其他 Web 应用程序的类和方法
.aspx	应用程序的根目录或子目录	ASP.NET Web 窗体文件,该文件可包含 Web 控件和其他业务逻辑
.browser	App_Browsers 子目录	浏览器定义文件,用于标识客户端浏览器的启用功能
.compile	Bin 子目录	预编译的 stub(存根)文件,该文件指向相应的程序集。可执行文件类型(.aspx、.ascx、.master 主题文件)已经预编译并放在 Bin 目录下
.config	应用程序的根目录或子目录	通常是 Web.Config 配置文件,该文件包含其配置各种 ASP.NET 功能的 XML 元素
.cs、.jsl、.vb	App_Code 子目录,但如果是 ASP.NET 页的代码隐藏文件,则与网页位于同一目录	运行时要编译的类源代码文件。类可以是 HTTP 模块、HTTP 处理程序,或者是 ASP.NET 页 HTTP 处理程序介绍的代码隐藏文件
.dll	Bin 子目录	已编译的类库文件。或者,可以将类的源代码放在 App_Code 子目录下
.master	应用程序的根目录或子目录	母版定义应用程序中引用母版其他网页的布局
.sitemap	应用程序的根目录	站点地图文件,该文件包含网站的结构。ASP.NET 中附带了一个默认的站点地图提供程序,它使用站点地图文件,可以很方便地在网页上显示导航控件
.skin	App_Themes 子目录	用于确定显示格式的外观文件
.sln	Visual Web Developer 项目目录	Visual Web Developer 项目的解决方案文件
.css	应用程序的根目录或子目录,或 App_Themes 子目录	用于确定 HTML 元素格式的样式表文件

在创建完成网站后，在根目录下就会出现一个扩展名为.aspx、.aspx.cs、.asax、.maste 的文件，如图 6-1 所示。

图 6-1　根目录下的文件

6.2　页面指令

ASP.NET 页面中通常包含一些类似<%@…%>这样的代码，被称为页面指令。这些指令允许为相应页指定页属性和配置信息，并由 ASP.NET 用作处理页面的指令，但不作为发送到浏览器标记的一部分呈现。当使用页面指令时，虽然标准的做法是将指令包括在文件的开头，但是它们也可以位于.aspx 或.asax 文件的任何位置。每个指令都可以包含一个或多个专属于该指令的属性（与值成对出现）。

在 ASP.NET Web 窗体中支持的指令及作用如表 6-2 所示。

表 6-2　ASP.NET 页面指令

指令	作用
@Page	定义 ASP.NET 页分析器和编译器使用的页特定（.aspx 文件）属性
@Import	将命名空间显示导入到页中，使所导入的命名空间的所有类和接口可用于该页。导入的命名空间可以是.NET Framework 类库或用户自定义的命名空间的一部分
@OutputCache	以声明的方式控制 ASP.NET 页或页中包含的用户控件输出缓存策略
@Implements	指示当前或用户实现指定的.NET Framework 接口
@Register	将别名与命名空间及类名关联，以便在自定义服务器控件语法中使用简明表示法
@Assembly	在编译过程中将程序集链接到当前页，以使程序集的所有类和接口都可用在该页上
@Control	定义 ASP.NET 页分析器和编译器使用的用户控件（.ascx 文件）特定的属性。该指令只能用于空间
@Master	标识 ASP.NET 母版页
@MasterType	为 ASP.NET 页的 Master 属性分配类名，使该页可以获取对母版页成员强类型引用
@PrevionsPageType	提供用于获得上一页的强类型的方法，可通过 PrevionsPage 属性访问上一页
@Reference	以声明的方式指示，应该根据在其中声明此指令的页对另一个用户控件或页源文件进行动态编译和连接

下面详细介绍 ASP.NET 指令的作用。

1. @Page 指令

@Page 指令允许开发人员为页面指定多个配置选项，并且该指令只能在 Web 窗体页中使用。每个.aspx 文件只能包含一条@Page 指令。@Page 指令可以指定：页面中代码的服务器编程语言；页面是将服务器代码直接包含在其中（即单文件页面），还是将代码包含在单独的类文件中（即代码隐藏页面）；调试和跟踪选项；页面是否为某母版页的内容页。

@Page 指令语法：

```
<%@ Page attribute="value" [attribute="value"...]%>
```

attribute 为@Page 指令的属性。@Page 指令语法中各属性的说明如表 6-3 所示。

表 6-3 @Page 指令属性说明

属　性	描　述
AutoEventWireup	指示页的事件是否自动绑定，如果启用了事件自动绑定，则为 true；否则为 false。默认值为 true
Buffer	确定是否启用了 HTTP 响应缓冲。如果启用了页缓冲，则为 true；否则为 false。默认值为 true
ClassName	一个字符串，指定在请求页时将自动进行动态编译的页的类名。此值可以是任何有效的类名，并且可以包括类的完整命名空间（完全限定的类名）。如果未指定该属性的值，则已编译页的类名将基于页的文件名
CodeBehind	指定包含与页关联的类的已编译文件的名称。该属性不能在运行时使用
CodeFile	指定指向页引用的代码隐藏文件的路径
CodePage	指示用于响应的编码方案的值，该值是一个用作编码方案 ID 的整数
Description	提供该页的文本说明。ASP.NET 分析器忽略该值
Inherits	定义供页继承的代码隐藏类。它与 CodeFile 属性（包含指向代码隐藏类的源文件的路径）一起使用
Language	指定在对页中的所有内联呈现（<%%>和<%=%>）和代码声明块进行编译时使用的语言。只可以表示任何 .NET Framework 支持的语言，如 C#
MasterPageFile	设置内容页的母版页或嵌套母版页的路径。支持相对路径和绝对路径
Title	指定在响应的 HTML <title> 标记中呈现的页的标题。也可以通过编程方式将标题作为页的属性来访问

@Page 指令常用属性说明：

- AutoEventWireup 属性：该属性指示页的事件是否自动绑定。ASP.NET 4.0 默认为 true。ASP.NET 页触发的事件，如 Init、Load 等，在默认情况下，可以使用"Page_事件名"的命名约定将页事件绑定到相应的方法。页面编辑时 ASP.NET 将查找基于此命名约定的方法，并自动执行。例如，显示声明事件的处理程序，将 AutoEventWireup 属性设置为 false。代码如下：

```
<%@ Page Language="C#" AutoEventWireup="false" %>
```

- CodeFile 属性：该属性指定指向页引用的代码隐藏文件的路径。此属性与 Inherits 属性一起使用可以将代码隐藏源文件与网页相关联。此属性仅对编译的页有效。例如，新添加一个 .aspx 页时，设置该页面代码隐藏文件的路径为"Default2.aspx.cs"。代码如下：

```
<%@ Page Language="C#" AutoEventWireup="true" CodeFile="Default2.aspx.cs"
Inherits="Default2" %>
```

注意：若要定义 @Page 指令的多个属性，请使用一个空格分隔每个属性/值对。对于特定属性，不要在该属性与其值相连的等号（=）两侧加空格。

- Language 属性：该属性指定编译页面使用的语言。每页只能使用和指定一种语言。例如，指定 ASP.NET 页编译器使用 C# 作为页的服务器端代码语言。代码如下：

```
<%@ Page Language="C#" %>
```

2. @Import 指令

@Import 指令用于将命名空间显式地导入 ASP.NET 应用程序文件中，并且导入该命名空间的所有类和接口。导入的命名空间可以是 .NET Framework 类库的一部分，也可以是用户定义的命名空间的一部分。

@Import 指令语法：

```
<%@ Import namespace="value" %>
```

其中，namespace 属性用来指定要导入的命名空间的完全限定名。

@Import 指令不能有多个 namespace 属性。若要导入多个命名空间，需要使用多条 @Import 指令来实现。在 ASP.NET 4.0 中命名空间是默认导入的，默认导入的空间如下：

可以将一组命名空间自动导入.aspx 页中。导入的命名空间在计算机级别的 Web.config 文件中定义，具体位置为<pages>元素的<namespaces>节内。下面的命名空间将自动导入到所有的页中：

```
System
System.Collections
System.Collections.Specialized
System.Configuration
System.Text
System.Text.RegularExpressions
System.Web
System.Web.Caching
System.Web.Profile
System.Web.Security
System.Web.SessionState
System.Web.UI
System.Web.UI.HtmlControls
System.Web.UI.WebControls
System.Web.UI.WebControls.WebParts
```

例如，导入.NET Framework 基类命名空间 System.Net 和用户定义的命名空间 Grocery。代码如下：

```
<%@ Import Namespace="System.Net" %><%@ Import Namespace="Grocery" %>
```

3. @OutputCache 指令

@OutputCache 指令用于以声明的方式控制 ASP.NET 页，或页中包含的用户控件的输出缓存策略。页输出缓存，就是在内存中存储处理后的 ASP.NET 页的内容。这一机制允许 ASP.NET 向客户端发送页响应，而不必再次经过页处理生命周期。

页输出缓存对于那些不经常更改，但需要大量处理才能创建的页特别有用。例如，如果创建大通信量的网页来显示不需要频繁更新的数据，页输出缓存则可以极大地提高该页的性能。可以分别为每个页配置页缓存，也可以在 Web.config 文件中创建缓存配置文件。利用缓存配置文件，只定义一次缓存设置就可以在多个页中使用这些设置。

页输出缓存语法：

```
<%@OutputCache attribute="value" [attribute="value"...]%>
```

其中，attribute 表示@OutputCache 指令中的属性。@OutputCache 指令的属性说明如表 6-4 所示。

表 6-4 @OutputCache 指令的属性说明

属　性	描　述
Duration	页或用户控件进行缓存的时间(以秒计)。在页或用户控件上设置该属性为来自对象的 HTTP 响应建立了一个过期策略，并将自动缓存页或用户控件输出
Location	OutputCacheLocation 枚举值之一。默认值为 Any
CacheProfile	与该页关联的缓存设置的名称。这是可选属性，默认值为空字符串("")
CodeBehind	指定包含与页关联的类的已编译文件的名称。该属性不能在运行时使用
NoStore	一个布尔值，它决定了是否阻止敏感信息的二级存储
Shared	一个布尔值，确定用户控件输出是否可以由多个页共享。默认值为 false
SqlDependency	标识一组数据库/表名称对的字符串值，页或控件的输出缓存依赖于这些名称对
VaryByCustom	表示自定义输出缓存要求的任意文本
VaryByHeader	分号分离的 HTTP 标头列表，用于使输出缓存发生变化
VaryByParam	分号分离的字符串列表，用于使输出缓存发生变化
VaryByControl	一个分号分离的字符串列表，用于更改用户控件的输出缓存
VaryByContentEncodings	以分号分离的字符串列表，用于更改输出缓存

常用属性说明：
- Duration 属性：该属性指定页或用户控件进行缓存的时间，以秒为单位。在页或用户控件上设置该属性为来自对象的 HTTP 响应建立了一个过期策略，并将自动缓存页或用户控件输出。（注意：Duration 属性是必选属性。如果未包含该属性，将出现分析器错误。）例如，设置页或用户控件进行输出缓存的持续时间为 100 秒。代码如下：

```
<%@ OutputCache Duration="100" VaryByParam="none" %>
```

- VaryByParam 属性：该属性为分号分隔的字符串列表，用于使输出缓存发生变化。默认情况下，这些字符串与随 GET 方法发送的查询字符串值对应，或与使用 POST 方法发送的参数对应。将该属性设置为多个参数时，对于每个指定参数组合，输出缓存都包含一个不同版本的请求文档。可能的值包括 none、星号(*)以及任何有效的查询字符串或 POST 参数名称。

注意：在 ASP.NET 页和用户控件上使用@OutputCache 指令时，需要包含 VaryByParam 属性或 VaryByControl 属性。如果没有包含 VaryByParam 属性或 VaryByControl 属性，则发生分析器错误。如果不希望通过指定参数来改变缓存内容，可将 VaryByParam 属性值设置为 none。如果希望通过所有的参数值改变输出缓存，可将属性设置为星号（*）。

4．@Implements 指令

@Implements 指令用来定义要在页或用户控件中实现的接口。

@Implements 指令语法：

```
<%@ Implements interface=" value " %>
```

其中，interface 属性用来指定要在页或用户控件中实现的接口。

在 Web 窗体页中实现接口时，开发人员可以在代码声明块中的<script>元素的开始标记和结束标记之间创建其事件、方法和属性。但不能使用该指令在代码隐藏文件中实现接口。

5．@Register 指令

@Register 指令创建标记前缀和自定义控件之间的关联，这为开发人员提供了一种在 ASP.NET 应用程序文件（包括网页、用户控件和母版页）中引用自定义控件的简单方法。

@Register 指令语法：

```
//第一种
<%@ Register tagprefix="tagprefix" namespace="namespace" assembly="assembly" %>
//第二种
<%@ Register tagprefix="tagprefix" namespace="namespace" %>
//第三种
<%@ Register tagprefix="tagprefix" tagname="tagname" src="pathname" %>
```

@Register 指令语法中各属性的说明如表 6-5 所示。

表 6-5　@Register 指令的属性说明

属　　性	描　　述
assembly	设置与 tagprefix 属性关联的命名空间所驻留的程序集。程序集名称不包括文件扩展名。如果将自定义控件的源代码文件放置在应用程序的 App_Code 文件夹下，ASP.NET 会在运行时动态编译源文件，因此不必使用 assembly 属性
namespace	设置正在注册的自定义控件的命名空间
src	与 tagprefix:tagname 对关联的声明性用户控件文件的相对或绝对的位置
tagname	与类关联的任意别名。此属性只用于用户控件
tagprefix	提供对包含指令的文件中所使用的标记的命名空间的短引用

例如，使用@Register 指令声明 tagprefix 和 tagname 别名，同时分配 src 属性以在网页内引用用户控件。代码如下：

用户控件代码：

```
<%@ Control ClassName="CalendarUserControl" %>
<asp:calendar id="Calendar1" runat="server" />
```

.aspx 页代码：

```
<%@ Page %>
<%@ register tagprefix="uc1" tagname="CalendarUserControl" src="~/CalendarUserControl.ascx" %>
```

tagprefix 属性分配一个用于标记的任意前缀值"uc1"。tagname 属性使用分配给用户控件的类名称的值"CalendarUserControl"（尽管此属性的值是任意的，并可使用任何字符串值，但是不必使用所引用的控件的类名称）。src 属性指向用户控件的源文件"~/CalendarUserControl.ascx"（相对于应用程序根文件夹）。

所以，可以按照如下形式引用用户控件（即使用前缀、冒号以及标记名称）。代码如下：

```
<uc1:CalendarUserControl runat="server" />
```

6. @Assembly 指令

@Assembly 指令用于在编译时将程序集链接到页面，这使得开发人员可以使用程序集公开的所有类和方法等。

@Assembly 指令语法：

```
//第一种
<%@ Assembly Name="assemblyname" %>
//第二种
<%@ Assembly Src="pathname" %>
```

表 6-6 @Assembly 指令的属性说明

属性	描述
Name	指定编译页面时要链接的程序集
Src	指定要动态编译并链接到当前页面的源文件的路径

@Assembly 指令语法中各属性的说明如表 6-6 所示。

必须在@Assembly 指令中包含 Name 或 Src 属性，但不能在同一个指令中包含两者。如果需要同时使用这两个属性，则必须在文件中包含多个@Assembly 指令。

在链接 Web 应用程序的 Bin 目录中的程序集时，将自动链接到该应用程序中的 ASP.NET 文件。这样的程序集不需要@Assembly 指令。例如，使用@ Assembly 指令链接到用户定义的程序集 MyAssembly。代码如下：

```
<%@ Assembly Name="MyAssembly"%>
```

使用@ Assembly 指令链接到 Visual Basic 源文件 MySource.vb。代码如下：

```
<%@ Assembly Name="MySource.vb"%>
```

7. @Control 指令

@Control 指令与@Page 指令基本相似，在.aspx 文件中包含了@Page 指令，而在.ascx 文件中则不包含@Page 指令，该文件中包含@Control 指令。该指令只能用于用户控件中。用户控件在带有.ascx 扩展名的文件中进行定义。每个.ascx 文件只能包含一条@Control 指令。此外，对于每个 @Control 指令，只允许定义一个 Language 属性，因为每个控件只能使用一种语言。

@Control 指令语法：

```
<%@ Control attribute="value" [attribute="value"...]%>
```

其中，attribute 表示@Control 指令中各属性，@Control 指令属性的说明如表 6-7 所示：

表 6-7 @Control 指令属性说明

属 性	描 述
AutoEventWireup	设置控件的事件是否自动匹配。如果启用事件自动匹配，则为 true；否则为 false。默认值为 true
ClassName	用于指定需在请求时进行动态编译的控件的类名。此值可以是任何有效的类名，并且可以包括类的完整命名空间。如果没有为此属性指定值，已编译控件的类名将基于该控件的文件名
CodeBehind	设置包含与控件关联的类定义的文件名称。该属性不能在运行时使用。包含此属性是为了与 ASP.NET 早期版本兼容，以实现代码隐藏功能。在 ASP.NET 中，应当改用 CodeFile 属性指定源文件的名称，并用 Inherits 属性指定类的完全限定名
CodeFile	设置所引用的控件代码隐藏文件的路径。此属性与 Inherits 属性一起使用，将代码隐藏源文件与用户控件相关联。该属性只对已编译控件有效
Description	提供控件的文本说明
Inherits	设置供控件继承的代码隐藏类。它可以是从 UserControl 类派生的任何类。与包含代码隐藏类源文件的路径的 CodeFile 属性一起使用
Language	设置在编译控件中所有内联呈现（<%%>和<%=%>）和代码声明块使用的语言。只可以表示任何.NET Framework 支持的语言，包括 Visual Basic、C#或 JScript。对于每个控件，只能使用和指定一种语言

例如，新添加一个.ascx 页，在页面中@Control 指令默认代码如下：

```
<%@ Control Language="C#" AutoEventWireup="true" CodeFile="AdminPanel.ascx.cs"
    Inherits="Controls_AdminPanel" %>
```

8. @Master 指令

@Master 指令只能在母版页的.master 文件中使用，用于标识 ASP.NET 母版页。每个.master 文件只能包含一条@Master 指令。

@Master 指令语法：

```
<%@ Master attribute="value" [attribute="value"...]%>
```

其中，attribute 表示@Master 指令中的各属性，@Master 指令属性的说明如表 6-8 所示。

表 6-8 @Master 指令属性说明

属 性	描 述
AutoEventWireup	设置控件的事件是否自动匹配。如果启用事件自动匹配，则为 true；否则为 false。默认值为 true
ClassName	设置自动从标记生成并在处理母版页时自动进行编译的类的类名
CodeFile	设置包含分部类的单独文件的名称，该分部类具有事件处理程序和特定于母版页的其他代码
CompilationMode	设置是否在运行时编译母版页。选项包括：Always，表示始终译页；Auto，在 ASP.NET 要避免编译页的情况下使用；Never，表示永远不编译页或控件。默认值为 Always
CompilerOptions	设置包含用于编译页的编译器选项的字符串。在 C#中，这是编译器命令行开关的序列
Description	提供母版页的文本说明
Inherits	设置供页继承的代码隐藏类。它可以是从 MasterPage 类派生的任何类
Language	设置在对页中所有内联呈现（<%%>和<%=%>）和代码声明块进行编译时使用的语言。只可以表示.NET Framework 支持的任何语言，包括 VB、C#和 JScript
MasterPageFile	设置用作某个母版页的.master 文件。定义嵌套母版页方案中的子母版页时，在母版页中使用 MasterPageFile 属性

例如，母版页以 C#作为内联代码语言。事件处理代码在名为 MasterPageSample 的分部类中

定义。可以在 MasterPageSample.master.cs 文件中找到 MasterPageSample 类的代码，代码如下：

```
<%@ Master Language="C#" CodeFile="MasterPageSample.master.cs" Inherits=
"MasterPageSample" %>
```

以上代码用到了@Master 指令中两个重要的属性：CodeFile 和 Inherits 属性。

9. @MasterType 指令

@MasterType 指令为 ASP.NET 页的 Master 属性分配类名，使得该页可以获取对母版页成员的强类型引用。

@MasterType 指令语法：

```
<%@ MasterType attribute="value" [attribute="value"...] %>
```

attribute 为@MasterType 指令的属性，具体说明如下：
- TypeName：指定母版页的类型名称。
- VirtualPath：指定生成强类型的文件的路径。

如果未定义 VirtualPath 属性，则此类型必须存在于当前链接的某个程序集（如 App_Bin 或 App_Code）中。而且 TypeName 属性和 VirtualPath 属性不能同时存在于@MasterType 指令中，如果同时存在，则@MasterType 指令将失败。

例如，设置母版页的虚拟路径的代码如下：

```
<%@ MasterType VirtualPath="~/masters/SourcePage.master" %>
```

10. @PreviousPageType 指令

@PreviousPageType 指令为 ASP.NET 页提供用于获得上一页的强类型的方法，可通过 PreviousPage 属性访问上一页。该指令只能在 Web 窗体页（.aspx 文件）上使用。

@PreviousPageType 指令语法：

```
<%@ PreviousPageType attribute="value" [attribute="value"...] %>
```

attribute 为@PreviousPageType 指令的属性，具体说明如下：
- TypeName：指定上一页的类型名称。
- VirtualPath：生成强类型的文件的路径。

同@MasterType 指令相同，@PreviousPageType 指令也不能同时定义 TypeName 属性和 VirtualPath 属性，如果同时存在，则@PreviousPageType 指令将失败。

11. @Reference 指令

@Reference 指令以声明的方式将网页、用户控件或 COM 控件连接至目前的网页或用户控件。使用此指令可以动态编译与生成提供程序关联的页面、用户控件或另一个类型的文件，并将其链接到包含@Reference 指令的当前网页、用户控件或母版页文件。这样就可以从当前文件内部引用外部编译的对象及其公共成员。

@Reference 指令语法：

```
<%@ Reference Page="value" Control="value" virtualPath="value" %>
```

@Reference 指令各属性说明：
- Page：外部页，ASP.NET 动态编译该页并将它链接到包含@Reference 指令的当前文件。
- Control：外部用户控件，ASP.NET 动态编译该控件并将它链接到包含@Reference 指令的当前文件。

- VirtualPath: 引用的虚拟路径。只要生成提供程序存在,可以是任何文件类型。例如,它可能会指向母版页。

例如,使用@ Reference 指令链接用户控件。代码如下:

```
<%@ Reference Control="MyControl.ascx" %>
```

6.3 ASPX 文件内容注释

服务器端注释(<%--注释内容--%>)允许开发人员在 ASP.NET 应用程序文件的任何部分(除了<script>代码块内部)嵌入代码注释。服务器端注释元素的开始标记和结束标记之间的任何内容,不管是 ASP.NET 代码还是文本,都不会在服务器上进行处理或呈现在结果页上。例如,使用服务器端注释 TextBox 控件,代码如下:

```
<%--
    <asp:TextBox ID="TextBox2" runat="server"></asp:TextBox>
--%>
```

执行后,浏览器上将不显示此文本框。

如果<script>代码块中的代码需要注释,则使用 HTML 代码中的注释(<!--注释//-->)。此标记用于告知浏览器忽略该标记中的语句。例如,

```
<script language ="javascript" runat ="server">
<!-- 注释内容 //-->
</script>
```

注意:服务器端注释用于页面的主体,但不在服务器端代码块中使用。当在代码声明块(包含在标记中的代码)或代码呈现块(包含在<%%>标记中的代码)中使用特定语言时,应使用用于编码的语言的注释语法。如果在<%%>块中使用服务器端注释块,则会出现编译错误。开始和结束注释标记可以出现在同一行代码中,也可以由许多被注释掉的行隔开。服务器端注释块不能嵌套使用。

6.4 HTML 服务器控件语法

默认情况下,ASP.NET 文件中的 HTML 元素作为文本进行处理,页面开发人员无法在服务器端访问文件中的 HTML 元素。要使这些元素可以被服务器端访问,必须将 HTML 元素作为服务器控件进行分析和处理,这可以通过为 HTML 元素添加 runat="server"属性来完成。服务器端通过 HTML 元素的 id 属性引用该控件。

HTML 服务器控件语法:

```
<控件名 id="名称" ……runat="server">
```

【例 6-1】 使用 HTML 服务器端控件创建一个简单的 Web 应用程序。在页面加载事件 Page_Load 事件中,将在文本控件中显示"HTML 服务器控件语法"。

程序代码如下:

```
<html>
<title>HTML 服务器控件</title>
<script type="text/javascript" runat="server">
protected void Page_Load(object sender, EventArgs e)
{
```

```
            this.MyText.Value = "HTML 服务器控件语法";
        }
    </script>
    <style type="text/css">
        #mytext
        {
            width: 100px;
        }
    </style>
</head>
<body>
    <form id="form1" runat="server">
    <div> <input id="mytext" type="text" runat="server" /> </div>
    </form>
</body>
</html>
```

程序运行结果如图 6-2 所示。

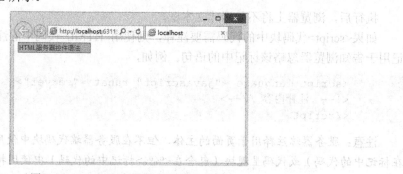

图 6-2 HTML 服务器控件语法的使用

6.5 ASP.NET 服务器控件语法

ASP.NET 服务器控件比 HTML 服务器控件具有更多的内置功能。Web 服务器控件不仅包括窗体控件（例如按钮和文本框），而且还包括特殊用途的控件（例如日历、菜单和树视图控件）。Web 服务器控件与 HTML 服务器控件相比更为抽象，因为其对象模型不一定反映 HTML 语法。

ASP.NET 服务器控件语法：

```
<asp:控件名 ID="名称" …组件的其他属性…runat="server" />
```

6.6 代码块语法

在一般情况下，我们会使用"<%"和"%>"标签来将 ASP.NET 执行代码封装起来，形成一个执行块，这个执行块一般用来呈现内容。

本节讲解的代码块语法是定义网页呈现时所执行的内嵌代码。定义内嵌代码的语法标记元素如下：

```
<%内嵌代码%>
```

【例 6-2】 使用代码块语法，根据系统时间显示"上午好！"或"下午好！"。

程序代码如下:

```html
<html>
<head>
    <title>无标题页</title>
    <script type="text/javascript">
        var day1 = new Date();
        document.write("当前时间是: " + day1.toLocaleTimeString());
    </script>
</head>
<body>
<form>
<div>
<%if(DateTime.Now.Hour<12) %>
    上午好!
<%else%>
    下午好!
</div>
</form>
</body>
</html>
```

运行结果如图 6-3 所示。

图 6-3 代码块语法

6.7 表达式语法

ASP.NET 表达式是基于运行时计算的信息设置控件属性的一种声明性方式。可以使用表达式将属性设置为基于连接字符串的值、应用程序设置以及应用程序的配置和资源文件中所包含的其他值。

定义内嵌表达式,使用的语法标记元素如下:

```
<%=内嵌表达式%>
```

【例 6-3】 在网页上显示字体大小不同的文本。
程序代码如下:

```html
<html>
<head>
    <title>表达式语法</title>
```

```
        </head>
        <body>
            <form>
             <div>
             <%for (int i = 1;i < 7;i++) %>
             <%{%>
             <font size=<%= i+1%>>Hello World!</font></br>
             <%}%>
             </div>
            </form>
        </body>
    </html>
```

运行结果如图 6-4 所示。

图 6-4　网页中表达式语法的使用

6.8　小结

　　本章主要对 ASP.NET 网页开发中的常见页面语法进行了详细讲解，主要包括常见文件扩展名、常用页面指令、服务器控件语法、代码块语法、表达式语法等内容。学习本章内容时，读者应该重点掌握常见页面指令的用法及服务器端添加控件的语法，对其他内容熟悉即可。另外，本章在讲解过程中，为了能够使读者对 ASP.NET 网站有一个大体的认识，按照创建、设计、运行、配置虚拟站点的流程详细讲解了一个 ASP.NET 网站的完整实现步骤。

6.9　习题

　　1．用编程的方式使控件 Button 失效变灰。
　　提示：Button.属性="false"。
　　2．用编程的方式为控件 Label 赋值，赋值为"我喜欢 ASP.NET"。
　　3．使用@OutputCache 输出页面缓存。
　　提示：获取当前时间 DateTime.Now。

第 7 章　ASP.NET 服务器控件

本章要点或学习目标
- 掌握各种服务器控件的用法
- 了解 HTML 服务器控件和 Web 服务器控件的区别
- 理解服务器控件类的概念及内涵

在 ASP.NET 中，一切都是对象。Web 页面就是一个对象的容器。那么，这个容器可以装些什么东西呢？本章我们将学习服务器端控件，称为 Control。这是 Web 页面能够容纳的对象之一。

Control 是一个可重用的组件或者对象，这个组件不但有自己的外观，还有自己的数据和方法，大部分组件还可以响应事件。通过微软的集成开发环境（Visual Studio.NET 2012），可以简单地把一个 Control 拖放到一个 Form 中。

7.1　服务器控件概述

7.1.1　HTML 服务器控件

HTML 服务器控件的主要功能是在 Web 页面上管理控件。图 7-1 显示了 HTML 服务器控件的层次结构。

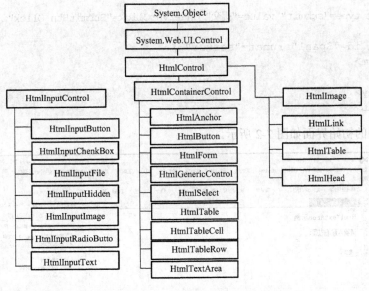

图 7-1　HTML 服务器控件类层次结构

7.1.2　服务器控件的使用

1. HtmlTextArea 控件

HtmlTextArea 控件在控件工具箱中图标为： Textarea ，该控件可以在 Web 页上创建多行文本框。使用此控件以编程方式操作<textarea>HTML 元素。此类可以通过分别设置 Rows 和 Cols

属性来控制多行文本框的高度和宽度。还可以通过设置 Name 属性为该控件分配一个名称。若要确定或指定文本框中的文本，请使用 Value 属性。HtmlTextArea 类提供一个 ServerChange 事件，该事件可以在每次文本框的值在向服务器的发送过程中更改自定义指令集。此事件通常用于数据验证。如果要创建单行文本框，即可使用 HtmlInputText 控件。

【例 7-1】 使用 HtmlTextArea 控件创建多行文本框。

程序代码如下：

```
<%@ Page language="c#" Codebehind="textarea.aspx.cs" AutoEventWireup="true"
    Inherits="WebApplication1.textarea" %>
<HTML>
<HEAD>
<script runat="server">
void SubmitBtn_Click(Object sender, EventArgs e)
{
  Span1.InnerHtml = "您写的内容是：<br>" + TextArea1.Value;
}
</script>
</HEAD>
<body>
<form runat="server" ID="Form1">
<h3>HtmlTextArea 示例</h3>
请输入您的内容：
<br>
<textarea id="TextArea1" runat="server" NAME="TextArea1">
</textarea>
<br>
<input type="submit" value="提交" OnServerClick="SubmitBtn_Click" runat="server">
<p>
<span id="Span1" runat="server" />
</form>
</P>
</body>
</HTML>
```

程序运行时的初始界面如图 7-2 所示。

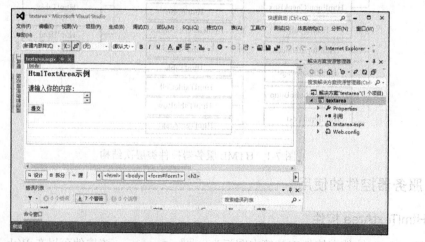

图 7-2 HtmlTextArea 控件运行初始界面

在 textarea 中输入内容后，单击"提交"按钮，运行后界面如图 7-3 所示。

2. HtmlTable 控件

HtmlTable 控件主要用来生成表（Table），该控件在工具箱中的图标为： Table 。可以使用 HtmlTable、HtmlTableRow、HtmlTableCell 控件来自由地控制表格的行、列数。通过"HtmlTableRow tr=new HtmlTableRow()"就可以生成一个新行；通过"HtmlTableCell td=New HtmlTableCell()"就可以生成一个新列。然后再分别加入 Rows 和 Cells 集合。

图 7-3　HtmlTextArea 控件运行结果界面

【例 7-2】　HtmlTable 控件的用法。

程序代码如下：

```
<%@ Page language="c#" Codebehind="HtmlTable.aspx.cs" AutoEventWireup="true"
    Inherits="WebApplication1.HtmlTable" %>
<HTML>
<HEAD>
<title>HtmlTable 示例</title>
<script language="c#" runat="server">
void page_load(Object sender, EventArgs e)
{
  int row=0;
  int numrows=Int32.Parse(Select1.Value);
  int numcells=Int32.Parse(Select2.Value);
  for(int j=0;j<numrows;j++)
   {
    HtmlTableRow r= new HtmlTableRow();
    if(row%2==1)
    r.BgColor="red";
    row++;
    for(int i=0;i<numcells;i++)
     {
       HtmlTableCell c= new HtmlTableCell();
       c.Controls.Add(new LiteralControl("行"+j.ToString()+", 列"+i.ToString()));
       r.Cells.Add(c);
     }
     Table1.Rows.Add(r);
   }
}
</script>
</HEAD>
<body MS_POSITIONING="GridLayout">
<form id="Form1" method="post" runat="server">
<TABLE id="Table1" height="75" cellSpacing="1" cellPadding="1" width=
    "300" border="1" runat="server">
<TR>
<TD>行数</TD>
<TD>
<select id="Select1" runat="server" name="Select1">
```

```
            <option value="1" selected>1</option>
            <option value="2">2</option>
            <option value="3">3</option>
            <option value="4">4</option>
            <option value="5">5</option>
        </select>
</TD>
</TR>
<TR>
<TD>列数</TD>
<TD>
<select id="Select2" runat="server" name="Select2">
     <option value="1" selected>1</option>
     <option value="2">2</option>
     <option value="3">3</option>
     <option value="4">4</option>
     <option value="5">5</option>
     </select>
</TD>
</TR>
<TR>
<TD colspan="2"><input type="submit" value="生成表" runat="server" id=
         "submit1"></TD>
</TR>
</TABLE>
</form>
</body>
</HTML>
```

程序运行结果如图 7-4 所示。

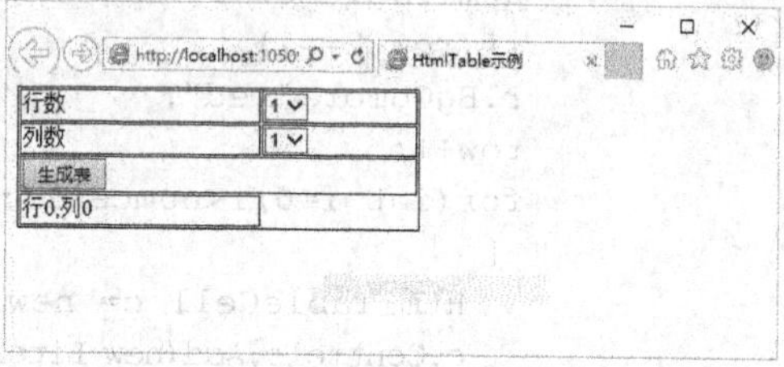

3. HtmlImage 控件

使用该控件可以在 Web 页上显示图像，在控件工具箱中图标为： Image 。可以用编程方式操作 HtmlImage 控件来更改显示的图像、图像大小及图像相对于其他页元素的对齐方式。

图 7-4 HtmlTable 控件运行结果界面

- Src 属性：设定需要显示的图像文件。
- Align 属性：图像在父容器中的显示位置。
- Alt 属性：当图像没有正确加载时，在图像位置显示的文字。
- Border 属性：设定图像边界宽度，当其值为 0 时，表示没有边界。
- Height、Width 出属性：设定图像的长、宽。

【例 7-3】 HtmlImage 控件用法，当单击 HtmlButton 时以编程方式修改 HtmlImage 控件的属性。

程序代码如下：

```
<%@ Page language="c#" Codebehind="htmlimage.aspx.cs" AutoEventWireup="true"
     Inherits="WebApplication1.htmlimage" %>
<HTML>
    <head>
        <script language="C#" runat="server">
```

```
            public void Image1_Click(object sender, EventArgs e)
            {
              Image1.Src="image1.jpg";
              Image1.Height=100;
              Image1.Width=200;
              Image1.Border=5;
              Image1.Align="center";
              Image1.Alt="图片1";
            }
            public void Image2_Click(object sender, EventArgs e)
            {
              Image1.Src="image2.jpg";
              Image1.Height=200;
              Image1.Width=300;
              Image1.Border=7;
              Image1.Align="left";
              Image1.Alt="图片2";
            }
          </script>
      </head>
      <body>
          <form runat="server" ID="Form1">
              <h3>HtmlImage 示例</h3>
                  <button id="Button1" OnServerClick="Image1_Click" runat=
                      "server"type="button">Image 1 </button>
                  <button id="Button2" OnServerClick="Image2_Click" runat=
                      "server"type="button">Image 2 </button>
                  <br>
                  <img id="Image1" Src="image1.jpg" Width="500" Height="226"
                      Alt="Image 1" Border="5" runat="server" />
          </form>
      </body>
  </HTML>
```

4. HtmlButton 控件

HtmlButton 控件最主要是让使用者通过按钮执行命令或动作，所以最重要的就是 OnServerClick 事件当使用者按下按钮时便会触发。要指定发生 OnServerClick 事件时所要执行的程序，设定 OnServerClick 属性即可。例如指定 OnServerClick="Button1_Click"时，即表示使用者按下按钮触发事件时，会呼叫 Button1_Click 这个事件程序，我们就可以在 Button1_Click 这个事件程序内撰写要执行的程序代码。另外<Button>控件必须写在窗体控件<Form Runat="Server"></Form>之内，这是因为 Button 控件可以决定数据的上传，而只有被<Form>控件所包围起来的数据输入控件，其数据才会被上传。下面的示例包含两个简单事件处理程序的代码，这两个事件处理程序通过由<span>元素创建的 HtmlGenericControl 的实例显示消息。

【例 7-4】 HtmlButton 控件用法

程序代码如下：

```
<%@ Page language="c#" Codebehind="HtmlButton.aspx.cs" AutoEventWireup="True"
    Inherits="WebApplication1.WebForm2" %>
<HTML>
    <head>
    <script runat="server">
```

```
            void Button1_OnClick(object Source, EventArgs e)
            {
                Span1.InnerHtml="您点了 Button1";
            }
            void Button2_OnClick(object Source, EventArgs e)
            {
                Span1.InnerHtml="您点了 Button2";
            }
        </script>
</head>
    <body>
        <h3>HtmlButton 示例</h3>
        <form runat="server" ID="Form1">
            <p>
                <button id="Button1" OnServerClick="Button1_OnClick"
style="BORDER-LEFT-COLOR: black; BORDER-BOTTOM-COLOR: black;
FONT: 8pt verdana; WIDTH: 100px; BORDER-TOP-COLOR: black;
HEIGHT: 30px; BACKGROUND-COLOR: lightgreen;
BORDER-RIGHT-COLOR: black"
                    runat="server" type="button"><img src="/winxp.gif"> 请单击!
</button>包含&lt;img&gt;对象
            <p>
            <p>
                <button id="Button2" OnServerClick="Button2_OnClick"
style="BORDER-LEFT-COLOR: black; BORDER-BOTTOM-COLOR: black;
FONT: 8pt verdana; WIDTH: 100px; BORDER-TOP-COLOR: black;
HEIGHT: 30px; BACKGROUND-COLOR: lightgreen;
BORDER-RIGHT-COLOR: black"
                    onmouseover="this.style.backgroundColor='yellow'"
onmouseout="this.style.backgroundColor='lightgreen'"
                    runat="server" type="button">请单击!
</button>    颜色效果
            <p>
            <p>
                <span id="Span1" runat="server" />
        </form></P>
    </body>
</HTML>
```

程序运行后的初始界面如图 7-5 所示。
当鼠标移动到第二个 Button 上的时候，其效果如图 7-6 所示。

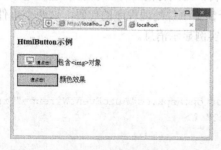

图 7-5　HtmlButton 控件运行初始界面

图 7-6　鼠标移动到 HtmlButton 控件上时的运行界面

单击第二个 Button 后的效果如图 7-7 所示。

5. HtmlSelect 控件

使用 HtmlSelect 控件创建选择框，在控件工具箱中图标为：Select。通过将 HTML <option> 元素放置在开始和结束<select>标记之间来指定控件中的项列表。若要为控件中的各项指定所显示的文本，可以设置项的 ListItem.Text 属性，或直接将文本放置在开始和结束<option>标记之间。通过设

图 7-7 单击 HtmlButton 控件时的运行界面

置项的 ListItem.Value 属性，可以将一个不同于文本的值与该项关联。若要在默认情况下选择列表中的某一项，可将该项的 ListItem.Selected 属性设置为 true。

通过设置 Size 和 Multiple 属性，可以控制 HtmlSelect 控件的外观和行为。Size 属性指定控件的高度（以行为单位）。Multiple 属性指定在 HtmlSelect 控件中是否可以同时选择多个项。

在默认情况下，HtmlSelect 控件显示为下拉列表框。如果允许多重选择（通过将 Multiple 属性设置为 true）或指定的高度大于一行（通过将 Size 属性设置为大于 1 的值），控件将显示为列表框。

若要确定单一选择 HtmlSelect 控件中的选定项，可使用 SelectedIndex 属性获取选定项的索引。然后就可以使用该值从 Items 集合中检索该项。要确定允许多重选择的 HtmlSelect 控件中的选定项，可循环访问 Items 集合并测试各项的 ListItem.Selected 属性。HtmlSelect 控件可以将该控件绑定到一个数据源。使用 DataSource 属性指定要绑定到的数据源，还可以通过分别设置 DataTextField 和 DataValueField 属性来指定将数据源中哪个字段绑定到该控件中的项的 ListItem.Text 和 ListItem.Value 属性。如果该数据源包含多个数据的源，可使用 DataMember 属性指定要绑定到该控件的特定的源。以下代码为 HtmlSelect 控件使用示例。

【例 7-5】 HtmlSelect 控件用法。

程序代码如下：

```
<%@Page language="c#"Codebehind="HtmlSelect.aspx.cs"AutoEventWireup="true"%>
  <script language="c#" runat="server">
    void OnSelected(Object sender, EventArgs e)
     {
       string strSelected=select1.Value;
       show.Text=strSelected+"市";
     }
  </script>
<HTML>
<head>
  <title>HtmlSelect 示例</title>
</head>
<body MS POSITIONING="GridLayout">
  <form id="Form1" method="post" runat="server">请选择城市
    <select id="select1" runat=server size=1>
    <option value="nothing">-城市列表-</option>
    <option value="北京">北京</option>
    <option value="上海">上海</option>
    <option value="南京">南京</option>
    <option value="杭州">杭州</option>
    </select>
    <br>
    <input type=submit value="提交"onserverclick="OnSelected"runat=server>
```

```
    <hr>
    您的选择是：<asp:Label ID="show" Text="未选择" Runat= server>
</asp:Label>
</form>
</body>
</HTML>
```

6. HtmlInputText 控件

HtmlInputText 控件创建一个服务器端控件，该控件映射到<input type=text>和<input type=password>HTML 元素，并允许创建单行文本框以接收用户输入，此控件在工具箱中的图标为：▣ Input (Text)。与标准 HTML 一样，这些控件可用于在 HTML 窗体中输入用户名和密码。注意：当 Type 属性的设置为 password 时，文本框中的输入将受到屏蔽。

通过使用 MaxLength、Size 和 Value 属性，可以分别控制可输入的字符数、控件宽度和控件内容。

【例 7-6】 HtmlInputText 控件用法。

利用文本输入框取得使用者的身份验证信息，使用者可以按下 Button 或是 Submit 来确定资料的输入，Reset 则可以重设文本输入框的内容：

```
<%@ Page language="c#" Codebehind="password.aspx.cs" AutoEventWireup="true"
    Inherits="WebApplication1.password" %>
<Html>
<Script Language="c#" Runat="Server">
public void Button1_Click(object sender, EventArgs e)
{
    PWDchk();
}
public void Submit1_Click(object sender, EventArgs e)
{
    PWDchk();
}
public void PWDchk()
{
    if(Text1.Value=="admin"&&Text2.Value=="12345")
        Response.Write("使用者名称及密码正确，您好！");
    else
    {
        Response.Write("使用者名称及密码错误，请重新输入！");
        Text1.Value="";
        Text2.Value="";
    }
}
</Script>
<body>
<Form Runat="Server" ID="Form1">
    姓名：<Input Type="Text" Id="Text1" Runat="Server" NAME="Text1"><br>
    密码：<Input Type="Password" Id="Text2" Runat="Server" NAME="Text2"><br>
    <Input Type="Button" Id="Button1" Runat="Server" OnServerClick
        ="Button1_Click"
Value="执行程序" NAME="Button1">
    <Input Type="Submit" Id="Submit1" Runat="Server" OnServerClick
        ="Submit1_Click"
```

```
            Value="确定" NAME="Submit1">
            <Input Type="Reset" Runat="Server" Value="重置" ID="Reset1" NAME
                ="Reset1">
        </Form>
    </body>
</Html>
```

使用者在文本输入框中所输入的数据会被存在 Value 属性里面，使用者输入完数据后，按下 Button 或是 Submit 则会触发相对应的 OnServerClick 事件程序。我们在事件程序中呼叫了检查使用者名称及密码是否正确的子程序 PWDchk()，如果使用者输入正确的使用者名称及密码，则会出现输入正确的信息，如图 7-8 所示。

倘若输入错误的使用者名称或密码，则会显示输入错误，并将使用者所输入的使用者名称及密码清除。

图 7-8　HtmlInputText 控件运行初始界面

7.1.3　Web 服务器控件

可以使用 ASP.NET 服务器控件来取代使用<% %>代码块编写动态内容，实现 Web 页面编程。在.aspx 文件中使用包含 runat="server"属性值的自定义标记来声明服务器控件。

Web 控件中包括传统的表单控件，如 TextBox 和 Button，以及其他更高抽象级别的控件，如 Calendar 和 DataGrid 控件。它们提供了一些能够简化开发工作的特性，其中包括：

- 丰富而一致的对象模型：WebControl 基类实现了对所有控件通用的大量属性，这些属性包括 ForeColor、BackColor、Font、Enabled 等。属性和方法的名称是经过精心挑选的，以提高在整个框架和该组控件中的一致性。通过这些组件实现的具有明确类型的对象模型将有助于减少编程错误。
- 对浏览器的自动检测：Web 控件能够自动检测客户机浏览器的功能，并相应地调整它们所提交的 HTML，从而充分发挥浏览器的功能。
- 数据绑定：在 Web 窗体页面中，可以对控件的任何属性进行数据绑定。此外，还有几种 Web 控件可以用来提交数据源的内容。

在 HTML 标记中，Web 控件会表示为具有命名空间的标记，即带有前缀的标记。前缀用于将标记映射到运行时组件的命名空间。标记的其余部分是运行时类自身的名称。与 HTML 控件相似，这些标记也必须包含 runat="server"属性。下面是一个声明的示例：

```
            <asp:TextBox id="textBox1" runat="server" Text="ASP.NET 示例">
            </asp:TextBox>
```

在上例中，"asp"是标记前缀，会映射到 System.Web.UI.WebControls 命名空间。

Web 服务器控件在集成开发环境 Visual Studio.NET 的控件工具箱中也有对应图标，如图 7-9 所示；同样，使用时可直接拖放到 Web 页面上。页面中已经拖放几个 Web 控件。下面介绍一些常用的 Web 服务器控件。

1. 文本输入控件

TextBox 服务器控件是让用户输入文本的输入控件，默认情况下，TextMode 属性设置为 SingleLine，它创建只包含一行的文本框。然而，通过将 TextMode 属性值分别改为

TextBoxMode.MultiLine 或 TextBoxMode.Password，TextBox 控件也可以显示多行文本框或显示屏蔽用户输入的文本框。使用 Text 属性，可以指定或确定 TextBox 控件中显示的文本。

TextBox 控件包含多个属性，用于控制该控件的外观。文本框的显示宽度（以字符为单位）由它的 Columns 属性确定。如果 TextBox 控件是多行文本框，则它显示的行数由 Rows 属性确定。要在 TextBox 控件中显示换行文本，可将 Wrap 属性设置为 true。

还可以设置一些属性来指定如何将数据输入到 TextBox 控件中。要防止控件中显示的文本被修改，可将 ReadOnly 属性设置为 true。如果想限定用户只能输入指定数目的字符，可设置 MaxLength 属性。通过设置 MaxLength 属性，可以限制可输入到此控件中的字符数。将 Wrap 属性设置为 true 来指定当到达文本框的结尾时，单元格内容应自动在下一行继续。

【例 7-7】 使用 TextBox 控件来获取用户输入的信息，当用户单击 Add 按钮时，将显示文本框中输入值之和。

程序代码如下：

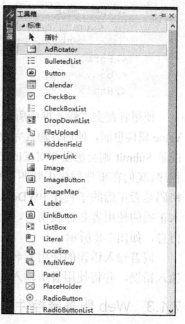

图 7-9 Web 服务器控件箱

```
<%@Page language="c#"Codebehind="WebForm4.aspx.cs"AutoEventWireup=
"True"%>
<HTML>
    <head>
    <script runat="server">
        protected void AddButton_Click(Object sender, EventArgs e)
        {
            int Answer;
            Answer = Convert.ToInt32(Value1.Text) + Convert.ToInt32(Value2.Text);
            AnswerMessage.Text = Answer.ToString();
        }
    </script>
    </head>
    <body>
        <form runat="server" ID="Form1">
            <h3> TextBox 示例</h3>
            <table>
                <tr>
                    <td colspan="5">
                        请在文本输入控件中输入一个整数。
                        <br>
                        单击"加"按钮计算两个值的和。
                    </td>
                </tr>
                <tr>
                    <td colspan="5"> </td>
                </tr>
                <tr align="center">
                    <td>
                    <asp:TextBox ID="Value1" Columns="2" MaxLength="3" Text
                    ="1"
```

```
                    runat="server" />
                </td>
                <td>    +    </td>
                <td>
                    <asp:TextBox ID="Value2" Columns="2" MaxLength="3"
                        Text="1"
                    runat="server" />
                </td>
                <td>    =    </td>
                <td>
                    <asp:Label ID="AnswerMessage" runat="server" />
                </td>
            </tr>
            <tr>
                <td colspan="2">
                <asp:RequiredFieldValidator ID="Value1RequiredValidator"
ControlToValidate="Value1" ErrorMessage="请输入一个值。<br>"
                    Display="Dynamic" runat="server" />
                <asp:RangeValidator ID="Value1RangeValidator"
ControlToValidate="Value1" Type="Integer" MinimumValue="1"
                    MaximumValue="100" ErrorMessage="请输入一个1-100
                        <br>之间的整数。<br>" Display="Dynamic" runat= "server" />
                </td>
                <td colspan="2">
                <asp:RequiredFieldValidator ID="Value2RequiredValidator"
ControlToValidate="Value2" ErrorMessage="请输入一个值。<br>"
                    Display="Dynamic" runat="server" />
                <asp:RangeValidator ID="Value2RangeValidator"
ControlToValidate="Value2" Type="Integer" MinimumValue="1"
                    MaximumValue="100" ErrorMessage="请输入一个1-100
                        <br>之间的整数。<br>" Display="Dynamic" runat= "server" />
                </td>
                <td>  </td>
                <tr align="center">
                    <td colspan="4">
                        <asp:Button ID="AddButton" Text="加"
OnClick="AddButton_Click" runat="server" />
                    </td>
                    <td>     </td>
                </tr>
            </table>
        </form>
    </body>
</HTML>
```

运行结果如图 7-10 所示。

2．复选控件

在日常信息输入中，我们会遇到这样的情况，输入的信息只有两种可能性（例如：性别、婚否之类），如果采用文本输入的话，一是输入繁琐，二是无法对输入信息的有效性进行控制，这时如果采用复选控件

图 7-10　TextBox 控件运行结果

（CheckBox），就会大大减轻数据输入人员的负担，同时输入数据的规范性得到了保证，此控件在控件工具箱中的图标为： ☑ CheckBox 。

CheckBox 的使用比较简单，主要使用 id 属性和 text 属性。id 属性指定对复选控件实例的命名，Text 属性主要用于描述选择的条件。另外当复选控件被选择以后，通常根据其 Checked 属性是否为"真"来判断用户选择与否。

CheckBox 控件在 Web 窗体页上创建复选框，该复选框允许用户在 true 或 false 状态之间切换。通过设置 Text 属性可以指定要在控件中显示的标题。标题可显示在复选框的右侧或左侧。设置 TextAlign 属性以指定标题显示在哪一侧。注意：由于<asp:CheckBox>元素没有内容，因此可用/>结束该标记，而不必使用单独的结束标记。

若要确定是否已选中 CheckBox 控件，请测试 Checked 属性。当 CheckBox 控件的状态在向服务器的各次发送过程间更改时，将引发 CheckedChanged 事件。可以为 CheckedChanged 事件提供事件处理程序，以便当 CheckBox 控件的状态在向服务器的各次发送过程间更改时执行特定的任务。注意：当创建多个 CheckBox 控件时，还可以使用 CheckBoxList 控件。对于使用数据绑定创建一组复选框而言，CheckBoxList 控件更易于使用，而各个 CheckBox 控件则可以更好地控制布局。默认情况下，CheckBox 控件在被单击时不会自动向服务器发送窗体。若要启用自动发送，请将 AutoPostBack 属性设置为 true。

【例 7-8】 复选控件的用法。

程序代码如下：

```
<%@ Page Language="C#" AutoEventWireup="True" %>
<html>
<head>
    <script runat="server">
        void Check_Clicked(Object sender, EventArgs e)
        {
            if(SameCheckBox.Checked)  ShipTextBox.Text = BillTextBox.Text;
            else  ShipTextBox.Text = "";
        }
    </script>
</head>
<body>
    <form runat="server">
        <h3>CheckBox 示例</h3>
        <table>
            <tr>
                <td> 账单地址： <br>
                    <asp:TextBox id="BillTextBox" TextMode="MultiLine" Rows="5"
                        runat="server"/>
                </td>
                <td> 送达地址： <br>
                    <asp:TextBox id="ShipTextBox" TextMode="MultiLine" Rows="5"
                        runat="server"/>
                </td>
            </tr>
            <tr>
                <td>
```

```
            <asp:CheckBox id="SameCheckBox" AutoPostBack="True" Text=
            "和账单地址一样。"
        TextAlign="Right" OnCheckedChanged="Check_Clicked" runat="server"/>
            </td>
        </tr>
    </table>
  </form>
 </body>
</html>
```

初始界面如图 7-11 所示。

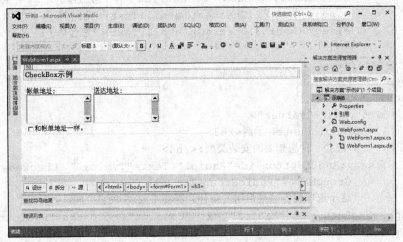

图 7-11　CheckBox 控件运行初始界面

当选择"与账单地址一样后",运行结果如图 7-12 所示。

3. 单选按钮控件

使用单选控件的情况跟使用复选控件的条件差不多,区别在于:单选控件的选择可能性不一定是两种,只要是有限种可能性,并且只能从中选择一种结果,原则上都可以用单选控件(RadioButton)来实现。

图 7-12　CheckBox 控件运行结果界面

单选控件主要的属性跟复选控件也很类似,也有 id 属性、text 属性,同样也依靠 Checked 属性来判断是否选中,但是与多个复选控件之间互不相关的情况不同,多个单选控件之间存在着联系,要么是同一选择中的条件,要么不是。所以单选控件多了一个 GroupName 属性,它用来指明多个单选控件是否为同一条件下的选择项,GroupName 相同的多个单选控件之间只能有一个被选中。

通过设置 Text 属性指定要在控件中显示的文本。该文本可显示在单选按钮的左侧或右侧。设置 TextAlign 属性来控制该文本显示在哪一侧。如果为每一个 RadioButton 控件指定了相同的 GroupName,则可以将多个单选按钮分为一组。将单选按钮分为一组将只允许从该组中进行互相排斥的选择。

注意:还可以使用 RadioButtonList 控件。对于使用数据绑定创建一组单选按钮而言,RadioButtonList 控件更易于使用,而单个 RadioButton 控件则能够更好地控制布局。

【例 7-9】 单选按钮控件的用法，示例说明如何使用 RadioButton 控件为用户提供一组互相排斥的选项。

程序代码如下：

```
<%@ Page Language="C#" AutoEventWireup="True" %>
<html>
<head>
    <script runat="server">
        void SubmitBtn_Click(Object Sender, EventArgs e)
        {
            if (Radio1.Checked) Label1.Text = "您选择了： " + Radio1.Text;
            else if (Radio2.Checked) Label1.Text ="您选择了： "+Radio2.Text;
            else if (Radio3.Checked) Label1.Text ="您选择了： "+Radio3.Text;
        }
    </script>
</head>
<body>
    <form runat="server">
        <h3>RadioButton 示例</h3>
        <h4>选择一种您想要的安装类型:</h4>
        <asp:RadioButton id="Radio1" Text="Typical" Checked="True"
            GroupName="RadioGroup1" runat="server" /><br>
            这个选项将安装最常用的组件。需要 1.2MB 硬盘空间。<p>
<asp:RadioButton id="Radio2" Text="Compact" GroupName="RadioGroup1" runat
="server"/><br>
            这个选项将安装运行该产品所需要的最小文件。需要 350KB 的硬盘空间。<p>
        <asp:RadioButton id="Radio3" Text="Full" GroupName="RadioGroup1"
            runat="server"/><br>这个选项将安装所有的组件。需要 4.3MB 硬盘空间。<p>
        <asp:Button id="Button1" Text="Submit" OnClick="SubmitBtn_Click" runat
            =server/>
        <asp:Label id="Label1" Font-Bold="true" runat="server" />
    </form>
</body>
</html>
```

运行结果如图 7-13 所示。

4．列表控件

列表框（ListBox）是在一个文本框内提供多个选项供用户选择的控件，它比较类似于下拉列表，但是没有显示结果的文本框。实际中列表框很少使用，大多数情况下都使用列表控件 DropDownList 来代替 ListBox 加文本框的情况。

列表框的属性 SelectionMode，选择方式主要是决定控件是否允许多项选择。当其值为 ListSelectionMode.Single 时，表明只允许用户从列表框中选择一个选项；当值为 List.SelectionMode.Multi 时，用户可以用"Ctrl"键或者是"Shift"键结合鼠标，从列表框中选择多个选项。

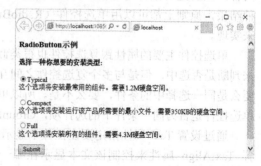

图 7-13 RadioButton 控件运行界面

- DataSource：说明数据的来源可以为数组、列表、数据表。
- AutoPostBack：获取或设置一个值，该值指示当用户更改列表中的选定内容时是否自动产生向服务器的回发。
- Items：传回 ListBox Web 控件中 ListItem 的参考。
- Rows：设定 ListBox Web 控件一次要显示的列数。
- SelectedIndex：传回被选取到 ListItem 的 Index 值。
- SelectedItem：传回被选取到 ListItem 参考，也就是 ListItem 本身。
- SelectedItems：由于 ListBox Web 控件可以复选，被选取的项目会被加入 ListItems 集合中；本属性可以传回 ListItems 集合，只读。
- SelectionMode：设定 ListBox Web 控件是否可以按住"Shift"或"Ctrl"键进行复选，默认值为"Single"。
- 方法 DataBind：把来自数据源的数据载入列表框的 items 集合。

【例 7-10】 基本的 ListBox 控件用法。

程序代码如下：

```
<%@ Page language="c#" Codebehind="ListBox.aspx.cs" AutoEventWireup="true"
    Inherits="WebApplication1.ListBox" %>
<HTML>
    <HEAD>
        <title>ListBox控件示例</title>
        <script language="C#" runat="server">
        public void Page_Load(object sender, System.EventArgs e)
        {
            if(!this.IsPostBack) Label1.Text="未选择";
        }
        public void Button1_Click(object sender, System.EventArgs e)
        {
            string tmpstr="";
            for(int i=0;i<this.ListBox1.Items.Count;i++)
            {
            if(ListBox1.Items[i].Selected) tmpstr=tmpstr+" "+ListBox1.Items[i].Text;
            }
            if(tmpstr=="") Label1.Text="未选择";
            else  Label1.Text=tmpstr;
        }
        </script>
    </HEAD>
    <body>
        ListBox控件示例
        <p>请选择城市
            <form id="form1" runat="server">
                <asp:listbox id="ListBox1" runat="server" SelectionMode
                    ="Multiple" Height="104px" Width="96px">
                    <asp:ListItem Value="北京">北京</asp:ListItem>
                    <asp:ListItem Value="上海">上海</asp:ListItem>
                    <asp:ListItem Value="天津">天津</asp:ListItem>
                    <asp:ListItem Value="南京">南京</asp:ListItem>
                    <asp:ListItem Value="杭州">杭州</asp:ListItem>
                </asp:listbox>
```

```
        <input id="Button1" type="button" value="提交" name="Button1"
           runat="server" onserverclick="Button1_Click">
        <p>您的选择结果是:
        <asp:label id="Label1" runat="server"Width="160px"></asp:label>
    </form>
  </p>
  </body>
</HTML>
```

运行结果如图 7-14 所示。

这里将 ListBox 的 SelectionMode 属性设为"Multiple",是为了可以进行多项选择。

图 7-14 ListBox 控件运行界面

7.2 服务器控件类

7.2.1 服务器控件基本属性

表 7-1 描述了继承自 Control 类的属性。

表 7-1 继承自 Control 类的属性

属　性	说　明
AppRelativeTemplateSourceDirectory	获取或设置包含该控件的 Page 或 UserControl 对象的应用程序相对虚拟目录
BindingContainer	获取包含该控件的数据绑定的控件
ClientID	获取由 ASP.NET 生成的服务器控件标识符
Controls	获取 ControlCollection 对象,该对象表示 UI 层次结构中指定服务器控件的子控件
EnableTheming	获取或设置一个值,该值指示主题是否应用于该控件
EnableViewState	获取或设置一个值,该值指示服务器控件是否向发出请求的客户端保持自己的视图状态以及它所包含的任何子控件的视图状态
ID	分配给该控件的 id
NamingContainer	获取对服务器控件的命名容器的引用,此引用创建唯一的命名空间,以区分具有相同 id 属性值的服务器控件
Page	对包含该控件的页面的引用
Parent	对该控件的父控件的引用
Site	有关当前控件的容器的信息 (Get value only)
TemplateControl	获取或设置对包含该控件的模板的引用
TemplateSourceDirectory	获取包含当前服务器控件的 Page 或 UserControl 的虚拟目录
UniqueID	获取服务器控件的唯一的、以分层形式限定的标识符
Visible	获取或设置一个值,该值指示服务器控件是否作为 UI 呈现在页上

7.2.2 服务器控件的事件

与传统的客户端窗体中的事件或基于客户端的 Web 应用程序中的事件相比，由 ASP.NET 服务器控件引发的事件的工作方式稍有不同。导致差异的主要原因在于事件本身与处理该事件的位置的分离。

在基于客户端的应用程序中，在客户端引发和处理事件。另一方面，在 Web 窗体页中，与服务器控件关联的事件在客户端引发，但由 ASP.NET 页框架在 Web 服务器上处理。

对于在客户端引发的事件，Web 窗体控件事件模型要求在客户端捕获事件信息，并且通过 HTTP 发送将事件消息传输到服务器。此页框架必须解释该发送以确定所发生的事件，然后在要处理该事件的服务器上调用代码中的适当方法。

ASP.NET 实际上处理所有捕获、传输和解释事件的机制。当用户在 Web 窗体页中创建事件处理程序时，无需考虑如何捕获事件信息并使其可用于您的代码的机制，即可执行事件处理程序的创建。而且用户创建事件处理程序的方式与用户在传统的客户端窗体上的创建方式大体相同。虽然如此，Web 窗体页中的事件处理仍有一些您应该注意的方面。下面介绍一些控件的事件。

1．TextBox 控件常用事件

TextBox 控件常用事件及描述如表 7-2 所示。

表 7-2　TextBox 控件常用事件及描述

事件	描述
DataBinding	当服务器控件绑定到数据源时引发的事件
Disposed	当从内存释放服务器控件时发生，这是请求 ASP.NET 页时服务器控件生存期的最后阶段
Init	当服务器控件初始化时发生，初始化是控件生存期的第一步
Load	当服务器控件加载到 Page 对象时引发的事件
PreRender	在加载 Control 对象之后、呈现之前发生
Unload	当服务器控件从内存中卸载时发生
TextChanged	当用户更改 TextBox 的文本内容时发生

TextBox 控件用于获取用户输入的数据或显示文本，它通常用于可编辑文本，有时也可使其成为只读控件。另外，TextBox 控件还可以显示密码或多行。

2．Button 控件常用事件

Button 控件常用事件及描述如表 7-3 所示。

表 7-3　Button 控件常用事件及描述

事件	描述
Command	单击 Button 控件时引发的事件（当命令名与控件相关联时，通常使用该事件）
Click	在单击 Button 控件时引发的事件（当没有与控件关联的命令名时，通常使用该事件）
DataBinding	当服务器控件绑定到数据源时引发的事件
Disposed	当从内存释放服务器控件时发生，这是请求 ASP.NET2.0 页时服务器控件生存期的最后阶段
Init	当服务器控件初始化时发生，初始化是控件生存期的第一步
Load	当服务器控件加载到 Page 对象时引发的事件
PreRender	在加载 Control 对象之后、呈现之前发生
Unload	当服务器控件从内存中卸载时发生

Button 控件可使用户将页面数据发送到服务器，并触发页面上的事件，开发人员可以在事件中加入自定义代码。

3. ImageButton 控件常用事件

ImageButton 控件常用属性及描述如表 7-4 所示。

表 7-4　ImageButton 控件常用事件及描述

事件	描述
Command	在单击 Button 控件时引发的事件（当命令名与控件关联时，通常使用该事件）
Click	在单击 Button 控件时引发的事件（当没有与控件关联的命令名时，通常使用该事件）
DataBinding	当服务器控件绑定到数据源时引发的事件
Disposed	当从内存释放服务器控件时发生，这是请求 ASP.NET 页时服务器控件生存期的最后阶段
Init	当服务器控件初始化时发生，初始化是控件生存期的第一步
Load	当服务器控件加载到 Page 对象时引发的事件
PreRender	在加载 Control 对象之后，呈现之前发生
Unload	当服务器控件从内存中卸载时发生

使用 ImageButton 控件显示对单击鼠标做出响应的图像，它是与按钮功能相同的图像控件。

4. ListBox 控件常用事件

ListBox 控件常用属性及描述如表 7-5 所示。

表 7-5　ListBox 控件常用事件及描述

事件	描述
DataBinding	当服务器控件绑定到数据源时引发的事件
DataBound	在服务器控件绑定到数据源后发生
Disposed	当从内存释放服务器控件时发生
Init	当服务器控件初始化时发生，初始化是控件生存期的第一步
Load	当服务器控件加载到 Page 对象时引发的事件
PreRender	在加载 Control 对象之后，呈现之前发生
SelectedIndexChanged	在列表框中改变选中项时引发事件
TextChanged	在列表框中改变文本属性后引发事件
Unload	当服务器控件从内存中卸载时发生

ListBox 控件允许用户从列表中选择单项或多项。

5. DropDownList 控件常用事件

DropDownList 控件常用事件及描述如表 7-6 所示。

表 7-6　DropDownList 控件常用事件及描述

事件	描述
DataBinding	当服务器控件绑定到数据源时发生
DataBound	在服务器控件绑定到数据源后发生
SelectedIndexChanged	在更改选定索引后引发事件
Init	当服务器控件初始化时发生，初始化是控件生存期的第一步
Load	当服务器控件加载到 Page 对象时引发的事件
PreRender	在加载 Control 对象之后、呈现之前发生
TextChanged	在更改文本属性后引发事件
Unload	当服务器控件从内存中卸载时发生

DropDownList 控件与 ListBox 控件的使用方法类似，单 DropDownList 控件只允许用户每次从列表中选择一项。DropDownList 控件只在框中显示选定项，同时还显示下拉按钮。

6. CheckBox 控件常用事件

CheckBox 控件常用事件及描述如表 7-7 所示。

表 7-7 CheckBox 控件常用事件及描述

事 件	描 述
CheckedChanged	在更改控件的选中状态时引发事件
DataBinding	当服务器控件绑定到数据源时发生
Disposed	当从内存释放服务器控件时发生
Init	当服务器控件初始化时发生，初始化是控件生存期的第一步
Load	当服务器控件加载到 Page 对象时发生
PreRender	在加载 Control 对象之后，呈现之前发生
Unload	当服务器控件从内存中卸载时发生

ChenkBox 控件为用户提供了一种指定是/否（真/假）选择的方法。

7. Calendar 控件常用事件

Calendar 控件常用事件及描述如表 7-8 所示。

表 7-8 Calendar 控件常用事件及描述

事 件	描 述
DataBinding	当服务器控件绑定到数据源时发生
Disposed	当从内存释放服务器控件时发生，这是请求 ASP.NET 页时服务器控件生存期的最后阶段
Init	当服务器控件初始化时发生，初始化是控件生存期的第一步
Load	当服务器控件加载到 Page 对象时发生
PreRender	在加载 Control 对象之后，呈现之前发生
SelectionChanged	当使用者选择日历控件上的不同日期，或选择了整月或整周时引发事件
Unload	当服务器控件从内存中卸载时发生
DayRender	当创建 Calendar 控件中的每个日期单元格时，均会引发 DayRender 事件
VisibleMonthChanged	当用户转到另一个月份时引发事件

Calendar 控件在 Web 页面显示一个单月份日历。用户可使用该日历查看和选择日期。

7.3 文本服务器控件

7.3.1 标签（Label）控件

1. 功能

Label 控件即标签控件，是 Visual C#控件中最基本的控件。Label 控件可以用来显示用户不能直接改变的文本信息。可以在属性窗口中设置控件的显示文本信息，也可以通过编写程序代码来改变控件的显示文本信息。Label 控件最常用的功能是用来标识控件，例如 TextBox 控件没有自己的 Caption 属性，这时就可以使用 Label 来标识 TextBox 控件。

2. 属性

Label 控件的部分常用属性如表 7-9 所示。

表 7-9 Label 控件的常用属性

编号	属性	说明
1	AutoSize	决定控件是否自动改变大小以显示其全部内容
2	BackStyle	用来指定 Label 控件的背景是否为透明
3	BorderStyle	返回或设置控件边框的样式
4	Caption	确定标签控件中显示的文本内容
5	WordWrap	返回或设置一个值，该值用来指示一个 AutoSize 属性设置为 True 的 Label 控件，是否要进行水平或垂直展开以适合其 Caption 属性中指定文本的要求

3．方法

Label 控件常用方法介绍如表 7-10 所示。

表 7-10 Label 控件的常用方法

编号	方法	说明
1	LinkExecute	在一次 DDE 对话过程中将命令字符串发送给发送端应用程序
2	LinkPoke	在 DDE 对话过程中将 Label 控件的内容传送给发送端应用程序
3	LinkSend	在一次 DDE 对话中将 Label 控件的内容传输到接收端应用程序
4	LinkRequest	在一次 DDE 对话中请求发送端应用程序更新 Label 控件中的内容
5	Move	用以移动 MDIForm、Form 或控件

4．事件

Label 控件的常用事件如表 7-11 所示。

表 7-11 Label 控件的常用事件

编号	事件	说明
1	Change	指示一个控件的内容已经改变。该事件在一个 DDE 链接更新数据或通过代码改变 Caption 属性的设置时发生
2	Click	此事件在标签控件上按下然后释放一个鼠标按键时发生。它也会在一个控件的值改变时发生
3	DblClick	当在标签控件上按下和释放鼠标按键并再次按下和释放鼠标按键时，该事件发生
4	LinkClose	此事件在一个 DDE 对话结束时发生。DDE 对话的两个应用程序任何时候都可以终止对话
5	LinkError	当一个 DDE 对话过程出现错误时，该事件发生。仅在发生了一个 DDE 有关的错误并且没有 Visual Basic 代码被执行来处理这些错误时，才会将其错误号作为参数传递
6	LinkOpen	此事件在一个 DDE 对话正在启动时发生

【例 7-11】 Label 控件用法。

程序代码如下：

```
<%@ Page Language="C#" AutoEventWireup="true" CodeBehind="lable.aspx.cs"
    Inherits="test.lable" %>
<!DOCTYPE html>
<html xmlns="http://www.w3.org/1999/xhtml">
<head runat="server">
<meta http-equiv="Content-Type" content="text/html; charset=utf-8"/>
    <title></title>
</head>
<body>
    <form id="form1" runat="server">
    <div>
    请输入文本：
<asp:TextBox id="txt1" Width="200" runat="server" />
<asp:Button id="b1" Text="复制到 Label" OnClick="submit" runat="server" />
```

```
      <p><asp:Label id="label1" runat="server" /></p>
    </div>
    </form>
</body>
</html>
```

隐藏代码：

```
    protected void submit(object sender, EventArgs e)
    {
        label1.Text = txt1.Text;
    }
```

程序运行结果如图 7-15 所示。

图 7-15　Label 控件运行界面

7.3.2　静态文本（Literal）控件

Literal 用于在网页上呈现可能出现语言标记的文本的解决方案。此控件有一个叫 LiteralMode 的枚举属性：Encode，Passthrough，Transform。Encode 属性用于将文本进行 HTML 编码后原样显示到浏览器上。Passthrough 属性用于将 Text 属性直接传送给浏览器，不经过任何编码或修改。Transform 属性用于移除不受支持的标记元素，在这种情况下，目标标记语言不支持的所有元素都不会呈现（移除标记，保留内容）。

【例 7-12】 静态文本控件用法 1。

程序代码如下：

```
<%@ Page Language="C#" AutoEventWireup="true" CodeBehind="literal_1.aspx.cs" Inherits="test.literal_1" %>
<!DOCTYPE html>
<html>
<body>
<form id="Form1" runat="server">
<asp:Literal id="Literal1" Text="I love ASP!" runat="server" />
<br /><br />
<asp:Button ID="Button1" Text="改变文本" OnClick="submit" runat="server" />
</form>
</body>
</html>
```

隐藏代码：

```
    protected void submit(object sender, EventArgs e)
    {
```

```
            Literal1.Text = "I love ASP.NET!";
        }
```

程序运行结果如图 7-16 所示。

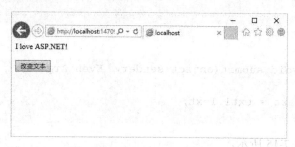

图 7-16　Literal 控件运行结果

【例 7-13】　静态文本控件用法 2。指定 passthrough 或 Transform 值会显示相同的结果。
程序代码如下：

```
<%@ Page Language="C#" AutoEventWireup="true" CodeBehind="literal_1.aspx.
            cs" Inherits="test.literal_1" %>
<!DOCTYPE html>
<html xmlns="http://www.w3.org/1999/xhtml" >
<head id="Head1" runat="server">
    <title>无标题页</title>
</head>
<body>
    <form id="form1" runat="server">
    <div>
        <asp:RadioButton ID="radioEncode" runat="server" GroupName=
        "LiteralMode" Checked="true" Text=Encode AutoPostBack=true />
        <asp:RadioButton ID="radioPassthrough" runat="server" GroupName=
        "LiteralMode" Text="Passthrough" AutoPostBack="true" />
        <asp:RadioButton ID="radioTransform" runat="server" Text=
        "Transform" AutoPostBack="true" GroupName="LiteralMode" /><br /><hr/><br />
        <asp:Literal ID="Literal1" runat="server"></asp:Literal>
    </div>
    </form>
</body>
</html>
```

隐藏代码：

```
using System;
using System.Data;
using System.Configuration;
using System.Collections;
using System.Web;
using System.Web.Security;
using System.Web.UI;
using System.Web.UI.WebControls;
using System.Web.UI.WebControls.WebParts;
using System.Web.UI.HtmlControls;
```

```csharp
public partial class T_Literal : System.Web.UI.Page
{
    protected void Page_Load(object sender, EventArgs e)
    {
        Literal1.Text = "this <hr><b>text</b><a>aaa</a><ccc> is inserted
                        dynamically";
        if (radioEncode.Checked)
        {
            Literal1.Mode = LiteralMode.Encode;
        }
        if (radioPassthrough.Checked)
        {
            Literal1.Mode = LiteralMode.PassThrough;
        }
        if (radioTransform.Checked)
        {
            Literal1.Mode = LiteralMode.Transform;
        }
    }
}
```

程序运行结果如图 7-17 所示。

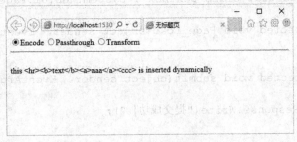

图 7-17 静态文本控件运行结果图

7.3.3 文本框（TextBox）控件

TextBox 控件通常用于可编辑文本，不过也可使其成为只读控件。文本框可以显示多个行，对文本换行使其符合控件的大小以及添加基本的格式设置。TextBox 控件仅允许在其中显示或输入的文本采用一种格式。

【例 7-14】 文本框控件用法。在本例中，我们在.aspx 文件中声明了一个 TextBox 控件，一个 Button 控件，以及一个 Label 控件。当"提交"按钮被触发时，会执行 submit 子例程。这个 submit 子例程会向 Label 控件输出文本。

程序代码如下：

```
<%@ Page Language="C#" AutoEventWireup="true" CodeBehind="textbox.aspx.
                cs" Inherits="test.textbox" %>
<!DOCTYPE html>
<html xmlns="http://www.w3.org/1999/xhtml">
<head runat="server">
<meta http-equiv="Content-Type" content="text/html; charset=utf-8"/>
```

```
        <title></title>
    </head>
<body>
    <form id="form1" runat="server">
<div>
        Enter your name:
<asp:TextBox id="txt1" runat="server" />
<asp:Button ID="Button1" OnClick="submit" Text="Submit" runat="server" />
</div>
    </form>
</body>
</html>
```

隐藏代码:

```
using System;
using System.Collections.Generic;
using System.Linq;
using System.Web;
using System.Web.UI;
using System.Web.UI.WebControls;
namespace test
{
    public partial class textbox : System.Web.UI.Page
    {
        protected void Page_Load(object sender, EventArgs e)
        {
        }
        protected void submit(object sender, EventArgs e)
        {
            Response.Write("提交成功！");
        }
    }
}
```

程序运行结果如图7-18所示。

图7-18 文本框控件运行结果

7.3.4 超链接文本（HyperLink）控件

HyperLink控件在网页上创建链接，使用户可以在不同页之间转换，该控件在功能上和HTML的"<a href=" ">"相似，它显示模式为超级链接的形式。例如通过将Target属性设为"_blank"，实现当单击HyperLink控件后，在新窗口中打开链接窗口。

第7章 ASP.NET 服务器控件

【例 7-15】 HyperLink 控件用法。

程序代码如下：

```
using System;
using System.Collections.Generic;
using System.Linq;
using System.Web;
using System.Web.UI;
using System.Web.UI.WebControls;
namespace test
{
    public partial class hyperLink : System.Web.UI.Page
    {
        protected void Page_Load(object sender, EventArgs e)
        {
            HyperLink1.Text = "超链接";           //设置控件显示的文本
            HyperLink1.Target = "_blank";         //将 Target 属性设为"_blank"
            HyperLink1.NavigateUrl = "http://www.baidu.com";//设置连接网页地址
        }
    }
}
```

程序运行结果如图 7-19 所示。

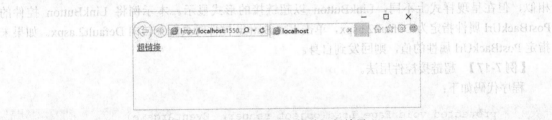

图 7-19 超链接文本控件运行结果

7.4 按钮服务器控件

7.4.1 普通按钮（Button）控件

Button 控件可使用户将页面数据发送到服务器，并触发页面上的事件，开发人员可以在事件中加入自定义代码。

【例 7-16】 普通按钮控件用法。

程序代码如下：

```
protected void buttonregister_Click(object sender, EventArgs e)
                                                //Button 控件 Click 事件
{
    int flag;
    string Connectstr = "Data Source=PC-20140918WTPH;Initial Catalog=Deli;
                         Integrated Security=True";
    SqlConnection myConnection = new SqlConnection(Connectstr);
                                                //创建 SqlConnection 对象
```

```
        myConnection.Open();                          //打开数据库链接
        string b = "select count(*) from Users where Name='" + tb_name.Text.ToString().
        Trim() + "' and Password='" + tb_password.Text.ToString().Trim()+"'";
        SqlCommand myCommand = new SqlCommand(b, myConnection);
                                                      //创建 SqlCommand 对象
//执行 Sql 语句
        flag = Convert.ToInt32(myCommand.ExecuteScalar());
        myConnection.Close();                         //关闭数据库链接
        if (flag > 0)                                 //返回值大于 0 操作成功
        {
            js.AjaxAlertAndRedirect("登录成功", "Index.aspx", this);
                                                      //弹出提示信息
            Session["Name"] = "kkk";
        }
        if (flag < 0)
        {
            js.AjaxAlert("登录失败！", this);          //否则添加失败
        }
    }
```

7.4.2 超链接按钮（LinkButton）控件

LinkButton 控件是一种在网页上显示超链接样式的按钮控件。该控件在功能上与 Button 控件相似，但在呈现样式上不同，LinkButton 以超链接的形式显示。本示例将 LinkButton 控件的 PostBackUrl 属性指定为 Default2.aspx，单击 LinkButton 控件时页面会转向 Default2.aspx。如果未指定 PostBackUrl 属性的值，则回发到自身。

【例 7-17】 超链接控件用法。

程序代码如下：

```
    protected void Page_Load(object sender, EventArgs e)
    {
        //设置 LinkButton 控件显示的文本
        LinkButton1.Text = "学习资源中心";
        LinkButton2.Text = "建议与问题";
        LinkButton3.Text = "图书介绍";
        LinkButton1.PostBackUrl = @"~/Default2.aspx";
    }
```

程序运行结果如图 7-20 所示。

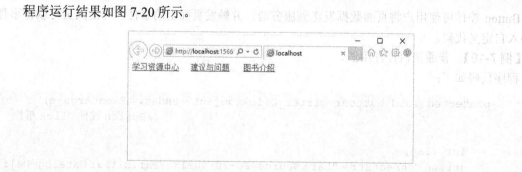

图 7-20 LinkButton 控件运行结果

7.4.3 图像按钮（ImageButton）控件

使用 ImageButton 控件显示对单击鼠标做出响应的图像，它是与按钮功能相同的图像控件。本示例首先设置 ImageButton 控件显示的图像，然后在其 Click 事件中编写代码，用于获取当前鼠标的位置。

【例 7-18】 图像按钮控件用法。

程序代码如下：

```
protected void ImageButton1_Click(object sender, ImageClickEventArgs e)
{
    //显示鼠标当前位置
    Response.Write("X 坐标:"+e.X.ToString()+"<br/>"+"Y 坐标:"+e.Y.ToString());
}
```

运行结果如图 7-21 所示。

图 7-21 ImageButton 控件运行结果

7.5 图像服务器控件

7.5.1 图像（Image）控件

Image 控件与 PictureBox 控件相似，但它只用于显示图片。它不能作为其他控件的容器，也不支持 PictureBox 的高级方法。

图片加载于 Image 控件的方法和它们加载于 PictureBox 中的方法一样。设计时，将 Picture 属性设置为文件名和路径，运行时，利用 Loadpicture 函数。Image 控件调整大小的行为与 PictureBox 不同。它具有 Stretch 属性，而 PictureBox 具有 AutoSize 属性。将 AutoSize 属性设为 True 可使 PictureBox 根据图片调整大小，设为 False 则图片将被剪切（只有一部分图片可见）。Stretch 属性设为 False（缺省值）时，Image 控件可根据图片调整大小。将 Stretch 属性设为 True，将根据 Image 控件的大小来调整图片的大小，这可能使图片变形。

【例 7-19】 Image 图像按钮控件用法。

程序代码如下：

```
<%@ Page Language="C#" AutoEventWireup="true" CodeBehind="image.aspx.cs"
    Inherits="test.image" %>
<!DOCTYPE html>
<html xmlns="http://www.w3.org/1999/xhtml">
<head runat="server">
<meta http-equiv="Content-Type" content="text/html; charset=utf-8"/>
```

```html
        <title>ImageButton</title>
    </head>
    <body>
        <form id="form1" runat="server">
        <div>
          <fieldset>
            <legend>ImageButton 示例</legend>单击图片的任何地方：<br />
            <asp:ImageButton ID="ImageButton1" runat="server" Height="123px"
              Width="147px" OnClick="ImageButton1_Click" OnCommand="
              ImageButton1_Command" />
            <br /><asp:Label ID="Label1" runat="server" Width="470px">
            </asp:Label><br /><asp:Label ID="Label2" runat="server"
            Width="470px"></asp:Label></fieldset>
        </div>
        </form>
    </body>
</html>
```

隐藏代码：

```csharp
protected void Page_Load(object sender, EventArgs e)
{
    if (!IsPostBack)
    {
        ImageButton1.ImageUrl = "./20130714_215126.jpg";
    }
}
protected void ImageButton1_Click(object sender, ImageClickEventArgs e)
{
    Label1.Text = "您单击了ImageButton控件,坐标为：(" + e.X.ToString()
                + ", " + e.Y.ToString() + ")";
    Label2.Text = "图片的宽度为：" + ImageButton1.Width.ToString() + ", 图片的
                高度为：" + ImageButton1.Height.ToString() + " 左半边被单击";
}
protected void ImageButton1_Command(object sender, CommandEventArgs e)
{
    Label1.Text += "<br>Command 事件被执行！";
}
```

运行结果如图 7-22 所示。

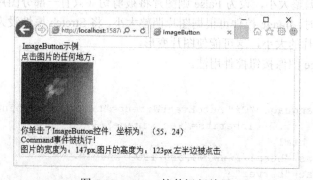

图 7-22　Image 控件运行结果

7.5.2 图像地图(ImageMap)控件

ImageMap 控件可以在 Web 页面上创建一个图像,该图像可以包含许多可由用户单击的区域,这些区域称为"热点(HotSpot)"。每一个热点都可以是一个单独的超链接或者回发(PostBack)事件。用户可以通过单击这些热点区域进行回发操作或者定向(Navigate)到某个 URL 地址。可以根据需要为图像定义任意数量的热点,但不需要定义足以覆盖整个图形的热点。因此,该控件一般用在需要对某张图片的局部范围进行互动操作时。

在日常编程中,主要使用它的 HotSpotMode、HotSpots 属性和 Onclick 事件。

1. HotSpotMode 属性

顾名思义,HotSpotMode 为热点模式,它对应枚举类型 System.Web.UI.WebControls.HotSpotMode。其选项及说明如表 7-12 所示。

表 7-12 HotSpotMode 属性的选项说明

选项	描述
NotSet	未设置项。虽名为未设置,但其实默认情况下会执行定向操作,定向到您指定的 URL 地址去。如果未指定 URL 地址,那默认将定向到自己的 Web 应用程序根目录
Navigate	定向操作项。定向到指定的 URL 地址去。如果未指定 URL 地址,那默认将定向到自己的 Web 应用程序根目录
PostBack	回发操作项。单击热点区域后,将执行后面的 Onclick 事件
Inactive	无任何操作,即此时形同一张没有热点区域的普通图片

2. HotSpots 属性

该属性对应着 System.Web.UI.WebControls.HotSpot 对象集合。HotSpot 类是一个抽象类,它有 CircleHotSpot(圆形热区)、RectangleHotSpot(矩形热区)和 PolygonHotSpot(多边形热区)这三个子类。实际应用中,都可以使用上面三种类型来定制图片的热点区域。如果需要使用到自定义的热点区域类型,该类型必须继承 HotSpot 抽象类。

3. Onclick 事件

对热点区域的单击事件经常在 HotSpotMode 为 PostBack 时用到。下述代码通过获取 ImageMap 中的 CricleHotSpot 控件中的 PostBackValue 值来获取传递的参数,当获取到传递的参数时,可以通过参数做相应的操作。

【例 7-20】 图像地图控件用法。

程序代码如下:

```
<asp:ImageMap ID="ImageMap1" runat="server" HotSpotMode="PostBack"
    ImageUrl="~/images/mobile.jpg" onclick="ImageMap1_Click">
    <asp:CircleHotSpot Radius="15" X="15" Y="15" HotSpotMode=
    "PostBack" PostBackValue="0" />
    <asp:CircleHotSpot Radius="100" X="15" Y="15" HotSpotMode=
    "PostBack" PostBackValue="1" />
    <asp:CircleHotSpot Radius="300" X="15" Y="15" HotSpotMode=
    "PostBack" PostBackValue="2" />
</asp:ImageMap>
```

上述代码还添加了一个 Click 事件,事件处理的核心代码如下所示:

```
protected void ImageMap1_Click(object sender, ImageMapEventArgs e)
```

```
        {
            string str="";
            switch(e.PostBackValue)                          //获取传递过来的参数
            {
                case "0": str = "您单击了1号位置,图片大小将变为1号"; break;
                case "1": str = "您单击了2号位置,图片大小将变为2号"; break;
                case "2": str = "您单击了3号位置,图片大小将变为3号"; break;
            }
            Label1.Text = str;
            ImageMap1.Height=120*(Convert.ToInt32(e.PostBackValue)+1);//更改图片的大小
        }
```

程序运行结果如图 7-23 所示。

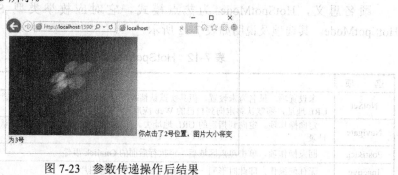

图 7-23 参数传递操作后结果

7.6 选择服务器控件

7.6.1 复选框（CheckBox）控件

CheckBox 控件为用户提供了一种指定是/否（真/假）选择的方法。

【例 7-21】 复选框控件用法。在 CheckBox 控件 CheckedChanged 事件中编写代码，实现当选择 CheckBox 控件后，获取选项的文本。

程序代码如下：

```
<form id="form1" runat="server">
    <div>
    选择爱好 <br />
        <asp:CheckBox ID="CheckBox1" runat="server" OnCheckedChanged=
        "CheckBox1_CheckedChanged" />上网
        <asp:CheckBox ID="CheckBox2" runat="server" OnCheckedChanged=
        "CheckBox2_CheckedChanged" />看书
        <asp:CheckBox ID="CheckBox3" runat="server" OnCheckedChanged=
        "CheckBox3_CheckedChanged" />旅游
            <asp:CheckBox ID="CheckBox4" runat="server" OnCheckedChanged=
            "CheckBox4_CheckedChanged" />交友<br />
      <asp:Button ID="Button1" runat="server" Text="确定" OnClick=
    "Button1_Click" />
        </div>
    </form>
```

隐藏代码：

```csharp
    static System.Collections.ArrayList al=new System.Collections.ArrayList();
                                        //创建一个动态数组
String str="";                          //声明字符串
int i;
protected void CheckBox1_CheckedChanged(object sender, EventArgs e)
  {
    if (CheckBox1.Checked)              //当第一个控件被选择时
      al.Add("上网");                   //向动态数组中添加"上网"
    else                                //如果取消选择
      al.Remove("上网");                //移除"上网"
  }
 protected void CheckBox2_CheckedChanged(object sender, EventArgs e)
   {
     if (CheckBox2.Checked)             //当第二个控件被选择时
       al.Add("看书");                  //向动态数组中添加"看书"
     else                               //如果取消选择
       al.Remove("看书");               //移除"看书"
   }
  protected void CheckBox3_CheckedChanged(object sender, EventArgs e)
   {
     if (CheckBox2.Checked)             //当第三个控件被选择时
        al.Add("旅游");                 //向动态数组中添加"旅游"
     else                               //如果取消选择
        al.Remove("旅游");              //移除"旅游"
   }
  protected void CheckBox4_CheckedChanged(object sender, EventArgs e)
   {
     if (CheckBox2.Checked)             //当第三个控件被选择时
        al.Add("交友");                 //向动态数组中添加"交友"
     else                               //如果取消选择
        al.Remove("交友");              //移除"交友"
   }
   protected void Button1_Click(object sender, EventArgs e)
                                        //选择之后单击确定按钮
    {
      str = "";
      for (i = 0; i < al.Count; i++)    //遍历动态数组
        {
          str += al[i].ToString() + ","; //读取数组中的所有项
        }
      if (al.Count == 0)
        {
          Response.Write("<script>alert('请选择爱好');</script>");
                                        //弹出提示信息
        }
      else
        {
          //显示选择是项目
```

```
            Response.Write("<script>alert('您的爱好: "+str.Remove(str.
            LastIndexOf(", "))+"');</script>");
        }
    }
```

程序运行结果如图 7-24 所示。

图 7-24 运行结果

7.6.2 复选框列表（CheckBoxList）控件

CheckBoxList 控件用于创建多选的复选框组。每个 CheckBoxList 控件中的可选项都是由 ListItem 元素定义的，该控件支持数据绑定。

【例 7-22】 复选框列表控件用法。

程序代码如下：

```
public partial class _Default : System.Web.UI.Page
{
    //这里是在数据库中取出数据
    protected void Page_Load(object sender, EventArgs e)
    {
        if (!IsPostBack)
        {
            SqlConnection con = new SqlConnection(System.Configuration.
            ConfigurationManager.ConnectionStrings["bjfanau"].ConnectionString);
            con.Open();                                    //打开连接
            SqlCommand cmd = new SqlCommand("select * from mc_sys", con);
            SqlDataReader sdr = cmd.ExecuteReader();
            this.CheckBoxList1.DataTextField = "s_title"; //显示的文本的数据库字段
            this.CheckBoxList1.DataValueField = "s_id"; //隐藏的值的数据库字段
            this.CheckBoxList1.DataSource = sdr;
            this.CheckBoxList1.DataBind();                 //数据绑定
            sdr.Close();
            con.Close();
        }
    }
    //这块是选择完成后点提交在页面上答应出复选框的值(注意是"值"不是"文本")
    protected void Button1_Click(object sender, EventArgs e)
    {
      for (int i = 0; i < CheckBoxList1.Items.Count; i++)
        {
        if (this.CheckBoxList1.Items[i].Selected)
            {
            Response.Write(this.CheckBoxList1.Items[i].Value.ToString() + " | ");
            }
```

```
        }
    }
        //全选按钮的事件，点此按钮CheckBoxList都会被选中
protected void Button2_Click(object sender, EventArgs e)
{
    for (int b = 0; b < CheckBoxList1.Items.Count; b++)
    {
        this.CheckBoxList1.Items[b].Selected = true;
    }
}
//全选按钮的事件，点此按钮CheckBoxList全部不选
protected void Button3_Click(object sender, EventArgs e)
{
    for (int b = 0; b < CheckBoxList1.Items.Count; b++)
    {
        this.CheckBoxList1.Items[b].Selected = false;
    }
}
```

7.6.3 单选按钮（RadioButton）控件

RadioButton是一种单选按钮控件，允许用户从给出的选项集中仅选出一个选项。添加的多个RadioButton控件必须有相同的GroupName属性。

例如，在网页上添加一个RadioButton控件，ID属性分别设为rbtnSex1和rbtnSex2，Text属性分别设为"男"和"女"。由于对性别的选项只能选择一项，故将这两个RadioButton按钮的GroupName设置为同一个。

【例7-23】单选按钮控件用法。

程序代码如下：

```
//设置RadioButton控件显示的文本
this.rbtnSex1.Text="男";
this.rbtnSex2.Text="女";
//设置RadioButton控件所属的组
this.rbtnSex1.GroupName="Sex";
this.rbtnSex2.GroupName="Sex";
```

程序运行结果如图7-25所示。

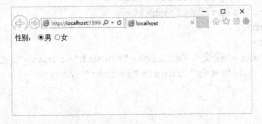

图7-25 单选按钮控件运行结果

7.6.4 单选按钮列表（RadioButtonList）控件

RadioButtonList控件用于创建单选按钮组。RadioButtonList控件中的每个可选项是通过ListItem元素来定义的，该控件支持数据绑定。

在本例中，我们在.aspx 文件中声明了一个 RadioButtonList 控件，一个 Button 控件，以及一个 Label 控件。然后，创建了一个事件句柄，当发生 Click 事件时，会把文本和被选项目显示在 Label 控件中。

【例 7-24】 单选按钮列表控件用法。

程序运行结果如图 7-26 所示。

图 7-26 单选按钮列表控件运行结果

7.7 列表服务器控件

7.7.1 列表框（ListBox）控件

ListBox 控件允许用户从列表中选择单项或多项。ListBox 控件中的可选项目是通过 ListItem 元素定义的，该控件支持数据绑定。

在本例中，我们在.aspx 文件中声明一个 ListBox 控件。然后创建了一个事件句柄，当发生 Click 事件时，该句柄会在 Label 控件中显示文本和被选项目。

【例 7-25】 列表框控件用法。

程序代码如下：

```
<html>
<body>
<form runat="server">
<asp:ListBox id="drop1" rows="3" runat="server">
<asp:ListItem selected="true">Item 1
</asp:ListItem><asp:ListItem>Item 2
</asp:ListItem><asp:ListItem>Item 3
</asp:ListItem><asp:ListItem>Item 4
</asp:ListItem><asp:ListItem>Item 5
</asp:ListItem><asp:ListItem>Item 6
</asp:ListItem>
</asp:ListBox>
<asp:Button Text="提交" OnClick="submit" runat="server" />
<p><asp:label id="mess" runat="server" /></p>
</form>
</body>
</html>
```

隐藏代码：

```
protected void submit(object sender, EventArgs e)
  {
    mess.Text = "您选择了: " + drop1.SelectedItem.Text;
  }
```

程序运行结果如图 7-27 所示。

图 7-27 列表框控件运行结果

7.7.2 下拉列表框（DropDownList）控件

DropDownList 与 ListBox 控件的使用方法类似，但 DropDownList 控件只允许用户每次从列表中选择一项。DropDownList 控件只在框中显示选定项，同时还显示下拉按钮。

本示例演示了在选取列表框中的某项时，将触发 DropDownList 控件 SelectedIndex 的 Changed 事件，从而改变 DropDownList 控件的背景色。

【例 7-26】 下拉列表框控件用法。

程序代码如下：

```
protected void DropDownList1_SelectedIndexChanged(object sender, EventArgs e)
{
    string color = this.DropDownList1.SelectedValue;//获取列表框中选择的值
    if (color == "red")                             //如果选择红色
    this.DropDownList1.BackColor = System.Drawing.Color.Red;
                                                    //设置控件的背景色为红色
    if (color == "blue")                            //如果选择蓝色
    this.DropDownList1.BackColor = System.Drawing.Color.Blue;
                                                    //设置控件的背景色为红色
    if (color == "green")                           //如果选择绿色
    this.DropDownList1.BackColor = System.Drawing.Color.Green;
                                                    //设置控件的背景色为绿色
    if (color == "yellow")                          //如果选择黄色
    this.DropDownList1.BackColor = System.Drawing.Color.Yellow;
                                                    //设置控件的背景色为黄色
}
```

7.7.3 项目列表（BulletedList）控件

BulletedList 是一个让您轻松在页面上显示项目符号和编号格式（Bulledted List）的控件。对于 ASP.NET 1.x 里要动态显示 Bulledted List 时，要么自己利用 HTML 的<ol>或<ul>元素构造，要么就是"杀鸡用牛刀"用 Repeater 来显示。前者过于死板，后者过于复杂，于是 ASP.NET 2.0 开发出 BulletedList。BulletedList 控件的主要属性有 BulletStyle、DisplayMode、Items 和主要事件 Click。

DisplayMode：显示模式，对应 System.Web.UI.WebControls.BulletedListDisplayMode 枚举类型值。其共有以下三种选择项：

- Text：表示以纯文本形式来表现项目列表。
- HyperLink：表示以超链接形式来表现项目列表。链接文字为某个具体项 ListItem 的 Text 属性，链接目标为 ListItem 的 Value 属性。

- LinkButton：表示以服务器控件 LinkButton 形式来表现项目列表。此时每个 ListItem 项都将表现为 LinkButton，同时以 Click 事件回发到服务器端进行相应操作。

Items：该属性对应着 System.Web.UI.WebControls.ListItem 对象集合。项目符号编号列表中的每一个项均对应一个 ListItem 对象。ListItem 对象有四个主要属性：

- Enabled：该项是否处于激活状态。默认为 True。
- Selected：该项是否处于选定状态。默认为 True。
- Text：该项的显示文本。
- Value：该项的值。

Click：该事件在 BulletedList 控件的 DisplayMode 处于 LinkButton 模式下，并在 BulletedList 控件中的某项被单击时触发。触发时将被单击项在所有项目列表中的索引号（从 0 开始）作为传回参数传回服务器端。

同样，下面以 DisplayMode 情况作简单示例，以便更好地理解 BulletedList 的各种属性方法和应用。

1. Text 显示模式

此种模式最为简单，仅仅提供项目列表的显示而以。其表现代码为：

```
<asp:BulletedList ID="BulletedList1" BulletStyle="Circle" runat="server">
    <asp:ListItem>Item #1</asp:ListItem>
    <asp:ListItem>Item #2</asp:ListItem>
    <asp:ListItem Text="Item #3"></asp:ListItem>
    <asp:ListItem Text="Item #4" Value="Item #4"></asp:ListItem>
</asp:BulletedList>
```

当然，也可以通过数据绑定来实现数据显示，做法类似下面 HyperLink 的数据绑定操作。

2. LinkButton 显示模式

这里只简要说明其数据绑定的数据显示操作：

```
<asp:BulletedList ID="BulletedList1" runat="server" DataSourceID=
"SqlDataSource1"
DataTextField="ProductName" DataValueField="ProductID" DisplayMode=
"LinkButton">
</asp:BulletedList>
<asp:SqlDataSource ID="SqlDataSource1" runat="server" ConnectionString=
"<%$ ConnectionStrings:NorthwindConnectionString %>"
SelectCommand="SELECT TOP 10 [ProductID], [ProductName] FROM [Products]">
</asp:SqlDataSource>
```

7.8 容器服务器控件

7.8.1 面板（Panel）控件

Panel 控件用作其他控件的容器，此控件常用于以编程方式生成控件，显示或隐藏控件组。在 IE 中，此控件呈现为 HTML 的<div>元素，在 Mozilla 中呈现为<table> 标签。

在本例中，我们在.aspx 文件中声明了一个 Panel 控件，一个 CheckBox 控件，以及一个 Button 控件。当用户选中 CheckBox 控件并单击"刷新"按钮时，Panel 控件将隐藏起来。

第7章 ASP.NET 服务器控件

【例7-27】 面板控件用法。

程序代码如下:

```
<form id="form1" runat="server">
<div>
<asp:Panel id="panel1" runat="server" BackColor="#ff0000" Height="100px" Width="100px">
Hello World!
</asp:Panel>
<asp:CheckBox id="check1" Text="隐藏 Panel 控件" runat="server"/>
<br /><br />
<asp:Button ID="Button1" Text="重新加载" runat="server" OnClick="Button1_Click" />
</div>
    </form>
```

隐藏代码:

```
protected void Button1_Click(object sender, EventArgs e)
 {
   if (check1.Checked)
    {
     panel1.Visible = false;
    }
   else
    {
     panel1.Visible = true;
    }
 }
```

程序运行结果如图 7-28 和图 7-29 所示。

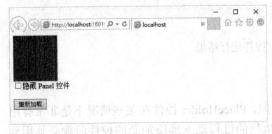　　　　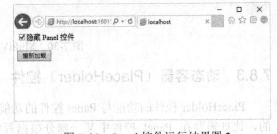

图 7-28　Panel 控件运行结果图 1　　　　图 7-29　Panel 控件运行结果图 2

7.8.2 多视图（Multiview）控件

Multiview 控件，实际上是有点像在 C/S 模式开发中很常见的 tabcontrol 控件，可以在一个页面中放置多个"view"（我们称为选项卡），比如可以用 Multiview 控件，可以让用户在同一页面中通过切换到每个选项卡，从而看到要看的内容，而不用每次都重新打开一个新的窗口。然而对 Panel 的 Visible 属性进行控制也可以完成这个工作，只是该控件比较专业。

【例7-28】 多视图控件用法。

程序代码如下:

```
<form id="Form1" runat="server">
<div>
<asp:DropDownList ID="DropDownList1" runat="server" AutoPostBack="True" OnSelectedIndexChanged="DropDownList1_SelectedIndexChanged">
    <asp:ListItem>0</asp:ListItem>
    <asp:ListItem>1</asp:ListItem>
    <asp:ListItem>2</asp:ListItem>
    <asp:ListItem>3</asp:ListItem>
</asp:DropDownList><br />
<asp:MultiView ID="MultiView1" runat="server" ActiveViewIndex="0">
    <asp:View ID="View1" runat="server">000000000000000000000000</asp:View>
    <asp:View ID="View2" runat="server">111111111111111111111111</asp:View>
    <asp:View ID="View3" runat="server">222222222222222222222222</asp:View>
    <asp:View ID="View4" runat="server">333333333333333333333333</asp:View>
</asp:MultiView>
</div>
</form>
```

隐藏代码:

```
protected void DropDownList1_SelectedIndexChanged(object sender, EventArgs e)
{//设置当前被显示的控件为下拉列表被选中的值
MultiView1.ActiveViewIndex=Convert.ToInt32(DropDownList1.SelectedValue);
}
```

程序运行结果如图 7-30 所示。

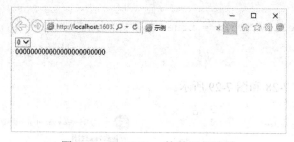

图 7-30 MultiView 控件运行结果

7.8.3 动态容器（PlaceHolder）控件

　　PlaceHolder 控件的功能与 Panel 控件的功能相似，PlaceHolder 控件在某些情况下是非常有用的，比如需要在 Panel 控件中某一部分根据程序执行的过程动态地添加新的控件时就必须用到 PlaceHolder 控件。

　　我们可以把它理解成一个 Panel。但是 Panel 在客户端生成 div 标签，而 PlaceHolder 在客户端什么也不生成。PlaceHolder 控件的主要作用就是在其中添加子控件，只是表示控件。

【例 7-29】PlaceHolder 控件用法。

　　程序代码如下：

```
<head runat="server">
<meta http-equiv="Content-Type" content="text/html; charset=utf-8"/>
    <title></title>
</head>
```

```
            <script runat="server">
             void Page_Load(Object sender, EventArgs e)
             {
                HtmlButton myButton = new HtmlButton();
                myButton.InnerText = "Button 1";
                PlaceHolder1.Controls.Add(myButton);
                myButton = new HtmlButton();
                myButton.InnerText = "Button 2";
                PlaceHolder1.Controls.Add(myButton);
                myButton = new HtmlButton();
                myButton.InnerText = "Button 3";
                PlaceHolder1.Controls.Add(myButton);
                myButton = new HtmlButton();
                myButton.InnerText = "Button 4";
                PlaceHolder1.Controls.Add(myButton);
             }
            </script>
        </head>
        <body>
            <form id="Form1" runat="server">
              <h3>PlaceHolder Example</h3>
              <asp:PlaceHolder id="PlaceHolder1"
                  runat="server"/>
            </form>
        </body>
```

程序运行结果如图 7-31 所示。

图 7-31 动态容器控件运行结果

7.9 高级服务器控件

7.9.1 日历（Calendar）控件

Calendar 控件在 Web 页面显示一个单月份日历。用户可使用该日历查看和选择日期。

【例 7-30】 日历控件用法 1。

程序代码如下：

```
<form id="form1" runat="server">
    <div>
        <asp:Calendar ID="Calendar1" runat="server"></asp:Calendar>
    </div>
</form>
```

程序运行结果如图 7-32 所示。

【例 7-31】 日历控件用法 2。实现日期以蓝色的完整名称显示，周末以黄色背景红色文字显示，而当前日期使用绿色背景显示。

程序代码如下：

```
<form id="Form1" runat="server">
<asp:Calendar ID="Calendar1" DayNameFormat="Full" runat="server">
    <WeekendDayStyle BackColor="#fafad2" ForeColor="#ff0000" />
    <DayHeaderStyle ForeColor="#0000ff" />
    <TodayDayStyle BackColor="#00ff00" />
</asp:Calendar>
</form>
```

程序运行结果如图 7-33 所示。

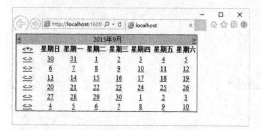

图 7-32　日历控件运行结果 1

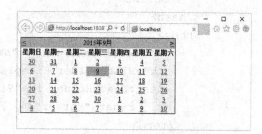

图 7-33　日历控件运行结果 2

【例 7-32】 日历控件用法 3。日期以完整名称显示，用户可以选择一天、一周或整个月，被选的天/周/月使用灰色背景色来显示。

程序代码如下：

```
<form id="Form1" runat="server">
<asp:Calendar ID="Calendar1" DayNameFormat="Full" runat="server"
SelectionMode="DayWeekMonth"
SelectMonthText="<*>"
SelectWeekText="<->"/>
    <SelectorStyle BackColor="#f5f5f5" />
</asp:Calendar>
</form>
```

程序运行结果如图 7-34 所示。

图 7-34　日历控件运行结果 3

7.9.2 动态广告（AdRotator）控件

AdRotator 控件用于显示图像序列。该控件使用 XML 文件来存储 ad 信息。XML 文件使用 <Advertisements> 开始和结束。在<Advertisements> 标签内部，应该有若干个定义每条 ad 的<Ad> 标签。

<Ad>标签中预定义的元素如表 7-13 所示。

【例 7-33】 动态广告控件。在.aspx 文件中为 AdCreated 事件创建了一个事件句柄，来覆盖 XML 文件中 NavigateUrl 元素的值。

表 7-13 签中预定义的元素

属性	描述
<ImageUrl>	可选。图像文件的路径
<NavigateUrl>	可选。用户单击该 ad 时所链接的 URL
<AlternateText>	可选。图像的可选文本
<Keyword>	可选。ad 的类别
<Impressions>	可选。显示概率

程序代码如下：

```
<form runat="server">
<asp:AdRotator AdvertisementFile="Ad1.xml"runat="server" OnAdCreated=
"change_url"target="_blank" />
</form>
<p><a href="ad1.xml" target="_blank">View XML file</a></p>
```

隐藏代码：

```
protected void AdRotator1_AdCreated(object sender, AdCreatedEventArgs e)
{
    e.NavigateUrl = "http://www.baidu.com";
}
```

程序运行结果如图 7-35 所示。

图 7-35 动态广告控件运行结果

7.10 小结

ASP.NET 服务器控件封装了用户界面及其相关的功能。ASP.NET 服务器控件直接或间接地从 System.Web.UI.Control 类派生。ASP.NET 服务器控件的超集包括 Web 服务器控件、HTML 服务器控件（基础控件）、数据控件和 ASP.NET 移动控件。ASP.NET 服务器控件的页面语法在控件的标记上包含 runat="server"属性。

ASP.NET 页面框架包含许多内置的服务器控件，用于为 Web 提供结构化程度更高的编程模型。这些控件提供下列功能：

- 自动状态管理。

- 简单访问对象值，而无须使用 Request 对象。
- 能够对服务器端代码中的事件进行响应，以创建结构更好的应用程序。
- 为网页构建用户界面的公用方法。
- 根据浏览器的功能自动地自定义输出。

除内置控件外，ASP.NET 页面框架还使您能够创建用户控件和自定义控件。用户控件和自定义控件可以增强和扩展现有控件以构建更加丰富多彩的用户界面。

本文分成以下几个部分：HTML 服务器控件、Web 服务器控件、文本服务器控件、按钮服务器控件、图像服务器控件、选择服务器控件、列表服务器控件、容器服务器控件、高级服务器控件。

HTML 服务器控件是包括 runat=server 属性的超文本标记语言（HTML）元素。HTML 服务器控件与它们的相应 HTML 标记具有相同的 HTML 输出和相同的属性。此外，HTML 服务器控件提供自动状态管理和服务器端事件。HTML 服务器控件具有下列优点：

- HTML 服务器控件与它们的相应 HTML 标记一一对应。
- 编译 ASP.NET 应用程序时，具有 runat=server 属性的 HTML 服务器控件被编译为程序集。
- 大多数控件都包括该控件最常用事件的 OnServerEvent。例如，<input type=button> 控件包含 OnServerClick 事件。
- 没有实现为特定 HTML 服务器控件的 HTML 标记仍可用于服务器端；但是，它们被作为 HtmlGenericControl 添加到程序集。
- 重新提交 ASP.NET 页面后，HTML 服务器控件将保留它们的值。

System.Web.UI.HtmlControls.HtmlControl 基类包含所有常用属性。HTML 服务器控件派生于此类。

7.11 习题

1．填空题

（1）ASP.NET 服务器控件位于_____命名空间中。

（2）ChenkBox 控件的 AutoPostBack 属性用于_____，其默认属性值为_____，即用户单击此控件时_____。

（3）Lable Web 服务器控件为开发人员提供了一种以_____设置 Web 窗体页中文本的方法。通常当希望在_____时就可以使用 Lable 控件。当希望显示的内容不可以被用户编辑时，也可以使用 Lable 控件。

2．选择题

（1）下列标签中，可以定义表格的标签为（   ）。
  A．option   B．Table   C．td   D．tr

（2）下列选项中，（   ）选项不是 Img 标签的属性。
  A．width   B．height   C．src   D．selected

（3）下列选项中，（   ）选项不是 TextBox 的 TextMode 可以取的值。
  A．SingleLine   B．Password   C．Wrap   D．MultiLine

第7章 ASP.NET 服务器控件

3. 应用题

（1）简要说明 HTML 服务器控件和 Web 服务器控件的区别？

（2）简述服务器控件类的概念及内涵。

（3）创建一个网页，让用户可以选择他的登录方式。用户可以选择的登录方式包括系统管理员、高级用户、普通用户和游客。运行该网页，用户在登录方式中选择"高级用户"，如图 7-36 所示。

（4）创建一个网页，该网页包含一个 Calendar 控件和 Lable 控件，该空间上本月且非双休日的日期使用黄色背景显示，本月的双休日使用红色背景显示，并且不可选。运行该网页，如图 7-37 所示。

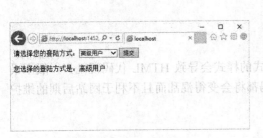

图 7-36　演示结果

图 7-37　演示结果

第 8 章 ASP.NET 中的样式、主题和母版页

本章要点或学习目标

- 理解 ASP.NET 中的三种 CSS 样式
- 理解 ASP.NET 中的主题以及主题的创建
- 理解和熟练应用母版页

8.1 在 ASP.NET 中应用 CSS 样式

8.1.1 创建样式

1. 内联样式

内联样式直接放到 HTML 标签的内部，这种形式的样式会导致 HTML 代码混乱，一般不采用这种样式。如果采用这种样式的话，整个网站代码都将会变得混乱而且不利于网站后期的维护和修改。

【例 8-1】 内联样式示例。

程序代码如下：

```
<p style="font-size:large; color:red">这里是内联样式</p>
```

程序运行结果如图 8-1 所示。

图 8-1 内联样式示例

2. 内部样式

内部样式放置在 Web 标签页的<head>区中的样式集合。可以使用来自样式表的样式来格式化 Web 控件。使用内联样式，让格式与内容清楚地分离，并且可以对同一页面的格式进行多次重用，多个 HTML 标签可以同时使用一个样式，规范整个页面的代码以及样式，让代码的复用性变得更加强大。

【例 8-2】 内部样式的实际运用。（本示例采用的是 class 选择器，对于不了解 class 选择器的读者可以先不用理会，在本示例中主要是样式运用。）

程序代码如下:

```
<html xmlns="http://www.w3.org/1999/xhtml">
<head runat="server">
<meta http-equiv="Content-Type" content="text/html; charset=utf-8"/>
<title></title>
<style type="text/css">
.external
{
 margin-left:100px;
 margin-top:100px;
 font-family:'Buxton Sketch';
 font-size:x-large;
}
</style>
</head>
<body>
    <form id="form1" runat="server">
    <div>
    <p class="external">内部样式表的运用</p>
    </div>
    </form>
</body>
</html>
```

程序运行结果如图 8-2 所示。

图 8-2　内部样式的运用

3．外部样式表

外部样式表与内部样式相似,实现的功能都是一样的,但是样式放在一个单独的文件中,唯一不同的是内部样式表整个页面可以运用所写的样式,这只能在一个页面上面,外部样式表单独放到一个文件夹中,这样开发人员可以在应用程序的多个页面上应用相同的样式,在应用程序中加入一个外部样式,将样式写在这个样式表中,所用的页面添加引用即可,代码的复用性更加强大。

【例 8-3】　外部样式表示例。(外部样式表就是从文件的外部引用一个 CSS 文件。)

程序代码如下:

```
<html xmlns="http://www.w3.org/1999/xhtml">
<head runat="server">
<meta http-equiv="Content-Type" content="text/html; charset=utf-8"/>
<title></title>
```

```html
        <link href="StyleSheet1.css" rel="stylesheet" />
    </head>
    <body>
        <form id="form1" runat="server">
        <div>
            <h3 class="Extental">这是从外部引用的样式</h3>
        </div>
        </form>
    </body>
</html>
```

样式表 StyleSheet1.css 的代码如下：

```css
.Extental
{
    font-size:medium;
    font-family:'Angsana New';
    color:black;
    margin-left:40px;
    margin-top:40px;
}
```

程序运行结果如图 8-3 所示。

图 8-3　外部引用样式

8.1.2　应用样式

1. 标记选择器

标记选择器可以对特定的一类标签进行设置样式，这样整个网站的某一个特定的 HTML 标签都是一样的样式。规范了整个网站的一致性和整体性，使得网站更加一致和协调。

【例 8-4】 标记选择器示例。（本示例采用的是<a></a>标签，<a></a>标签在 HTML 中代表的是超链接标签，单击标签可以跳转到相应的链接处。）

程序代码如下：

```html
<html xmlns="http://www.w3.org/1999/xhtml">
<head runat="server">
<meta http-equiv="Content-Type" content="text/html; charset=utf-8"/>
<title></title>
<style type="text/css">
a{
```

```
            color:red;
            font-size:40px;
         }
    </style>
</head>
<body>
    <form id="form1" runat="server">
        <div>
        <a>这里是链接标签</a>
        </div>
        </form>
</body>
</html>
```

程序运行结果如图 8-4 所示。

图 8-4 标签选择器

2. 类别选择器

类别选择器可以针对不同的标签定义不同的样式，方便样式的标签灵活运用。这样不用标签选择器，标签也可以进行布局和排版，另外就是在有标签选择器的情况下也可以根据其不同的优先级进行布局和排版，这种选择器避免了只能用标签选择器的弊端。类别选择器在编写样式的时候前边用一个 "."，而引用的时候要用 "class=" ""。

【例 8-5】 类选择器示例。

程序代码如下：

```
<html>
<head>
<title>class 选择器</title>
<style type="text/css">
    .one{
       color:red;
       font-size:18px;
      }
    .two{
        color:green;
        font-size:25px;
       }
</style>
</head>
```

```
        <body>
            <p class="one">class 选择器 1</p>
            <p class="two">class 选择器 2</p>
        </body>
    </html>
```

程序运行结果如图 8-5 所示。

图 8.5 类别选择器

3. ID 选择器

ID 选择器在某一个 HTML 页面中只能使用一次（当然也可以用好几次，不过就不符合 W3C 标准了）所以，在同一个页面不允许相同名字的 ID 出现，但是允许有相同名字的 class 出现。ID 选择器类似于类选择器，不过也有一些重要的差别，首先 ID 选择器前面有一个"#"号，第二个区别 ID 选择器不引用 class 属性的值，要引用 id 属性中的值。

【例 8-6】 ID 选择器示例。

程序代码如下：

```
<html xmlns="http://www.w3.org/1999/xhtml">
<head runat="server">
<meta http-equiv="Content-Type" content="text/html; charset=utf-8"/>
    <title></title>
    <style type="text/css">
        #one
        {
            font-weight:bold;
        }
        #two
        {
         font-size:30px;
         color:#009900;
        }
    </style>
</head>
<body>
    <form id="form1" runat="server">
    <div>
    <p id="one">ID 选择器 1</p>
    <p id="two">ID 选择器 2</p>
    </div>
```

```
            </form>
        </body>
    </html>
```

程序运行结果如图 8-6 所示。

图 8-6　ID 选择器

4．复合选择器

复合选择器是两个或者多个基本选择器通过不同的方式而形成的选择器，CSS 的复合选择器包括子选择器、相邻选择器、包含选择器、多层选择器嵌套、属性选择器，伪选择器和伪元素选择器。复合选择器可以针对已有样式的标签，这样就可以在标签中嵌套样式，使得样式运用更加灵活。在这里就不再过多讲解，下面是一个复合选择器的示例。

【例 8-7】　复合选择器示例。

程序代码如下：

```
<html xmlns="http://www.w3.org/1999/xhtml">
<head runat="server">
<meta http-equiv="Content-Type" content="text/html; charset=utf-8"/>
<title></title>
<style type="text/css">
    #myid
    {
      background-color:blue;
      width:200px;
      height:200px;
    }
    .myclass
     {
      background-color:red;
      width:200px;
      height:60px;
     }
</style>
</head>
<body>
    <form id="form1" runat="server">
    <div id="myid">
      <p class="myclass">复合选择器</p>
    </div>
    </form>
```

```
        </body>
        </html>
```

程序运行结果如图 8-7 所示。

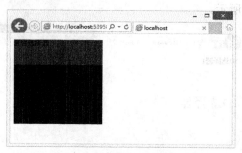

图 8-7 复合选择器

8.2 主题

8.2.1 创建主题

（1）在新建的项目下面右击"添加新建项目"，选择 Web 中的外观文件，单击"确定"按钮，系统会默认将 Skin.skin 放在 App_Themes 文件夹的下面，如图 8-8 所示。另外可以在文件夹中添加子文件夹来创建一个或多个主题。

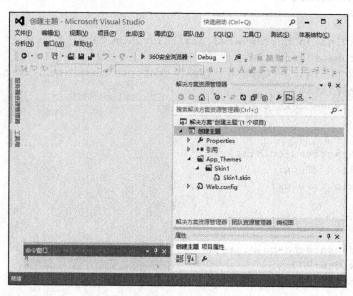

图 8-8 创建主题

（2）使用系统默认的主题，将 Skin.skin 重命名为 ThemeTest.Skin 包括其所在的文件夹也重命名为 ThemeTest，如图 8-9 所示。在主题 ThemeTest.Skin 中添加如下代码，为接下来的应用主题和外观使用。

程序代码如下：

```
<asp:TextBox BackColor="Orange" ForeColor="DarkGreen" Runat="Server" />
```

```
<asp:Button BackColor="Orange" ForeColor="DarkGreen" Font-Bold="True"
    Runat="Server" />
```

注意：上述代码中的ThemeTest.Skin文件包含TextBox和Button控件的声明。分别为这两个控件的BackColor和ForeColor属性提供了值。此外，还声明Button控件使用加粗字体。另外，您可以通过声明一个控件实例并设置一个或多个控件属性，从而使用Skin文件指定控件的外观。您可以在Skin文件中设置的控件属性是有限的。通常，仅可以设置外观属性。例如，您可以设置TextBox控件的BackColor、ForeColor甚至Text属性。但是不能在Skin文件中设置TextBox控件的AutoPostBack属性。

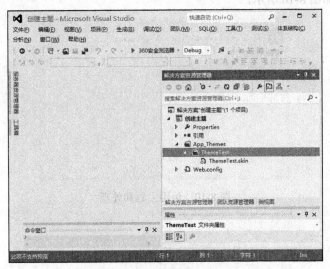

图8-9 修改主题的文件名称

8.2.2 创建外观

接着运用第一次创建好的文件，在项目下面新添加一个Web窗体，重命名为ApplyTheme.aspx，ApplyTheme.aspx添加如下代码，为接下来的应用主题和外观做准备。

程序代码如下：

```
<html xmlns="http://www.w3.org/1999/xhtml">
<head runat="server">
<meta http-equiv="Content-Type" content="text/html; charset=utf-8"/>
<title></title>
</head>
<body>
    <form id="form1" runat="server">
    <div>
      请输入您的名字：<br />
      <asp:TextBox ID="txtName" Runat="Server" /> <br />
      <asp:Button ID="btnSubmit" Text="Submit Name" Runat="Server" />
    </div>
    </form>
</body>
</html>
```

8.2.3 应用主题和外观

【例 8-8】 主题和外观的运用。(说明:这次应用主题和外观,运用上面两小节创建好的文件,接着在 ApplyTheme.aspx 页面的头文件中添加对主体的引用。

程序代码如下:

```
<%@ Page Language="C#" AutoEventWireup="true" Theme="ThemeTest"
    CodeBehind="ApplyTheme.aspx.cs" Inherits="WebApplication1.ApplyTheme" %>
```

程序运行结果如图 8-10 所示。

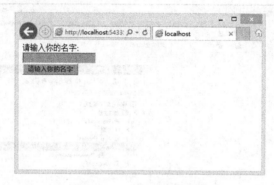

图 8-10 运用主题和外观

8.3 母版页

8.3.1 创建母版页

母版页类似于 Word 中的模板,允许在多个页面中共享相同的内容。比如网站的 LOGO,可能需要在多个页面中重用,则可以将其放在母版页中。在 Dreamweaver 中可以使用模板页,ASP.NET 的母版页与此类似。使用母版页可以简化维护、扩展和修改网站的过程。并能提供一致、统一的外观。

下面通过示例 8-9 讲解如何创建母版页:

【例 8-9】 创建母版页示例。

操作步骤如下:

(1)在新建的项目上选择"添加"→"添加新项",再选择"母版页",将其重命名为 MasterPage.Master。

(2)默认的母版页有一个写 CSS 和 JavaScript 的占位符,还有一个内容占位符,现在我们再在<body></body>中添加一个占位符。

(3)布局引用外部样式,母版前台代码如下所示:

```
<html xmlns="http://www.w3.org/1999/xhtml">
<head runat="server">
<meta http-equiv="Content-Type" content="text/html; charset=utf-8"/>
    <title></title>
    <link href="Master.css" rel="stylesheet" />
    <asp:ContentPlaceHolder ID="head" runat="server">
```

```
        </asp:ContentPlaceHolder>
    </head>
    <body>
        <form id="form1" runat="server">
        <div>
            <div class="top">这里是头部信息</div>
            <div class="middle">
            <div class="left">
            <asp:ContentPlaceHolder ID="ContentPlaceHolder1" runat="server" >
            </asp:ContentPlaceHolder>
            </div>
            <div class="right">
            <asp:ContentPlaceHolder ID="ContentPlaceHolder2" runat="server">
            </asp:ContentPlaceHolder>
            </div>
            </div>
            <div class="bottom">这里是尾部</div>
        </div>
        </form>
    </body>
</html>
```

程序运行结果如图 8-11 所示。

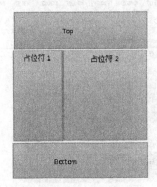

图 8-11　母版页效果图

（2）添加一个样式表，命名为 Master.css，母版页的样式全部写在这个样式里面。

程序代码如下：

```
    .top  {
        margin:0 auto;
         width:400px;
        height:77px;
        background-color:antiquewhite;
        color:red;
     }
    .bottom {
        margin:0 auto;
        width:400px;
        height:60px;
        background-color:AppWorkspace;
```

```
            color:blue;
            }
        .middle {
            margin:0 auto;
            width:400px;
            height:200px;
            background-color:brown;
            }
        .left {
            width:150px;
            height:200px;
            background-color:aquamarine;
            float:left;
            }
        .right {
            width:250px;
            height:200px;
            float:left;
            }
```

母版设计窗口下的效果图如图 8-12 所示（说明：母版页不可以直接在浏览器中查看，只能切换到设计视图）。

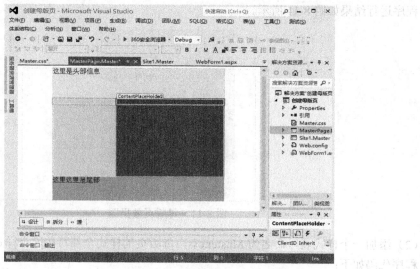

图 8-12　母版设计图

8.3.2　创建内容

在项目上选择"添加"，添加新建项，选择"使用母版页的 Web 窗体"，命名为 ApplayMaster.aspx。程序代码如下：

```
<%@ Page Title="" Language="C#" MasterPageFile="~/MasterPage.Master"
AutoEventWireup="true" CodeBehind="ApplayMaster.aspx.cs" Inherits=
"WebApplication1.WebForm1" %>
<asp:Content ID="Content1" ContentPlaceHolderID="head" runat="server">
</asp:Content>
```

第8章 ASP.NET 中的样式、主题和母版页

```
<asp:Content ID="Content2" ContentPlaceHolderID="ContentPlaceHolder1"
 runat="server">
    这是第一个占位符的位置
</asp:Content>
<asp:Content ID="Content3" ContentPlaceHolderID="ContentPlaceHolder2"
 runat="server">
    这是第二个占位符的位置
</asp:Content>
```

程序运行结果如图 8-13 所示。

图 8-13 运用母版的 Web 窗体效果图

8.3.3 母版页和相对路径

一个经常让开发人员疑惑的问题是母版页是如何处理相对路径的。如果您使用的是静态文字，这一问题不会困扰您。不过，如果您加入了<img>标签或者指向其他资源的 HTML 标签，问题就可能发生。

当您把母版页和内容页放在不同的目录时，问题就发生了。把母版页和内容页分放到不同的目录，这是大型网站推荐使用的最佳实践。实际上，微软建议您在专门的文件夹里保存所有的母版页。不过，如果您不够小心，使用相对路径时会带来问题。

例如，假设您把母版页放在一个叫做 MasterPages 的子文件夹里，并在母版页里加入了如下的<img>标签：<img src="banner.jpg"/>。

假设文件/MasterPages/banner.jpg 存在，这看起来是行得通的。甚至在 Visual Studio 设计环境会出现图片。但是，如果您在另一个子文件夹里创建了一个内容页，路径就会被解释成相对于那个文件夹。如果文件在那里不存在，就会得到一个破损的链接而看不到图片。更糟的是，如果有一幅具有相同文件名的另外一个图片，您会不经意地得到一幅错误的图片。

这样的问题之所以会发生，是因为<img>标签是普通的 HTML。所以，ASP.NET 不会接触到它。遗憾的是，当 ASP.NET 创建内容页的时候，这个标签就不合适了。相同的问题出现在向其他页面提供相对链接的<a>标签以及用来把母版页链接到样式表的<link>元素。

要解决这一问题，可以预先把 URL 写成相对于内容页面的地址。不过这会带来混淆，限制母版页使用的范围，并且产生在设计环境里不正确显示母版页的负面效应。

另一个快捷的解决方案是把图片标签变成服务器端控件，这样 ASP.NET 就会修复这个错误：
<img src="banner.jpg" runat="server" />

这个解决办法会起作用是因为 ASP.NET 根据这一信息创建一个 HtmlImage 服务器控件。这个对象在母版页的 Page 对象实例化后创建，此时，ASP.NET 把所有路径解释为相对于母版页的位置。您可以使用同样的技术来修复<a>标签对其他页面的链接。

另外，还可以使用根路径语法，并用"～"字符作为 URL 的开头。例如，上面这个<img>标签毫无歧义地指向网站的 MasterPages 文件夹中的 banner.jpg 文件。

遗憾的是，这种语法只对服务器端控件有效。如果要对普通的 HTML 产生同样的效果，则需要在链接中包含域名的完整的相对路径。这样的 HTML 代码难看且不可移植，所以不推荐使用。

8.3.4 在 web.config 中配置母版页

指定要使用的 MasterPage 有多种方式：

1. 在页面级指定使用母版页

在 Page 指令中用 MasterPageFile 属性指定。

2. 在 Web.config 中指定使用母版页

```
<configuration>
<system.web>
<pages masterPageFile=.../>
</system.web>
</configuration>
```

这样，内容页面的 page 指令不用设置 MasterPageFile，而会自动调用 web.config 中的配置。如果 page 指令中指定了 MasterPageFile 那么，web.config 的设置会自动失效。

3. 指定特定文件夹的内容页面的母版页

在 web.config 中使用 <location> 元素：

```
<configuration>
<location path="useSpecialMasterPage">
<system.web>
<pages masterPageFile=.../>
</system.web>
</location>
</configuration>
```

page 指定的文件夹都使用 masterpagefile 指定的母版页。

8.3.5 修改母版页

修改母版页的操作步骤如下：

（1）新建一个母版页，在母版页中添加一个 Label 控件，作为例子，母版页中的程序代码如下：

```
<body>
    <form id="form1" runat="server">
    <div>
        <asp:Label ID="LabPageTitle" runat="server" Text="母版页的值"></asp:Label>
        <asp:ContentPlaceHolder ID="ContentPlaceHolder1" runat="server">
        </asp:ContentPlaceHolder>
```

```
        </div>
    </form>
</body>
```

（2）首先应该在页面当中引用需要修改的母版页，就是新建一个引用母版页的 Web 页面，在 page 页面通过设置页面指令@MasterType 创建对该母版页的强类型引用，指定生成强类型的文件的虚拟路径代码例如：

```
<%@ Page Title="" Language="C#" MasterPageFile="~/Site1.Master"
AutoEventWireup="true" CodeBehind="Demo.aspx.cs"Inherits="WebApplication1.
WebForm1" %>
<%@ MasterType VirtualPath="~/Site1.Master" %>
<asp:Content ID="Content1" ContentPlaceHolderID="head" runat="server">
</asp:Content>
<asp:Content ID="Content2" ContentPlaceHolderID="ContentPlaceHolder1"
runat="server">
</asp:Content>
```

（3）在母版页中添加一个 public 属性，set 赋值给母版页，例如：

```
public string PageTitle
{
    set {
        this.LabPageTitle.Text = value;
    }
}
```

（4）满足以上条件后就可以在 page 页面修改母版页上面控件的值了，例如：

```
protected void Page_Load(object sender, EventArgs e)
{
    if (!IsPostBack)
    {
        this.Master.PageTitle = "Page 页修改母版页控件的值";
    }
}
```

8.3.6 动态加载母版页

在开发过程中，简单的实现内容页仅绑定一个固定的母版页是远远不够的，往往需要动态加载母版页。例如，要求站点提供多个可供选择的页面模板，并允许动态加载这些模板。

实现动态加载母版页的核心是设置 MasterPageFile 属性值，需要强调的是应将该属性设置在 Page_PreInit 事件处理程序中，因为 Page_PreInit 事件是页面生命周期中较先引发的事件（Page.PreInit 是页执行周期中的第一个事件），如果试图在 Page_Load 事件中设置 MasterPageFile 属性将会发生页面异常。

【例 8-10】 动态加载母版页示例。
操作步骤如下：
（1）创建一个网站命名为动态加载母版页。
（2）在网站的下面添加一个 StyleSheet1.css 样式表，具体程序代码如下：

```
#top
{ width:200px;
```

```css
    height:100px;
    background-color:red;
    font-size:larger;
}
#middle
{ width:200px;
    height:100px;
    background-color:aqua;
}
#bottom
{
    width:200px;
    height:100px;
    background-color:blue;
}
```

（3）创建三个母版页，分别命名为"one.Master"，"two.Master"，"three.Master"，在三个母版页里面分别应用 StyleSheet1.css，三个母版页都是运用相同的 CSS 样式，但是在为了区分三个母版页显示的样式，母版页内都有一个标识是第几个母版页的 div，来呈现给读者，下面是三个母版页内的代码，请读者仔细比对，代码如下。

one.Master 内的程序代码如下：

```
<%@ Master Language="C#" AutoEventWireup="true" CodeBehind="one.master.cs" Inherits="WebApplication1.one" %>
<!DOCTYPE html>
<html xmlns="http://www.w3.org/1999/xhtml">
<head runat="server">
<meta http-equiv="Content-Type" content="text/html; charset=utf-8"/>
    <title></title>
    <link href="StyleSheet1.css" rel="stylesheet" />
    <asp:ContentPlaceHolder ID="head" runat="server">
    </asp:ContentPlaceHolder>
</head>
<body>
    <form id="form1" runat="server">
    <div>
        <div id="top" >母版页一</div>
        <div id="middle">
        <asp:ContentPlaceHolder ID="ContentPlaceHolder1" runat="server">
        </asp:ContentPlaceHolder>
        </div>
        <div id="bottom"></div>
    </div>
    </form>
</body>
</html>
```

Two.Master 内的程序代码如下：

```
<%@ Master Language="C#" AutoEventWireup="true" CodeBehind="two.master.cs" Inherits="WebApplication1.two" %>
<!DOCTYPE html>
```

```
<html xmlns="http://www.w3.org/1999/xhtml">
<head runat="server">
<meta http-equiv="Content-Type" content="text/html; charset=utf-8"/>
    <title></title>
    <link href="StyleSheet1.css" rel="stylesheet" />
    <asp:ContentPlaceHolder ID="head" runat="server">
    </asp:ContentPlaceHolder>
</head>
<body>
    <form id="form1" runat="server">
    <div>
        <div id="top" >母版页二</div>
        <div id="middle">
        <asp:ContentPlaceHolder ID="ContentPlaceHolder1" runat="server">
        </asp:ContentPlaceHolder>
        </div>
        <div id="bottom"></div>
    </div>
    </form>
</body>
</html>
```

Three.Master 内的程序代码如下:

```
<%@ Master Language="C#" AutoEventWireup="true" CodeBehind="three.master.cs" Inherits="WebApplication1.three" %>
<!DOCTYPE html>
<html xmlns="http://www.w3.org/1999/xhtml">
<head runat="server">
<meta http-equiv="Content-Type" content="text/html; charset=utf-8"/>
    <title></title>
    <link href="StyleSheet1.css" rel="stylesheet" />
    <asp:ContentPlaceHolder ID="head" runat="server">
    </asp:ContentPlaceHolder>
</head>
<body>
    <form id="form1" runat="server">
    <div>
        <div id="top" >母版页三</div>
        <div id="middle">
        <asp:ContentPlaceHolder ID="ContentPlaceHolder1" runat="server">

        </asp:ContentPlaceHolder>
        </div>
        <div id="bottom"></div>
    </div>
    </form>
</body>
</html>
```

(4) 在方案的内部添加一个内容页,命名为"SwitcMaster.aspx",内容页应用的是 one.Master 母版,页面中的三个链接分别切换不同的母版页,SwitcMaster.aspx 页面前台代码如下所示:

```
<%@ Page Title="" Language="C#" MasterPageFile="~/one.Master"
AutoEventWireup="true" CodeBehind="SwitcMaster.aspx.cs" Inherits="动态
加载母版页.SwitcMaster" %>
<asp:Content ID="Content1" ContentPlaceHolderID="head" runat="server">
</asp:Content>
<asp:Content ID="Content2" ContentPlaceHolderID="ContentPlaceHolder1"
runat="server">
    <a href="SwitcMaster.aspx?master=one.Master">切换到母版页一</a><br />
    <a href="SwitcMaster.aspx?master=two.Master" >切换到母版页二</a><br />
    <a href="SwitcMaster.aspx?master=three.Master">切换到母版页三</a>
</asp:Content>
```

在内容页面 WebForm1.aspx 的后台 Page_PreInit 事件中添加如下代码：

```
protected void Page_PreInit(object sender, EventArgs e)
{
    if(Request["master"]!=null)
    {
        switch (Request["master"])
        {
            case "two.Master":
                Page.MasterPageFile = "~/two.Master";
                break;
            case "three.Master":
                Page.MasterPageFile = "~/three.Master";
                break;
            case "one.Master":
                Page.MasterPageFile = "~/one.Master";
                break;
        }
    }
}
```

运行结果如图 8-14～图 8-16 所示。

图 8-14　程序代码运行结果 1

图 8-15　程序代码运行结果 2

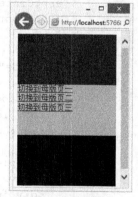

图 8-16　程序代码运行结果 3

8.3.7　母版页的嵌套

在 ASP.NET 中提供了创建嵌套使用母版页的功能，这种功能为网页设计提供了分层处理的功能，为开发和维护大型网站提供了方便。母版的嵌套其实质就是 ContentPlaceHolder 控件的嵌套。下面通过一个简单的示例介绍母版页嵌套的使用。

第 8 章 ASP.NET 中的样式、主题和母版页

【例 8-11】 母版页嵌套示例。

操作步骤如下:

(1) 打开 VS2012→新建一个 ASP.NET 项目→命名为 EmbedMasterPageTest。

(2) 在项目里面右击,添加一个母版页,命名为 Parent.Master,占位符的 ID 命名为 MainContent。

父母版页的代码如下:

```
<html xmlns="http://www.w3.org/1999/xhtml" >
<head id="Head1" runat="server">
    <title>父母版页</title>
</head>
<body>
<form id="Form1" runat="server">
<div>
<h1>Parent Master</h1>
<p style="color:red">父母版页中的内容</p>
<asp:ContentPlaceHolder ID="MainContent" runat="server" />
</div>
</form>
</body>
</html>
```

(3) 在解决方案 EmbedMasterPageTest 的下面添加一个嵌套的母版页,就是在添加新建项里面有个 NestedMasterPage,就是嵌套的母版页,命名为 Child.master,然后选中 Parent.master。Child.master 子母版页的代码如下:

```
<%@ Master Language="C#" MasterPageFile="~/Parent.master"%>
<asp:Content id="Content1" ContentPlaceholderID="MainContent" runat="server">
<asp:panel runat="server" id="panelMain" backcolor="lightyellow">
<h2>子母版页</h2>
<asp:panel runat="server" id="panel1" backcolor="lightblue">
<p>子母版页的内容</p>
<asp:ContentPlaceHolder ID="ChildContent1" runat="server" />
</asp:panel>
<asp:panel runat="server" id="panel2" backcolor="pink">
<p>子母版页的内容</p>
<asp:ContentPlaceHolder ID="ChildContent2" runat="server" />
</asp:panel>
<br />
</asp:panel>
</asp:Content>
```

(4) 在解决方案 EmbedMasterPageTest 下面新加一个使用母版页的 Web 窗体,命名为 TestMaster.aspx,然后选中母版页 Child.master,TestMaster.aspx 下的代码如下所示:

```
<%@ Page Language="C#" MasterPageFile="~/Child.master"%>
<asp:Content id="Content1" ContentPlaceholderID="ChildContent1" runat=
"server">
<asp:Label runat="server" id="Label1" text="嵌套母版页 Web 窗体的应用"
font-bold="true" /> <br />
</asp:Content>
<asp:Content id="Content2" ContentPlaceholderID="ChildContent2" runat=
```

```
                "server">
                <asp:Label runat="server" id="Label2" text="嵌套母版页Web窗体的应用"
                font-bold="true"/>
                </asp:Content>
```

（5）切换到 TestMaster.aspx 的源视图，然后右击，在浏览器中浏览该页面，运行的效果如图 8-17 所示。

图 8-17　嵌套母版页的 Web 窗体程序代码运行结果

8.4　小结

CSS 即"层叠样式表单"，CSS 样式表按其位置的不同可以分为内联样式（Inline Style）、内部样式（Intertal Style Sheet）和外部样式（Extental）三类。ASP.NET 通过应用主题来提供统一的外观。主题包括皮肤文件、CSS 文件和图片文件等。主题由皮肤、级联样式表、图像和其他资源组成的用于进行页面属性设置的集合，它提供了一种简单的方法设置控件的样式属性。主体分为页面主题和全局主题两种。皮肤即外观文件，它包含各个控件的属性。ASP.NET 提供了母版页的技术，母版页技术的诞生，可以批量制作网页、维护网页、母版页技术由母版页和内容页两部分组成。母版页技术常用的控件主要有 ContentPlaceHolder 控件和 Content 控件，可以通过编程实现访问母版页及动态附加母版页的两项功能。

8.5　习题

1. 填空题

（1）除在所有的控件上显示静态文本和控件外，模板页还包括一个或多个_____控件。_____控件被称为占位符控件，这些占位符控件定义可替换内容出现的区域，可替换内容是在_____中定义的。

（2）可以在内容页中编写代码来引用模板页的属性、方法和控件，对于属性和方法的规则是：如果它们在模板页上被声称为_____，则可以引用它们。在引用_____时，没有只能引用公共成员的这种限制。

（3）与任何模板页一样，子母版页也包含文件扩展名为_____。子母版页通常会包含一些内容控件，这些控件将映射到_____的内容占位符。

(4) CSS 样式按其位置的不同可以分为_____、_____和_____三类。
(5) 主题分为_____和_____。

2. 选择题

(1) 下面_____选项不是@Master 指令中可以设置的属性。
  A．CodeFile B．Debug C．Application D．Inherits

(2) 若要从内容页访问特定母版页的成员，可以通过创建_____指令创建对此母版页的强类型引用。
  A．@MasterType B．@Master C．@Page D．@

(3) 在内容页中，通过添加_____控件并将这些控件映射到母版页上的_____控件来创建内容。
  A．Content B．Label C．TextBox D．ContentplaceHolder

(4) 母版页的扩展名是_____。
  A．Config B．Master C．ASP D．ASPX

(5) 动态加载母版页必须在母版页的_____事件中进行。
  A．Load B．PreInit C．Click D．UnLoad

3. 应用题

(1) 请简述母版页、主题和皮肤的作用。
(2) 编写一个程序，创建一个母版页和一个内容页，在内容页上面分别显示母版页和内容页的内容。程序运行结果如图 8-18 所示。

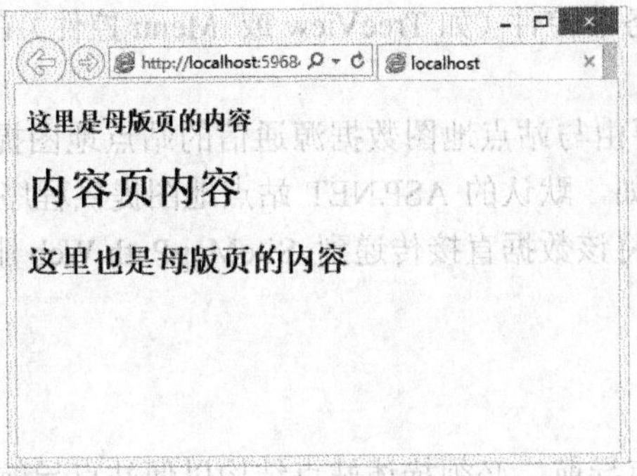

图 8-18 程序运行结果

第 9 章 ASP.NET 4.5 中的站点导航技术

本章要点或学习目标
- 了解站点地图
- 掌握配置站点地图的方法
- 了解 SiteMapPath 控件、SiteMapDataSource 控件和 Menu 控件
- 掌握 TreeView 控件的使用方法

9.1 ASP.NET 站点导航概述

在实际的 Web 程序开发中，网站有很多的页面，为了有组织地管理这些页面，常常把它们按照其功能分成许多的导航链接菜单，并且这些菜单之间有时还会根据其功能进行深层次的嵌套。有了导航菜单，不仅开发人员可以方便地管理链接，还可方便用户对整个网站的访问。

ASP.NET 为我们提供了一套高效而方便的站点导航技术。ASP.NET 站点导航是能够为用户提供一致的站点导航方式的一组类。可以解决随着站点内容的增加以及您在站点内来回移动网页，管理所有的链接很快会变成非常困难的问题。ASP.NET 站点导航使您能够将到您所有页面的链接存储在一个中心位置，并通过包含一个用于读取站点信息的 SiteMapDataSource 控件以及用于显示站点信息的导航 Web 服务器控件（如 TreeView 或 Menu 控件）在每个页面上的列表或导航菜单中呈现这些链接。

ASP.NET 站点导航主要由与站点地图数据源通信的站点地图提供程序以及公开站点地图提供程序的功能的类构成。例如，默认的 ASP.NET 站点地图提供程序从名为 Web.sitemap 的 XML 文件获取站点地图数据，并将该数据直接传递到 SiteMapPath Web 服务器控件。

9.2 站点地图

若要使用 ASP.NET 站点导航，必须描述站点结构以便站点导航 API 和站点导航控件可以正确展现站点结构。在 ASP.NET 中使用一个包含站点层次结构的 XML 文件。该文件即 Web.sitemap，并且必须位于网站的根目录。当该文件存在时，ASP.NET 的默认站点地图提供程序自动选取此站点地图。

【例 9-1】 演示站点地图如何查找一个三层结构的简单站点。

程序代码如下（Web.sitemap）：

```
<siteMap>
<siteMapNode title="首页" description="首页" url="~/default.aspx">
<siteMapNode title="产品" description="我们的产品" url="~/Products.aspx">
<siteMapNode title="硬件" description="选择硬件" url="~/Hardware.aspx" />
<siteMapNode title="软件" description="选择软件" url="~/Software.aspx" />
</siteMapNode>
<siteMapNode title="服务" description="我们提供的服务" url="~/Services.aspx">
```

```
            <siteMapNode title="培训" description="培训班" url="~/Training.aspx" />
            <siteMapNode title="咨询" description="咨询服务" url="~/Consulting.aspx" />
            <siteMapNode title="技术支持" description="技术支持计划" url="~/Support.aspx" />
        </siteMapNode>
    </siteMapNode>
</siteMap>
```

在 Web.sitemap 文件中，有唯一的根节点"首页"siteMapNode 元素，该节点是站点地图的开始节点，在站点地图中根节点是唯一的。根节点下嵌入了"产品"和"服务"两个 siteMapNode 元素。在"产品"节点下又嵌入"硬件"和"软件"两个子节点 siteMapNode 元素。通过一层层嵌套，整个网站的结构就能清晰地展现。

- title 属性定义通常用作链接文本的文本。
- description 属性同时用作文档和 SiteMapPath 控件中的工具提示。
- url 属性用于定义节点的链接地址，在站点地图中必须唯一，可以以快捷方式"~/"开头，该快捷方式代表应用程序的根目录。

9.3 配置多个站点地图

9.3.1 从父站点地图链接到子站点地图文件

当网站的规模较小时，一个站点地图文件保存网站结构比较方便。但随着网站规模的扩大，地图文件中的节点数目增多，网站结构的管理难度也逐渐提升。为了简化管理地图文件，则需要建立两个以上的地图文件来保存网站完整的结构。

默认情况下，ASP.NET 网站导航使用一个名为 Web.sitemap 的 XML 文件，该文件用于描述网站的层次结构。在该文件下，可以添加对其他地图文件引用的 SiteMapNode 节点，Web.sitemap 地图文件与其他被引用的地图文件共同描述网站的层次结构，示例如下。

【例 9-2】 利用 Web.sitemap 地图文件描述网站层次结构。

程序代码如下：

```
<siteMap>
    <siteMapNode title="首页" description="首页" url="~/default.aspx">
        <siteMapNode title="产品" description="我们的产品" url="~/Products.aspx">
            <siteMapNode siteMapFile="~/Hardware/hardware.sitemap" />
            <siteMapNode title="软件" description="选择软件" url="~/Software.aspx" />
        </siteMapNode>
        <siteMapNode title="服务" description="我们提供的服务" url="~/Services.aspx">
            <siteMapNode title="培训" description="培训班" url="~/Training.aspx" />
            <siteMapNode title="咨询" description="咨询服务" url="~/Consulting.aspx" />
            <siteMapNode title="技术支持" description="技术支持计划" url="~/Support.aspx" />
        </siteMapNode>
    </siteMapNode>
</siteMap>
子地图~/Hardware/hardware.sitemap
<siteMap>
    <siteMapNode title="硬件" description="选择硬件" url="~/Hardware/Hardware.aspx">
        <siteMapNode title="CPU" description="中央处理器" url="~/Hardware/CPU.aspx" />
        <siteMapNode title="内存" description="内存条" url="~/Hardware/MemoryChips.aspx" />
        <siteMapNode title="硬盘" description="硬盘" url="~/Hardware/disk.aspx" />
```

```
        </siteMapNode>
    </siteMap>
```

在以上示例中，通过节点<siteMapNode siteMapFile="~/Hardware/hardware.sitemap" />引用子站点地图 hardware.sitemap 文件。注意，当 siteMapNode 元素指定了 siteMapFile 属性时，就不要为 siteMapNode 元素提供 url、title 或 description。

其中，siteMapFile 属性可使用以下几种形式：
- 一个与应用程序相关的引用，如 "~/Hardware/hardware.sitemap"。
- 一个虚拟路径，如 "/Hardware/hardware.sitemap"。
- 一个相对于当前站点地图文件位置的路径引用，如 "Hardware/hardware.sitemap"。

9.3.2 在 Web.config 文件中配置多个站点地图

将站点地图链接在一起可以从许多块地图生成一个站点地图结构。或者，可以在 Web.config 文件中添加对不同站点地图的引用，使它们看起来像是不同的提供程序。在网站的不同区域需要不同的导航结构时，这将十分有用。

在 Web.config 文件中，找到 siteMap 节，并为每个站点地图都创建一个 add 元素。如示例 9-3 所示：

【例 9-3】 在 Web.config 文件中配置多个站点地图。（Web.config）

程序代码如下：

```
<configuration>
<!-- other configuration sections -->
<system.web>
<!-- other configuration sections -->
<siteMap defaultProvider="XmlSiteMapProvider">
<providers>
<add name="Home1SiteMap" type="System.Web.XmlSiteMapProvider" siteMapFile=
                    "~/Home1/Home1.sitemap" />
<add name="Home2SiteMap" type="System.Web.XmlSiteMapProvider" siteMapFile=
                    "~/Home2/Home2.sitemap" />
</providers>
</siteMap>
</system.web>
</configuration>
```

通过配置后，导航 API 成员和导航控件（如 SiteMapPath、TreeView 和 Menu 等）就可以将相关 SiteMapProvider 属性设置为 Home1SiteMap 或 Home2SiteMap，这时就可以使用与之对应的~/Home2/Home2.sitemap 和 ~/Home2/Home2.sitemap 站点地图。

9.4 SiteMapPath 控件

SiteMapPath 控件是一种站点导航控件，反映 SiteMap 对象提供的数据。为站点导航系统提供导航路径，可通过该控件显示用户当前访问的位置，也可以使用户回到更高层次的页面。对于分层结构较深的站点，SiteMapPath 控件起到了很大的作用。

在使用上，SiteMapPath 控件和其他导航控件（TreeView 或 Menu 控件）有着很大的区别。SiteMapPath 控件直接使用网站的站点地图数据，并不需要从 SiteMapDataSource 控件获取站点地图的数据。因此在没有 SiteMapDataSource 控件的页面上也可以单独使用 SiteMapPath 控件，并且对 SiteMapDataSource 控件属性的修改也不会影响 SiteMapPath 控件的显示。因为，SiteMapPath 控件的数据直接来自站点地图数据，如果将其用在站点地图中存在的页面上，则其不会显示。

SiteMapPath 控件的最简单的定义，如以下代码所示：

```
<asp:SiteMapPath ID="SiteMapPath1" runat="server"></asp:SiteMapPath>
```

示例 9-4 演示了 SiteMapPath 控件的使用场景，站点地图使用的数据是来自于示例 9-1。

【例 9-4】 SiteMapPath 控件使用示例。(Software.aspx)

程序代码如下：

```
<%@ Page Language="C#" AutoEventWireup="true" CodeBehind="Software.aspx.cs"
    Inherits="WebApplication1.Software" %>
<!DOCTYPE html>
<html xmlns="http://www.w3.org/1999/xhtml">
<head runat="server">
<meta http-equiv="Content-Type" content="text/html; charset=utf-8"/>
<title></title>
</head>
<body>
<form id="form1" runat="server">
r>iv>
<asp:SiteMapPath ID="SiteMapPath1" runat="server"></asp:SiteMapPath>
r>div>
</form>
</body>
</html>
```

运行测试页面 Software.aspx 的显示结果如图 9-1 所示。

图 9-1　测试页面 Software.aspx 的显示结果

9.5　SiteMapDataSource 控件

SiteMapDataSource 控件是站点地图数据的数据源，站点数据则由为站点配置的站点地图提供程序进行存储。SiteMapDataSource 使不是专用站点导航控件的 Web 服务器控件（如 TreeView、Menu 和 DropDownList 控件）可以绑定到分层站点地图数据。可以使用这些 Web 服务器控件以目录形式显示站点地图或者主动在站点内导航。

SiteMapDataSource 控件声明语法：

```
<asp:SiteMapDataSource ID="SiteMapDataSource1" runat="server" />
```

该控件会自动读取站点地图文件 web.sitemap 的内容，无需再编写任何内容。

SiteMapDataSource 控件在页面声明以后就可以被 TreeView、Menu 和 DropDownList 等控件使用。如：

```
<asp:Menu ID="Menu1" DataSourceID="SiteMapDataSource1" runat="server"></asp:Menu>
```

或

```
<asp:TreeView ID="TreeView1" DataSourceID="SiteMapDataSource1" runat="server">
</asp:TreeView>
```

SiteMapDataSource 绑定到了站点地图数据，默认情况下，起始节点是站点地图层次结构的根节点，但也可以是层次结构中的任何其他节点。可以通过以下几种属性的设置可以修改起始节点。

- StartFromCurrentNode 为 false，未设置 StartingNodeUrl。起始点为层次结构的根节点（默认设置）。
- StartFromCurrentNode 为 true，未设置 StartingNodeUrl。起始点为表示当前正在查看的页的节点。
- StartFromCurrentNode 为 false，已设置 StartingNodeUrl。起始点为层次结构的特定节点。

不仅以上几种属性设置可以影响起始节点。配合以上属性的设置，设置 StartingNodeOffset 可以做到偏移起始节点的作用。

如果 StartingNodeOffset 属性设置为负数-n，则由数据源控件公开的子树的开始节点，是在层次结构中位于所标识开始节点之上 n 个级别的祖先节点。如果在层次结构树中，位于所标识开始节点之上的祖先节点的级别数小于值 n，子树的开始节点就是站点地图层次结构中的根节点。

如果 StartingNodeOffset 属性设置为正数+n，则所公开子树的开始节点是位于所标识开始节点之下 n 个级别的子节点。由于层次结构中可能存在多个子节点的分支，因此，如果可能，SiteMapDataSource 会尝试根据所标识起始节点与表示当前被请求页的节点之间的路径，直接解析子节点。如果表示当前被请求页的节点不在所标识起始节点的子树中，则忽略 StartingNodeOffset 属性的值。如果表示当前被请求的页的节点与位于其上方的所标识开始节点之间的层级差距小于 n，则使用当前被请求的页作为开始节点。

9.6 Menu 控件

Menu 控件是一种支持层次化数据的导航控件，常用于显示 ASP.NET 网页中的菜单。在通常使用中，Menu 控件可以绑定到数据源，也可以手工使用 MenuItem 对象来填充它，即通过页面声明性或后台编程。

9.6.1 定义 Menu 菜单内容

可以通过两种方式来定义 Menu 控件的内容：添加单个 MenuItem 对象（以声明方式或编程方式）；用数据绑定的方法将该控件绑定到 XML 数据源。

1. 手动添加菜单项

最简单的 Menu 控件数据模型即是静态菜单项。若要使用声明性语法显示静态菜单项，请首先在 Menu 控件的开始和结束标记之间嵌套开始和结束标记<Items>。然后，通过在开始和结束标记<Items>之间嵌套<asp:MenuItem>元素，创建菜单结构。每个<asp:MenuItem> 元素都表示控件中的一个菜单项，并映射到一个 MenuItem 对象。通过设置菜单项的 <asp:MenuItem>元素的特性，可以设置其属性。若要创建子菜单项，请在父菜单项的开始和结束标记<asp:MenuItem>之间嵌套更多<asp:MenuItem> 元素。

示例 9-5 演示了 Menu 控件的声明性标记，该控件有三个菜单项，每个菜单项有两个子项。

【例 9-5】 定义 Menu 菜单内容示例。

```
<asp:Menu ID="Menu1" runat="server" StaticDisplayLevels="3">
<Items>
  <asp:MenuItem Text="File" Value="File">
    <asp:MenuItem Text="New" Value="New"></asp:MenuItem>
    <asp:MenuItem Text="Open" Value="Open"></asp:MenuItem>
  </asp:MenuItem>
  <asp:MenuItem Text="Edit" Value="Edit">
    <asp:MenuItem Text="Copy" Value="Copy"></asp:MenuItem>
    <asp:MenuItem Text="Paste" Value="Paste"></asp:MenuItem>
  </asp:MenuItem>
  <asp:MenuItem Text="View" Value="View">
    <asp:MenuItem Text="Normal" Value="Normal"></asp:MenuItem>
    <asp:MenuItem Text="Preview" Value="Preview"></asp:MenuItem>
  </asp:MenuItem>
</Items>
</asp:Menu>
```

2. 绑定到数据

Menu 控件可以使用任意分层数据源控件，如 XmlDataSource 控件或 SiteMapDataSource 控件。若要绑定到分层数据源控件，将 Menu 控件的 DataSourceID 属性设置为数据源控件的 ID 值即可。

在绑定到数据源时，如果数据源的每个数据项都包含多个属性（例如具有多个特性的 XML 元素），则菜单项默认显示数据项的 ToString 方法返回的值。对于 XML 元素，菜单项显示其元素名称，这样可显示菜单树的基础结构，但除此之外并无用处。通过使用 DataBindings 集合指定菜单项绑定，可以将菜单项绑定到特定数据项属性。DataBindings 集合包含 MenuItemBinding 对象，这些对象定义数据项和它所绑定到的菜单项之间的关系。可以指定绑定条件和要显示在节点中的数据项属性。

9.6.2 Menu 控件样式

Menu 控件具有两种显示模式：静态模式和动态模式。

1. 静态模式

静态显示意味着 Menu 控件始终是完全展开的。整个结构都是可视的，用户可以单击任何部位。在动态显示的菜单中，只有指定的部分是静态的，而只有用户将鼠标指针放置在父节点上时才会显示其子菜单项。

使用 Menu 控件的 StaticDisplayLevels 属性可控制静态显示行为。StaticDisplayLevels 属性指示从根菜单算起，静态显示菜单的层数。例如，如果将 StaticDisplayLevels 设置为 3，菜单将以静态显示的方式展开其前三层。静态显示的最小层数为 1，如果将该值设置为 0 或负数，该控件将会引发异常。

例如，将上面示例中的 Menu 控件声明如下：

```
<asp:SiteMapDataSource ID="SiteMapDataSource1" runat="server" />
<asp:Menu ID="Menu1" DataSourceID="SiteMapDataSource1" StaticDisplayLevels=
          "2" runat="server"></asp:Menu>
```

运行结果如图 9-2 所示。

图 9-2 StaticDisplayLevels="2"的运行结果

2. 动态模式

MaximumDynamicDisplayLevels 属性指定在静态显示层后应显示的动态显示菜单节点层数。例如，如果菜单有 3 个静态层和 2 个动态层，则菜单的前三层静态显示，后两层动态显示。

如果将 MaximumDynamicDisplayLevels 设置为 0，则不会动态显示任何菜单节点。如果将 MaximumDynamicDisplayLevels 设置为负数，则会引发异常。

除以上两种主要的显示模式，还可以设置 Menu 控件的 Orientation 属性改变显示的方向，如水平（Horizontal）和竖直（Vertical）方向。

声明方法如下：

```
<asp:Menu ID="Menu1" DataSourceID="SiteMapDataSource1" Orientation="Horizontal"
    StaticDisplayLevels="2" runat="server"></asp:Menu><br />
<asp:Menu ID="Menu2" DataSourceID="SiteMapDataSource1" Orientation="Vertical"
    StaticDisplayLevels="2" runat="server"></asp:Menu>
```

运行结果如图 9-3 所示。

图 9-3 设置 Orientation 属性的运行结果

3. 自定义用户界面

可以使用多种方法自定义 Menu 控件的外观。首先，可以通过设置 Orientation 属性，指定是水平还是垂直呈现 Menu 控件。还可以为每个菜单项类型指定不同的样式（如字体大小和颜色等）。

如果想使用级联样式表（CSS）自定义控件的外观，您既可以使用内联样式，也可以使用一个单独的 CSS 文件，但不能同时使用这两者。同时使用内联样式和一个单独的 CSS 文件，会导致意外的结果。

表 9-1 列出了可用的菜单项样式。

表 9-1 菜单样式属性

菜单项样式属性	说 明
DynamicHoverStyle	动态菜单项在鼠标指针置于其上时的样式设置
DynamicMenuItemStyle	单个动态菜单项的样式设置
DynamicMenuStyle	动态菜单的样式设置

续表

菜单项样式属性	说明
DynamicSelectedStyle	当前选定的动态菜单项的样式设置
StaticHoverStyle	静态菜单项在鼠标指针置于其上时的样式设置
StaticMenuItemStyle	单个静态菜单项的样式设置
StaticMenuStyle	静态菜单的样式设置
StaticSelectedStyle	当前选定的静态菜单项的样式设置

除了设置各样式属性之外，还可以根据菜单项的级别，使用表 9-2 样式集合指定应用于菜单项的样式。

表 9-2 样式集合

级别样式集合	说明
LevelMenuItemStyles	MenuItemStyle 对象的集合，这些对象根据级别控制菜单项的样式
LevelSelectedStyles	MenuItemStyle 对象的集合，这些对象根据级别控制所选菜单项样式
LevelSubMenuStyles	MenuItemStyle 对象的集合，这些对象根据级别控制子菜单项的样式

改变控件外观的另一种方法是自定义显示在 Menu 控件中的图像。通过设置表 9-3 所示的属性，可以为控件各部分指定自己的自定义图像。

表 9-3 图像属性

图像属性	说明
DynamicBottomSeparatorImageUrl	显示在动态菜单项底部的可选图像，用于将菜单项与其他菜单项隔开
DynamicPopOutImageUrl	显示在动态菜单项中的可选图像，用于指示菜单项具有子菜单
DynamicTopSeparatorImageUrl	显示在动态菜单项顶部的可选图像，用于将菜单项与其他菜单项隔开
ScrollDownImageUrl	显示在菜单项底部的图像，用于指示用户可以向下滚动查看其他菜单项
ScrollUpImageUrl	显示在菜单项顶部的图像，用于指示用户可以向上滚动查看其他菜单项
StaticBottomSeparatorImageUrl	显示在静态菜单项底部的可选图像，用于将菜单项与其他菜单项隔开
StaticPopOutImageUrl	显示在静态菜单项中的可选图像，用于指示菜单项具有子菜单
StaticTopSeparatorImageUrl	显示在静态菜单项顶部的可选图像，用于将菜单项与其他菜单项隔开

9.7 TreeView 控件

导航控件 TreeView 是一种用来表示树状架构的控件，特别适合用来表示复杂的层级分类。它用于树状结构显示分层数据，如菜单、目录或文件目录等。与 Menu 控件相比，它可以组织更复杂的数据结构。

9.7.1 定义 TreeView 控件节点内容

1. 使用 SiteMapDataSource 绑定 TreeView

对于使用 SiteMapDataSource 绑定 TreeView 控件，主要用于绑定网站地图文件。绑定代码如下：

```
<asp:SiteMapDataSource ID="SiteMapDataSource1" runat="server" />
<asp:TreeView ID="TreeView1" DataSourceID="SiteMapDataSource1" runat=
    "server"></asp:TreeView>
```

图 9-4 使用 SiteMapDataSource 绑定 TreeView

执行结果如图 9-4 所示。

2. 使用程序动态建立 TreeView 节点

TreeView 控件经常用来表现复杂的层级式数据结构，因而不同于静态菜单。通常还需要通过程序动态将数据传输给 TreeView 以建立起节点，并且通过节点的关联值执行某些特定的动作。建立节点的语法必须根据节点标签进行引用，假设在网页上建立了一个 TreeView 控件，并且将其命名为 TreeView1，如下代码所示：

```
<asp:TreeView ID="TreeView1" runat="server"></asp:TreeView>
```

有了这个 TreeView1 之后，就可以通过 Add 方法为 TreeView1 创建一个根节点，如下面的代码所示：

```
TreeNode node = new TreeNode(".NET 开发");
TreeView1.Nodes.Add(node);
```

当然，还可以利用另一个版本的方法，将其加入指定的位置中，而所要加入的位置是由以 0 为起始值的索引值指定的。如下面的代码将一个名为 ".NET 开发" 的节点加入到树节点里面的第 1 个节点的位置，即起始位置：

```
TreeNode node = new TreeNode(".NET 开发");
TreeView1.Nodes.AddAt(0, node);
```

如果想进一步将指定的节点添加到某个节点成为其下的子节点，可以通过 ChildNodes.Add 方法来添加。代码如下：

```
TreeNode node = new TreeNode("计算机");
TreeNode hardware = new TreeNode("硬件");
TreeView1.Nodes.Add(node);
node.ChildNodes.Add(hardware);
```

示例 9-6 演示了一个完整的 TreeView 动态创建的例子：

【例 9-6】 TreeView 动态添加节点。

程序代码如下：

```
public partial class WebForm1 : System.Web.UI.Page
 {
   protected void Page_Load(object sender, EventArgs e)
   {
     if (!IsPostBack)
      {
        TreeNode node = new TreeNode("计算机");
        TreeNode hardware = new TreeNode("硬件");
        TreeNode software = new TreeNode("软件");
        TreeNode cpu = new TreeNode("CPU");
        TreeNode harddisk = new TreeNode("硬盘");
        TreeNode office = new TreeNode("办公软件office");
        TreeNode ps = new TreeNode("PhotoShop");
```

```
            TreeView1.Nodes.Add(node);
            node.ChildNodes.Add(hardware);
            node.ChildNodes.Add(software);
            hardware.ChildNodes.Add(cpu);
            hardware.ChildNodes.Add(harddisk);
            software.ChildNodes.Add(office);
             software.ChildNodes.Add(ps);
        }
    }
}
```

程序运行结果如图 9-5 所示。

TreeView 控件第一次显示时，所有节点都会出现。因此，除了可以通过在页面或编程的方法设置 TreeNode.Expanded 属性为 true 或 false 来打开或折叠节点之外，还可以通过设置 TreeView.ExpandDepth 属性来控制这一行为。例如，如果 ExpandDepth 为 2，则只有前面三层会显示（第 0 层、第 1 层、第 2 层）。要控制 TreeView 总共包含多少层（展开或折叠的），可以使用 MaxDataBindDepth 属性，MaxDataBindDepth 默认值为 1，并且可以查看整个树。但是如果使用值为 2，则只会看到起始节点下的两层。程序代码如下：

```
<asp:TreeView ID="TreeView1" ExpandDepth="1" runat="server"></asp:TreeView>
```

这样，TreeView 控件就只能显示两层了，即 0 层与 1 层，如图 9-6 所示。

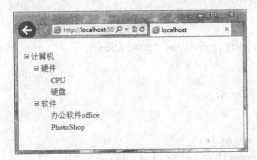

图 9-5 动态添加节点

图 9-6 ExpandDepth 属性设置结果

9.7.2 带复选框的 TreeView 控件

如要在 TreeView 控件中提供多节点选择支持，可以在节点图像旁边显示复选框。使用 ShowCheckBoxes 属性可以指定哪些节点类型将显示复选框。表 9-5 列出了次属性的有效值。

表 9-5 ShowCheckBoxes 属性的取值

节点类型	描述
All	为所有节点显示复选框
Leaf	为所有叶子节点显示复选框
None	不显示复选框
Parent	为所有父节点显示复选框
Root	为所有根节点显示复选框

例如，如果 ShowCheckBoxes 属性设置为 All，则会为数字的所有节点显示复选框。如下面代码所示：

```
<asp:TreeView ID="TreeView1" ShowCheckBoxes="All" runat="server"></asp:TreeView>
```

图 9-7 ShowCheckBoxes 设置的结果

程序运行结果如图 9-7 所示。

如果只设置 ShowCheckBoxes 属性，会存在一个问题。如图 9-7 中所示，选择某一节点，则其子节点并没有自动选中。在实际应用中，往往希望父节点被选中时，其子节点也同时被选中。为了弥补这一缺陷，可以用一段客户端脚本来控制它。如示例 9-7 所示。

【例 9-7】 带复选框的 TreeView 控件示例。

程序代码如下：

```
<%@ Page Language="C#" AutoEventWireup="true" CodeBehind="WebForm1.aspx.cs"
          Inherits="WebApplication1.WebForm1" %>
<!DOCTYPE html>
<html xmlns="http://www.w3.org/1999/xhtml">
<head runat="server">
<meta http-equiv="Content-Type" content="text/html; charset=utf-8"/>
<title></title>
<script>
function client_OnTreeNodeChecked()
  {
    var obj = window.event.srcElement;
    var treeNodeFound = false;
    var checkedState;
    if (obj.tagName == "INPUT" && obj.type == "checkbox")
     {
       var treeNode = obj;
       checkedState = treeNode.checked;
       do{
          obj = obj.parentElement;
         } while (obj.tagName != "TABLE");
       var parentTreeLevel = obj.rows[0].cells.length;
       var parentTreeNode = obj.rows[0].cells[0];
       var tables = obj.parentElement.getElementsByTagName("TABLE");
       var numTables = tables.length;
       for (i = 0; i < numTables; i++)
        {
          if (tables[i] == obj)
           {
             treeNodeFound = true;
             i++;
             if (i == numTables)
              {
                return;
              }
           }
          if (treeNodeFound == true)
           {
             var childTreeLevel = tables[i].rows[0].cells.length;
             if (childTreeLevel > parentTreeLevel) {
```

```
                    var cell = tables[i].rows[0].cells[childTreeLevel - 1];
                    var inputs = cell.getElementsByTagName("INPUT");
                    inputs[0].checked = checkedState;
                }
                else {
                    return;
                }
            }
        }
    }
</script>
</head>
<body>
<form id="form1" runat="server">
r>iv>
<asp:TreeView ID="TreeView1" onclick="client_OnTreeNodeChecked();"
              ShowCheckBoxes="All" runat="server"></asp:TreeView>
r>div>
</form>
</body>
</html>
```

程序运行结果如图 9-8 所示。

如图 9-8 所示,当选择了"硬件",其子节点也被选择了。

在系统开发中,如若要确定哪些节点的复选框已选定,可以通过循环访问 CheckedNodes 结合的节点来获取被选择的节点。

下面的示例 9-8 展示了如何获取选中节点的值:

【例 9-8】 获取选中节点的值。

前台代码如下:

图 9-8 带复选框的 TreeView 控件

```
<asp:Label ID="Label1" runat="server" ></asp:Label>
<asp:TreeView ID="TreeView1" onclick="client_OnTreeNodeChecked();"
       ShowCheckBoxes="All" runat="server"></asp:TreeView>
<asp:Button ID="Button1" OnClick="Button1_Click" Text="选择节点"
       runat="server" />
```

在 Button1_Click 事件里,将获取到的选中节点的值与选中节点的父节点的值显示在 Label1 控件里。后台程序代码如下:

```
protected void Button1_Click(object sender, EventArgs e)
{
    if (TreeView1.CheckedNodes.Count > 0)
    {
        Label1.Text = "你选择的节点是:<p>";
        foreach (TreeNode node in TreeView1.CheckedNodes)
```

```
            {
              Label1.Text += "节点: " + node.Text;
              if (node.Parent != null)
               {
                  Label1.Text += "----父节点: " + node.Parent.Text + "<br />";
                }
             }
         }
         else {
             Label1.Text = "你没有选择任何节点！";
          }
        }
```

程序运行结果如图9-9所示。

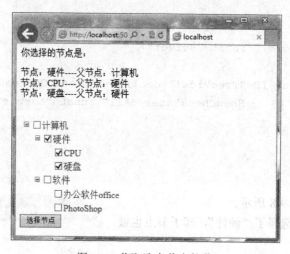

图9-9 获取选中节点的值

9.8 小结

本章主要介绍了与站点导航相关的技术。其中介绍了站点地图的配置，导航控件SiteMapPath、Menu、TreeView的基本使用方法。导航技术对网站的层次结构管理提供了方便的管理方法。

9.9 习题

1. 编写一个站点地图。
2. 编写多个站点地图，并在web.sitemap文件中引用。
3. 在Web.config文件中配置多个站点地图。
4. 使用SiteMapDataSource控件绑定SiteMapPath控件。
5. 编写一个页面，包含Menu控件。
6. 编写一个页面，包含TreeView控件。
7. 在题6的基础上，动态添加、删除节点。

第 10 章　用户控件与 Web 部件

本章要点或学习目标

- 掌握用户控件的用法
- 理解用户控件和服务器控件的关系和区别
- 理解服务器控件类的概念

在 ASP.NET 中，一切都是对象。Web 页面就是一个对象的容器。那么，这个容器可以装些什么东西呢？本章我们将学习服务器端控件，称为 Control。这是 Web 页面能够容纳的对象之一。

10.1　用户控件

有时可能需要控件中具有内置 ASP.NET Web 服务器控件未提供的功能，有时候要复用一些功能模块。例如新闻管理系统中的用户登录/注册、推荐新闻、热点新闻和页面上一些固定的栏目等，在整个网站中会出现多次。为了减少系统开发与维护成本，可以把这些重用的功能模块写成单独的通用模块，以供需要的地方复用。

在 ASP.NET 中，要实现新的个性化通用模块，可以将这些功能组合封装成"用户控件"，然后在你需要的页面中引用这些"用户控件"进行使用。

10.1.1　创建用户控件

ASP.NET Web 用户控件与完整的 ASP.NET 网页（.aspx 文件）相似，同时具有用户界面页和代码。可以采取与创建 ASP.NET 页相似的方式创建用户控件，然后向其中添加所需的标记和子控件。用户控件可以像页面一样包含对其内容进行操作（包括执行数据绑定等任务）的代码。

用户控件与 ASP.NET 网页有以下区别：

- 用户控件的文件扩展名为 .ascx。
- 用户控件中没有@ Page 指令，而是包含@ Control 指令，该指令对配置及其他属性进行定义。
- 用户控件不能作为独立文件运行。而必须像处理任何控件一样，将它们添加到 ASP.NET 页中。
- 用户控件中没有 html、body 或 form 元素。这些元素必须位于宿主页中。

可以在用户控件上使用与在 ASP.NET 网页上所用相同的 HTML 元素（html、body 或 form 元素除外）和 Web 控件。例如，如果您要创建一个将用作工具栏的用户控件，则可以将一系列 Button Web 服务器控件放在该控件上，并创建这些按钮的事件处理程序。

@Control 指令

@Control 指令类似于@Page 指令，但@Control 指令是在建立 ASP.NET 用户控件时使用的。@Control 指令允许定义用户控件要继承的属性，这些属性值会在解析和编译页面时赋予用户控件。常用格式如下：

```
<%@ Control Language="C#" AutoEventWireup="true" CodeBehind=
"WebUserControl1.ascx.cs" Inherits="WebApplication1.WebUserControl1" %>
```

表10-1列出了@Control指令的常用属性。

表10-1 @Control指令的常用属性

	描述
AutoEventWireup	指示控件的事件是否自动匹配。如果启用事件自动匹配，则为 true；否则为 false。 默认值为 true
ClassName	一个字符串，用于指定需在请求时进行动态编译的控件的类名。此值可以是任何有效的类名，并且可以包括类的完整命名空间（一个完全限定的类名）。如果没有为此特性指定值，已编译控件的类名将基于该控件的文件名。其他页或控件可以通过使用@ Reference 指令来引用分配给该控件的类名
ClientIDMode	指定用于生成控件 ClientID 值的算法。页的默认值为 AutoID。控件的默认值为 Inherit。因此，用户控件中控件的默认算法由用户控件的 ClientID 设置决定。可以在 @ Page 指令或 Web.config 文件的 pages 元素中的页级别中设置不同的默认值
CodeBehind	指定包含与控件关联的类的已编译文件的名称。 该特性不能在运行时使用
CodeFile	指定所引用的控件代码隐藏文件的路径。此特性与 Inherits 特性一起使用，将代码隐藏源文件与用户控件相关联。 该特性只对已编译控件有效
Debug	指示是否应使用调试符号来编译控件。如果应使用调试符号编译控件，则为 true；否则为 false。 由于此设置影响性能，因此只应在开发期间将此特性设置为 true
Description	提供控件的文本说明。 ASP.NET 分析器忽略该值
EnableTheming	指示控件上是否使用了主题。 如果使用主题，则为 true；否则为 false。 默认值为 true
EnableViewState	指示是否跨控件请求维护视图状态。 如果要保持视图状态，则为 true；否则为 false。 默认值为 true
Inherits	定义供控件继承的代码隐藏类。它可以是从 UserControl 类派生的任何类。 它与 CodeFile 特性（包含指向代码隐藏类的源文件的路径）一起使用
Language	指定在编译控件中所有内联呈现（<% %> 和 <%= %>）和代码声明块时使用的语言。值可以表示任何.NET Framework 支持的语言，包括 Visual Basic、C# 或 JScript。对于每个控件，只能使用和指定一种语言
Src	指定包含链接到控件的代码的源文件的路径。在所链接的源文件中，您可选择在类中或在代码声明块中包括控件的编程逻辑。可以使用 Src 特性将生成提供程序链接到控件

创建一个简单的用户控件

在项目中添加用户控件的操作方法很简单，与添加 Web 页面一样，选中项目，执行"添加"→"新建项"命令，会弹出一个"添加新项"对话框，如图10-1所示。

图10-1 添加新项

在图 10-1 中，选择"Web 用户控件"模板，在"名称"文本框中输入要创建的用户控件名称，如"WebUserControl1.ascx"，最后单击"添加"按钮。这样项目就成功地添加了一个用户控件。

打开 WebUserControl1.ascx 文件时，只能看见一个@Control 指令，如下代码所示：

```
<%@ Control Language="C#" AutoEventWireup="true" CodeBehind=
        "WebUserControl1.ascx.cs"
    Inherits="WebApplication1.WebUserControl1" %>
```

同样，它的代码文件 WebUserControl1.ascx.cs 也包含一个 Page_Load 方法，与 Web 页面唯一不同的是这个控件类是继承自 System.Web.UI.UserControl 类。如示例 10-1 所示。

【例 10-1】 用户控件类。

程序代码如下：

```csharp
using System;
using System.Collections.Generic;
using System.Linq;
using System.Web;
using System.Web.UI;
using System.Web.UI.WebControls;
namespace WebApplication1
{
    public partial class WebUserControl1 : System.Web.UI.UserControl
    {
        protected void Page_Load(object sender, EventArgs e)
        {
        }
    }
}
```

上文创建的用户控件 WebUserControl1 是一个没有任何实际功能的空控件，为了能够更好地演示用户控件的作用，还需要添加一些实际的内容，如示例 10-2 所示。

【例 10-2】 WebUserControl1.ascx

程序代码如下：

```
<%@ Control Language="C#" AutoEventWireup="true"
CodeBehind="WebUserControl1.ascx.cs" Inherits="WebApplication1.
        WebUserControl1" %>
<table>
    <tr> <td>
            <ASP:Calendar ID="Calendar1"
                OnSelectionChanged="Calendar1_SelectionChanged"
                runat="server"></ASP:Calendar>
        </td> </tr>
    <tr> <td>
            <ASP:Label ID="Label1" runat="server" />
        </td> </tr>
</table>
```

在例 10-2 中，为 WebUserControl1 用户控件添加了一个时间控件 Calendar1，并通过时间控件 Calendar1 的 OnSelectionChanged 事件将用户选择的时间通过 Label1 控件给用户显示出来。OnSelectionChanged 事件代码如下：

```
protected void Calendar1_SelectionChanged(object sender, EventArgs e)
{
    Label1.Text = "您选择的日期是: "+Calendar1.SelectedDate.ToLongDateString();
}
```

以上已经完成了一个完整的用户控件。但是用户控件不能作为独立的文件运行，所以必须像其他控件一样，将它们添加到 ASP.NET Web 页面中进行运行，如例 10-3 所示。

【例 10-3】 TextPage.aspx。

程序代码如下：

```
<%@ Page Language="C#" AutoEventWireup="true" CodeBehind="TextPage.aspx.cs"
    Inherits="WebApplication1.TextPage" %>
<%@ Register TagPrefix="wucl" TagName="WebUserControl1"
    Src="~/WebUserControl1.ascx" %>
<!DOCTYPE html>
<html xmlns="http://www.w3.org/1999/xhtml">
<head runat="server">
<meta http-equiv="Content-Type" content="text/html; charset=utf-8"/>
    <title>测试用户控件</title>
</head>
<body>
    <form id="form1" runat="server">
    <div>
        <wucl:WebUserControl1 ID="Textctl" runat="server" />
    </div>
    </form>
</body>
</html>
```

从示例 10-3 中可以看到，要想使用用户控件需要先在 Web 页面中使用@ Register。其中 TagPrefix 指定了控件标签的前缀，TagName 指定后缀，Src 指定了要包含的用户控件。@Register 指令的代码如下：

```
<%@ Register TagPrefix="wucl" TagName=
    "WebUserControl1" Src=
    "~/WebUserControl1.ascx" %>
```

定义好@Register 指令后，就可以在 Web 页面上直接使用该控件了，使用方法与在 Web 页面上使用其他控件一样。同时，它需要一个控件的唯一 ID 和 runat 属性。如：

```
<wucl:WebUserControl1 ID="Textctl"
    runat="server" />
```

运行 TextPage.aspx 文件，运行结果如图 10-2 所示。

图 10-2 TextPage.aspx 运行结果

10.1.2 在 Web.config 中注册用户控件

在普通页面中，我们通过在页面的顶部添加 <%@ Register %> 指令来引入和使用用户控件，如例 10-4 所示。

【例 10-4】 普通页面注册用户控件。

程序代码如下:

```
<%@ Register TagPrefix="ctl" TagName="header" Src="Controls/Header.ascx" %>
<%@ Register TagPrefix="ctl" TagName="footer" Src="Controls/Footer.ascx" %>
<%@ Register TagPrefix="ControlVendor" Assembly="ControlVendor" %>
<html>
<body>
<form id="form1" runat="server">
<ctl:header ID="MyHeader" runat="server" />
</form>
</body>
</html>
```

在例 10-4 中，前两个注册指令是用来注册用户控件的(是在.ascx 文件里实现的)，最后这个是用来注册编译进一个程序集 .dll 文件里的自定义控件的。注册完后，我们能够在页面的任何地方用设定好的 tagprefix (标识前缀)和标识符号名(tagname)来声明这些控件。这行之有效，但是当我们要在网站的许多页面上使用控件的话，管理起来会很痛苦。假如你移动了.ascx 文件，需要更新所有的注册声明。

显然，在每个页面上都使用<%@ Register %>注册控件是非常难以管理的。ASP.NET 提供了简便的方法，即在 Web.config 文件中注册。注册后无需再在每个页面上再注册即可使用。在 Web.config 文件的 pages->controls 部分新增声明,如果不存在 pages 和 controls 节点可以手动添加。如例 10-5 所示。

【例 10-5】 Web.config 中注册用户控件。

程序代码如下:

```
<?xml version="1.0"?>
<configuration>
<system.web>
<pages>
<controls>
<add tagPrefix="scottgu" src="~/Controls/Header.ascx" tagName="header"/>
<add tagPrefix="scottgu" src="~/Controls/Footer.ascx" tagName="footer"/>
<add tagPrefix="ControlVendor" assembly="ControlVendorAssembly"/>
</controls>
</pages>
</system.web>
</configuration>
```

需要注意的是，上面用户控件中"~"句法的使用。在 ASP.NET 中"~"符号的意思是"从应用的根路径来定位"，它提供了一个很好的方法来避免在你的编码里四周使用".."。

一旦你在 web.config 文件中声明好这些控件后，就能够在网站上的任何一个页面，母版页或者用户控件中使用它们了，如下所示（不再需要注册指令）：

```
<html>
<body>
<form id="form1" runat="server">
<scottgu:header ID="MyHeader" runat="server" />
</form>
</body>
</html>
```

10.1.3 转换现有页为用户控件

在实际开发中，经常会将项目中复用性很高的 Web 页面整体或部分转化为用户控件，以方便在以后的开发中更好地重复应用与统一维护。

将 Web 页面转换为用户控件的方法很简单，进行如下步骤即可将一个完整的 Web 页面转换为用户控件：

将 Web 页面的文件扩展名（.aspx、.aspx.cs、.aspx.designer.cs）改为用户控件的扩展名（.ascx、.ascx.cs、ascx.designer.cs），例如将 WebUserControl1.aspx 改为 WebUserControl1.ascx。

将页面中的@Page 指令更改为@Control 指令。同时保留可以作为@Control 的属性，移除@Control 不支持的属性。

在@Control 指令中包含 ClassName 属性，这允许将用户控件添加到页面时对其进行强化类型。

从 Web 页面中移除<html>、<head>、<body>和<form>元素。这些元素在用户控件中是不需要的，因为一个用户控件可以在一个页面上出现多次，但这些元素在一个 Web 页面中只能出现一次，所以必须删除它们。

WebUserControl1.aspx 名字修改后，后台代码文件 WebUserControl1.aspx.cs 也修改成了 WebUserControl1.ascx.cs。但是 Web 页面的类是继承 System.Web.UI.Page，因此修改类继承自 System.Web.UI.UserControl。至此，修改就完成了 Web 页面到用户控件的转变。

10.2 编程处理用户控件

10.2.1 公开用户控件中的属性

在实际开发中，使用 Web 控件都可以通过设置属性使得控件展现出我们实际需要的样子。用户控件也一样，通过属性配置它。

用户控件也是一个类，所为其添加属性的方法如同为类添加属性一致。声明如下：

```
private string _title;
public string Title
{
  get { return _title; }
  set { _title = value; }
}
```

通过以上声明，可以为用户控件添加一个自定义的属性。如果该属性是为用户控件的某一控件赋值，可以在用户控件的 Page_Load 事件中设置。也可以通过属性控制器直接为控件赋值或读取，代码如下所示：

```
public string Context
{
  get { return context.Text; }
  set { context.Text = value; }
}
```

以上两种可以为用户控件添加属性。如例 10-6 和例 10-7。

【例 10-6】 LabContext.ascx。

程序代码如下：

```
<%@ Control Language="C#" AutoEventWireup="true" CodeBehind="LabContext.ascx.cs"
Inherits="WebApplication1.LabContext" %>
标题：<ASP:Label ID="title" runat="server" /><br />
内容：<ASP:Label ID="context" runat="server" />
```

【例 10-7】 LabContext.ascx.cs。

程序代码如下：

```
using System;
using System.Collections.Generic;
using System.Linq;
using System.Web;
using System.Web.UI;
using System.Web.UI.WebControls;
namespace WebApplication1
{
    public partial class LabContext : System.Web.UI.UserControl
    {
        protected void Page_Load(object sender, EventArgs e)
        {
            if (!Page.IsPostBack)
            {
                title.Text = _title;
            }
        }
        private string _title;
        public string Title
        {
            get{
                return _title;
            }
            set{
                _title=value;
            }
        }
        public string LabelContext
        {
            get
            {
                return context.Text;
            }
            set
            {
                context.Text = value;
            }
        }
    }
}
```

在例 10-6 中，用户控件声明了两个 Label 控件 title 和 context。例 10-7，即用户控件的后台代码中，使用了属性控制器为 context 控件赋值，通过用户控件的 Page_Load 事件为 title 控件赋值。

对于页面引用，可以由两种方式进行选择：

（1）在页面的控件引用标签里进行设置相关属性值，这样在用户控件第一次初始化时就会对其配置。如下所示：

```
<wul:LabContext ID="lc1" runat="server" Title="测试标题" LabelContext="测试内容" />
```

（2）也可以在代码里通过用户控件的 ID 进行动态设置。如下所示：

```
lc1.Title = "后台测试标题";
lc1.LabelContext = "后台测试内容";
```

注意：如果使用的是简单属性类型，如 int、DateTime、float 等，在宿主页面声明控件时可以把它们设置为字符串，ASP.NET 会通过类型转换器自动为字符串转换为控件里面定义的属性类型。

程序代码运行结果如图 10-3 和图 10-4 所示。

图 10-3　页面引用标签设置属性　　　　　图 10-4　后台设置用户控件属性

10.2.2　使用自定义对象属性

用户控件可以设置一些普通的数据类型作为属性，但有时候却不能完成更复杂的功能，这时候就需要用户创建自定义对象的方式类扩展它。

以例 10-6 中的用户控件为例，为控件中的内容分段。首先创建一个自定义类 ParagraphItem，如例 10-8。

【例 10-8】 LabContext.ascx.cs。

程序代码如下：

```csharp
public class ParagraphItem
{
    string context;
    public string Context
    {
        get
        {
            return context;
        }
        set
        {
            context = value;
        }
    }
    public ParagraphItem()
    { }
    public ParagraphItem(string context)
    {
```

```
            this.context = context;
        }
    }
```

定义好 ParagraphItem 类之后，就需要用户控件添加相应的属性。在用户控件类中声明一个 ParagraphItems 集合，它接受 ParagraphItem 对象数组，该数组的每一个元素都代表"内容"Label 控件中的一段。如例 10-9。

【例 10-9】 LabContext.ascx.cs。

程序代码如下：

```
public partial class LabContext : System.Web.UI.UserControl
{
    protected void Page_Load(object sender, EventArgs e)
    {
        if (!Page.IsPostBack)
        {
            title.Text = _title;
        }
    }
    private string _title;
    public string Title
    {
        get{
            return _title;
        }
        set{
            _title=value;
        }
    }
    private ParagraphItem[] paragraphItems;
    public ParagraphItem[] ParagraphItems
    {
        get
        {
            return paragraphItems;
        }
        set
        {
            paragraphItems = value;
            context.Text="";
            foreach (ParagraphItem pi in paragraphItems)
            {
                context.Text += pi.Context+"<br />";
            }
        }
    }
}
```

创建好控件后，就可以在宿主页面的后台代码文件里定义一个用户控件的自定义对象，然后绑定到用户控件并显示它。如示例 10-10 所示。

【例10-10】 宿主后台代码。

```
public partial class WebForm3 : System.Web.UI.Page
{
    protected void Page_Load(object sender, EventArgs e)
    {
        if (!IsPostBack)
        {
            lc1.Title = "后台测试标题";
            lc1.LabelContext = "后台测试内容";
            ParagraphItem[] items = new ParagraphItem[4];
            items[0] = new ParagraphItem("测试段落1");
            items[1] = new ParagraphItem("测试段落2");
            items[2] = new ParagraphItem("测试段落3");
            items[3] = new ParagraphItem("测试段落4");
            lc1.ParagraphItems = items;
        }
    }
}
```

运行上面的示例10-10代码，结果如图10-5所示。

图10-5 用户控件自定义对象

10.2.3 添加用户控件事件

既然用户控件可以有自己的方法和属性，同样也可以有自己的事件。通过方法和属性，用户控件响应网页代码带来的变化。然而，使用事件时，刚好与方法和属性相反，用户控件通过通知网页发生了某个活动，然后网页代码做出响应。

示例10-11展示了一个简单用户控件页面设计，包含两个Label标签和两个获取"标题"和"内容"的按钮。

【例10-11】 LabContext.ascx。

程序代码如下：

```
<%@ Control Language="C#" AutoEventWireup="true" CodeBehind=
                "LabContext.ascx.cs"
Inherits="WebApplication1.LabContext" %>
标题: <ASP:Label ID="title" runat="server" /><br />
内容: <ASP:Label ID="context" runat="server" />
<ASP:Button ID="gettitle" OnClick="gettitle_Click" Text="获取标题"
                runat="server" />
<ASP:Button ID="getcontext" runat="server" OnClick="getcontext_Click"
            Text="获取内容" />
```

为控件定义事件时,有时候只是为了通知宿主页面发生某个事件并不需要回传信息,但有时候却要回传信息给宿主页面,那么就需要定义一个自定义的用来保存回传信息的类。如示例 10-12 所示。

【例 10-12】 事件参数类。

程序代码如下:

```
public class GetTitleEventArgs : EventArgs
{
  private string title;
  public string Title
  {
   get
   {
    return title;
   }
   set
   {
    title = value;
   }
  }
}
```

定义好自定义对象 GetTitleEventArgs 类之后,就可以创建与实际需要的事件签名的新委托。可以将该委托添加在你喜欢的任何地方,但是一般将它放在与用户控件同一层次的命名空间,仅在使用它声明类之前或之后,如示例 10-13 所示。

【例 10-13】 定义委托和控件触发事件。

程序代码如下:

```
//定义事件使用的委托
public delegate void GetTitleClickControl(object sender, GetTitleEventArgs e);
public partial class LabContext : System.Web.UI.UserControl
{
//定义事件
public event GetTitleClickControl GetTitleClick;
protected void gettitle_Click(object sender, EventArgs e)
{
  //判断是否被订阅
  if (GetTitleClick!=null)
  {
   GetTitleEventArgs ex = new GetTitleEventArgs();
   ex.Title = title.Text;
   //事件发生
   GetTitleClick(this,ex);
  }
}
}
```

注意:引发一个事件时,首先必须检查事件的变量是否为空引用,如 if (GetTitleClick!=null) 语句。如果变量为空引用,它表明还没有注册任何事件处理程序,有可能控件还没创建。试图引发事件就会产生一个空引用异常。如果事件变量不为空,就可以使用名称并传递适当的一些事件参数来引发事件。

上面的代码完成了一个带自定义事件的用户控件，接下来，在宿主页面中使用该用户控件时就可以在控件标签内订阅该事件，从而通知宿主页面发生了事件。代码如下所示：

```
<wul:LabContext ID="lc1" runat="server" OnGetTitleClick="lc1_GetTitleClick"
    Title="测试标题"
LabelContext="测试内容" />
```

接下来为宿主页面编写用户控件的自定义事件响应函数。代码如下所示：

```
protected void lc1_GetTitleClick(object sender, GetTitleEventArgs e)
{
    lbmsg.Text = "触发了用户控件的自定义对象-获取标题";
}
```

运行宿主页面，单击"获取标题"按钮，将触发用户控件的 OnGetTitleClick 时间。运行结果如图 10-6 所示。

图 10-6　用户控件自定义事件运行结果

10.3　动态加载用户控件

10.3.1　动态创建用户控件

在实际的开发中，有时候需要动态地创建控件，如有多组控件组，但同一时间只需要其中的一组或有限组，为了减轻页面大小，可以根据需求动态创建所需的控件。又或者需要重复使用某一控件。

其实，页面用户控件的动态加载技术和普通的 Web 服务器控件的动态加载技术相似，它们都需要调用 Page.LoadControl()方法。与普通的 Web 服务器控件的动态加载技术不同的是，加载用户控件调用 Page.LoadControl()方法时，需要传递用户控件标记文件.ascx 的文件名。Page.LoadControl()方法返回一个 UserControl 对象，可以把它添加到页面上并把它转换为特定的类型从而访问控件的特定功能。

一般情况下，可以在宿主页面使用容器控件或 PlaceHolder 控件来确保用户控件加载到你所希望的地方。代码如下所示：

```
<ASP:PlaceHolder ID="PlaceHolder1" runat="server" />
```

在设置好动态加载用户控件的容器之后，就可以在宿主页面中使用 Page.LoadControl()方法来动态加载用户控件。理论上可以在宿主页面上的任何地方使用 Page.LoadControl()方法来动态加载用户控件，但是建议在宿主页面的 Page.Load 事件中编写动态加载的代码。因为页面每次加载都会产生该事件,在该事件中可以正确地重置用户控件的状态并接受回发的事件,若在其他事件中动态加载,如 Button 控件的 onClick 事件中,那么其他控件产生的回发事件都导致曾经动态加载的控件丢失。

在使用 Page.LoadControl()方法动态创建控件后,还可以通过设置 ID 属性来给用户控件设置一个唯一的名称,有了这个用户控件的唯一名称,就可以在需要的时候通过 Page.FindControl()方法获取对控件的引用。动态加载代码如例 10-14 和 10-15 所示。

【例 10-14】 PlaceHolderDemo.aspx。

程序代码如下:

```
<%@ Page Language="C#" AutoEventWireup="true" CodeBehind="PlaceHolderDemo.aspx.cs"
         Inherits="Demo_10._1.PlaceHolderDemo"%>
<%@ Reference Control="~/LabContext.ascx" %>
<!DOCTYPE html>
<html xmlns="http://www.w3.org/1999/xhtml">
<head runat="server">
<meta http-equiv="Content-Type" content="text/html; charset=utf-8"/>
    <title></title>
</head>
<body>
    <form id="form1" runat="server">
    <div>
        <asp:PlaceHolder ID="PlaceHolder1" runat="server" />
        <br />
        <asp:Button ID="btn1" runat="server" Text="单击动态添加"
                    OnClick="btn1_Click" />
        <asp:Button ID="btn2" runat="server" Text="使用 FindControl"
                    OnClick="btn2_Click" />
        <br />
        <asp:PlaceHolder ID="PlaceHolder2" runat="server" />
    </div>
    </form>
</body>
</html>
```

【例 10-15】 PlaceHolderDemo.aspx.cs。

程序代码如下:

```
using System;
using System.Collections.Generic;
using System.Linq;
using System.Web;
using System.Web.UI;
using System.Web.UI.WebControls;
namespace Demo_10._1
{
    public partial class PlaceHolderDemo: System.Web.UI.Page
    {
        protected void Page_Load(object sender, EventArgs e)
        {
            LabContext control = (LabContext)Page.LoadControl
```

```
                ("~/LabContext.ascx");
            control.ID = "control1";
            control.Title = "动态添加控件的标题";
            control.LabelContext = "动态添加控件的内容";
            PlaceHolder1.Controls.Add(control);
            Control control2 = Page.LoadControl("~/LabContext.ascx");
            control2.ID = "control2";
            PlaceHolder1.Controls.Add(control2);
        }
        protected void btn1_Click(object sender, EventArgs e)
        {
            LabContext control = (LabContext)Page.LoadControl
                    ("~/LabContext.ascx");
    control.ID = "control3";
            control.Title = "Click事件动态添加控件的标题";
            control.LabelContext = "Click事件动态添加控件的内容";
            PlaceHolder2.Controls.Add(control);
        }
        protected void btn2_Click(object sender, EventArgs e)
        {
            LabContext control1 = (LabContext)Page.FindControl("control1");
            control1.Title = "FindControl方法查找控件,并修改标题";
        }
    }
}
```

在示例 10-15 的 Page_Load 事件中,使用了两种动态添加控件的方法。因为 Page.LoadControl() 方法返回的是 UserControl 对象,其类型为 Control,所以可以 Control 类型的对象引用动态创建的控件。虽然这是一种方便地不用强制转换类型就可以动态加载控件的方法,但是却失去了使用控件特性的可能。如本需要初始化信息的控件,将无法初始化,所以一般情况下都使用强制转换的方法,使其可以使用动态加载的控件的特定功能。运行结果如图 10-7 所示。

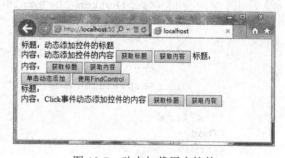

图 10-7　动态加载用户控件

10.3.2　使用 Reference 指令

指示应该根据在其中声明此指令的当前 ASP.NET 文件(网页、用户控件或母版页),对位于某个虚拟路径的另一个用户控件、页源文件或任意文件进行动态编译和链接。

使用 Reference 指令可以使用户控件动态加载,但却失去了直接在页面上使用标签引用用户控件的可能,只能通过动态加载控件的方法在后台动态加载。

注:被引用的控件如果是单文件,那么需要在用户控件的 Control 指令里添加 ClassName 属性。该属性只是该用户控件的类名。

10.4　Web 部件

ASP.NET Web 部件是一组集成控件,用于创建网站使最终用户可以直接从浏览器修改网页的内容、外观和行为。这些修改可以应用于网站上的所有用户或个别用户。当用户修改页和控件时,可以保存这些设置以便跨以后的各浏览器会话保留用户的个人首选项,这种功能称为个性化设置。这些 Web 部件功能意味着开发人员可以使最终用户动态地对 Web 应用程序进行个性化设置,而无需开发人员或管理员的干预。

通过使用 Web 部件控件集,开发人员可以使最终用户执行下列操作:

- 对页内容进行个性化设置。用户可以像操作普通窗口一样在页上添加新 Web 部件控件,或者移除、隐藏或最小化这些控件。
- 对页面布局进行个性化设置。用户可以将 Web 部件控件拖到页的不同区域,也可以更改控件的外观、属性和行为。
- 导出和导入控件。用户可以导入或导出 Web 部件控件设置以用于其他页或站点,从而保留这些控件的属性、外观甚至是其中的数据。这样可减少对最终用户的数据输入和配置要求。
- 创建连接。用户可以在各控件之间建立连接;例如,Chart 控件可以为 Stock Ticker 控件中的数据显示图形。用户不仅可以对连接本身进行个性化设置,而且可以对 Chart 控件如何显示数据的外观和细节进行个性化设置。
- 对站点级设置进行管理和个性化设置。授权用户可以配置站点级设置、确定谁可以访问站点或页、设置对控件的基于角色的访问等。例如,管理员角色中的用户可以将 Web 部件控件设置为由所有用户共享,并禁止非管理员用户对共享控件进行个性化设置。

10.4.1 使用 Web 部件

Web 部件控件集由三个主要构造块组成:个性化设置、用户界面(UI)结构组件和实际的 Web 部件 UI 控件。许多开发工作将以 Web 部件控件为重点,这些控件只是可使用 Web 部件控件集功能的 ASP.NET 控件。

通常会通过下列三种方法之一使用 Web 部件:创建使用 Web 部件控件的页,创建单个 Web 部件控件,或者创建完整的、可个性化设置的 Web 应用程序(如门户网站)。

(1) 页开发。页开发人员可以使用可视化设计工具(如 Microsoft Visual Studio 2005)创建使用 Web 部件的页。使用 Visual Studio 之类工具的一个好处就是:在可视化设计器中,Web 部件控件集可提供拖放式创建及配置 Web 部件控件的功能。例如,可以使用该设计器将一个 Web 部件区域或一个 Web 部件编辑器控件拖到设计图面上,然后使用 Web 部件控件集所提供的用户界面将该控件配置在设计器中的正确位置。这可以加快 Web 部件应用程序的开发速度并减少必须编写的代码量。

(2) 控件开发。可以将现有的任意 ASP.NET 控件用作 Web 部件控件,包括标准的 Web 服务器控件、自定义服务器控件和用户控件。若要通过编程最大限度地控制环境,还可以创建从 WebPart 类派生的自定义 Web 部件控件。在开发单个 Web 部件控件时,通常会创建一个用户控件并将其用作 Web 部件控件,或者开发一个自定义 Web 部件控件。

作为一个开发自定义 Web 部件控件的示例,可以创建一个控件以提供其他 ASP.NET 服务器控件所提供的任何功能,这可能对打包为可个性化设置的 Web 部件控件十分有用,这样的控件包括:日历、列表、财务信息、新闻、计算器、用于更新内容的多格式文本控件、连接到数据库的可编辑网格、动态更新显示的图表或天气和旅行信息。如果对控件提供了可视化设计器,则使用 Visual Studio 的任何页开发人员只需将控件拖至 Web 部件区域并在设计时对该控件进行配置,而无需另外编写代码。

(3) Web 应用程序开发。开发完全集成和可个性化设置的 Web 应用程序(如门户网站)涉及最全面地使用 Web 部件。可以开发一个允许用户对用户界面和内容进行大量个性化设置的网站，其功能类似 MSN。或者，甚至可以开发一个可由提供门户加载服务的公司或收费 ISP 提供和使用的打包应用程序。

在 Web 应用程序方案中，可以为最终用户提供一个完整的解决方案来管理和个性化设置应用程序。这可能包括：一组提供站点所需功能的 Web 部件控件、一组使最终用户可以一致地对用户界面进行个性化设置的一致主题和样式、Web 部件控件目录（用户可以从中选择要显示在页上的控件）、身份验证服务以及基于角色的管理（例如，允许管理员用户为所有用户对 Web 部件控件和站点设置进行个性化设置）。

对于应用程序的各部分，可以根据需要扩展 Web 部件控件以对环境提供更好的控制。例如，除了为页的主要用户界面创作自定义 Web 部件控件之外，还可能需要开发一个与应用程序的外观一致的自定义 Web 部件目录，并使用户可以更灵活地选择向页添加控件的方式。也可以扩展区域控件，以便为它包含的 Web 部件控件提供其他用户界面选项。此外，还可以编写自定义个性化设置提供程序，以对存储和管理个性化设置数据的方式提供更大的灵活性和更多的控制。

Web 页面创建示例

1. 创建一个 Web 页面

创建一个普通 Web 页面，前台页面如例 10-16。

【例 10-16】 WebPartsDemo.aspx。

程序代码如下：

```
<%@ Page Language="C#" AutoEventWireup="true" CodeBehind="WebPartsDemo.aspx.cs"
Inherits="WebApplication1.WebPartsDemo" %>
<!DOCTYPE html>
<html xmlns="http://www.w3.org/1999/xhtml">
<head runat="server">
<meta http-equiv="Content-Type" content="text/html; charset=utf-8"/>
  <title>Web Parts Page</title>
</head>
<body>
  <h1>Web Parts Demonstration Page</h1>
  <form runat="server" id="form1">
  <br />
  <table cellspacing="0" cellpadding="0" border="0">
   <tr>
    <td valign="top">
    </td>
     <td valign="top">
     </td>
     <td valign="top">
     </td>
   </tr>
  </table>
  </form>
</body>
</html>
```

2. 添加 WebPartManger 控件

WebPartManger 控件的主要任务是管理 Web 部件控件、添加和移除 Web 部件控件、管理连接、对控件和页进行个性化设置、在页面视图之间切换、引发 Web 部件生命周期时间、启用控件的导入和导出。所以使用 Web 部件的页面都必须有这个控件。

在页面中的<form>元素里面紧接着添加一个<ASP:webpartmanager> 元素，代码如下所示：

```
...
<form runat="server" id="form1">
<ASP:WebPartManager ID="WebPartManager1" runat="server" />
...
</form>
...
```

3. 添加 WebPartZone 控件

向页面添加完 WebPartManager 控件之后，就可以添加可定制区域到 Web 部件。这些区域也成为 Web 部件区域，而且区域都可以包含任意多的 Web 部件。代码如下所示：

```
<form runat="server" id="form1">
    <ASP:WebPartManager ID="WebPartManager1" runat="server" />
    <br />
    <table cellspacing="0" cellpadding="0" border="0">
        <tr>
            <td valign="top">
                <ASP:WebPartZone ID="SideBarZone" runat="server"
                    HeaderText="Sidebar">
                    <ZoNETemplate>
                    </ZoNETemplate>
                </ASP:WebPartZone>
            </td>
            <td valign="top">
                <ASP:WebPartZone ID="MainZone" runat="server" HeaderText="Main">
                    <ZoNETemplate>
                    </ZoNETemplate>
                </ASP:WebPartZone>
            </td>
            <td valign="top"></td>
        </tr>
    </table>
</form>
```

添加 Web 部件

现在，页面包含两个区域，可以分别对它们进行控制。但是，这两个区域中都不包含任何内容。Web 部件区域的布局将由<zoNETemplate>元素指定。在区域模板中，可以添加任何 Web 服务器控件，无论它是自定义 Web 部件控件、用户控件还是现有的服务器控件。如例 10-17 所示：

【例 10-17】 WebPartsDemo.aspx。

```
<%@ Page Language="C#" AutoEventWireup="true" CodeBehind=
    "WebPartsDemo.aspx.cs"
    Inherits="WebApplication1.WebPartsDemo" %>
```

```html
<%@ Register TagPrefix="ucl" TagName="searchusercontrol" Src=
        "~/LabContext.ascx" %>
<!DOCTYPE html>
<html xmlns="http://www.w3.org/1999/xhtml">
<head runat="server">
    <meta http-equiv="Content-Type" content="text/html; charset=utf-8" />
    <title>Web Parts Page</title>
</head>
<body>
    <h1>Web Parts Demonstration Page</h1>
    <form runat="server" id="form1">
        <ASP:WebPartManager ID="WebPartManager1" runat="server" />
        <br />
        <table cellspacing="0" cellpadding="0" border="0">
          <tr>
              <td valign="top">
                  <ASP:WebPartZone ID="SideBarZone" runat="server"
                      HeaderText="Sidebar">
                      <ZoNETemplate>
                          <ASP:Label runat="server" ID="linksPart"
                                                    title="Links">
                              <a href="www.ASP.NET">ASP.NET site</a>
                              <br />
                              <a href="www.gotdotNET.com">GotDotNET</a>
                              <br />
                              <a href="www.contoso.com">Contoso.com</a>
                              <br />
                          </ASP:Label>
                          <ucl:searchusercontrol ID="searchPart"
                                                  runat="server"
                              Title="Search" />
                      </ZoNETemplate>
                  </ASP:WebPartZone>
              </td>
              <td valign="top">
                  <ASP:WebPartZone ID="MainZone" runat="server"
                                  HeaderText="Main">
                      <ZoNETemplate>
<ASP:label id="contentPart" runat="server" title="Content">
    <h2>Welcome to My Home Page</h2>
    <p>Use links to visit my favorite sites!</p>
</ASP:label>
                      </ZoNETemplate>
                  </ASP:WebPartZone>
              </td>
              <td valign="top"></td>
          </tr>
```

```
            </table>
        </form>
</body>
</html>
```

在示例 10-17 中，用户控件 searchusercontrol 用于搜索，但不实现具体的搜索功能。代码如下：

```
<%@ Control Language="C#" AutoEventWireup="true" CodeBehind=
                         "SearchUserControlCS.ascx.cs"
 Inherits="WebApplication1.SearchUserControlCS" %>
<ASP:textbox runat="server" id="inputBox"></ASP:textbox>
<br />
<ASP:button runat="server" id="searchButton" text="Search" />
```

设置个性化数据存储

到现在为止，一个简单的 Web 部件页面基本上设计完成了。但是，如果要运行这个 Web 部件页面，还需要做相关的配置。其中最重要的就是设置个性化数据存储。

和大多数 ASP.NET 中的提供程序一样，默认的个性化提供程序是面向 SQL Server 后台存储实现的。如果不修改配置文件，它将使用 SQL 个性化设置提供程序（SqlPersonalization Provider）以及 Microsoft SQL Server Express Edition 来存储个性化设置数据。如果服务器安装了 SQL Server Express，则不需要进行任何配置。

使用 Microsoft SQL Server Express Edition 基于文件的数据库的一个优势是它可以被动态存储，不需要用户任何附加的设置。这意味着可以创建一个全新的站点。但最初与网站交互时，系统会在站点的 App_Data 目录中生成一个新的 ASPNETdb.mdf 文件。并且用支持所有默认提供程序所需的表和存储过程来初始化该数据库。

虽然 Microsoft SQL Server Express Edition 比较简单方便，但是很少能够作为企业级应用。因为对于企业系统来说，它需要将数据存储到某个被全面管理的、专用的数据库服务器上。因此必须使用完整版本的 SQL Server，而在这个时候就必须要安装并配置 ASP.NET 应用服务数据库，并且将 SQL 个性化设置提供程序配置为连接到该数据库。

想要安装并配置 ASP.NET 应用程序服务数据库，ASP.NET 提供一个名为 ASPNET_regsql.exe 的工具，该工具用于安装 SQL Server 提供程序使用的 SQL Server 数据库。其中，ASPNET_regsql.exe 工具位于 Web 服务器上的驱动器：\Windows\Microsoft.NET\ Framework\ 版本号（例如：C:\Windows\Microsoft.NET\Framework\v4.0.30319）文件夹中。该工具既可用于创建 SQLServer 数据库，又可用于用户在现有数据库中添加或移除选项。

可以在不使用任何命令行参数的情况下运行 ASPNET_regsql.exe 来运行一个引导你完成如下过程的向导：为运行 SQL server 的计算机指定连接信息，并为所有受支持的功能安装或移除数据库元素。还可以将 ASPNET_regsql.exe 作为命令行工具来运行，以方便各个功能指定要添加或移除的数据库元素。详细步骤如下：

（1）双击运行 ASPNET_regsql.exe 工具，如图 10-8 所示。

（2）在图 10-8 中单击"下一步"按钮，如图 10-9 所示。可以为所有受支持的功能安装或移除数据库元素。在这里，选择"为应用程序服务配置 SQL Server"。

（3）在图 10-9 中单击"下一步"按钮，如图 10-10 所示。接下来就可以为运行 SQL Server 的计算机指定连接信息。设置完连接信息之后，就可以在图 10-11 中看到所设置的结果。完成安装界面如图 10-12 所示。

打开 SQL Server 数据库，就可以看到安装好的 ASPNETdb 数据库，如图 10-13 所示。

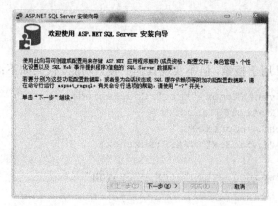

图 10-8 运行 ASPNET_regsql.exe 工具

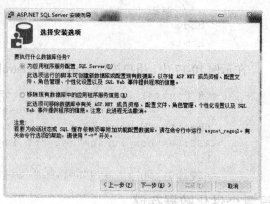

图 10-9 选择任务

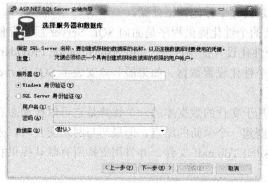

图 10-10 指定连接信息

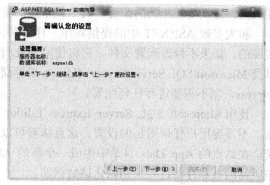

图 10-11 显示设置结果

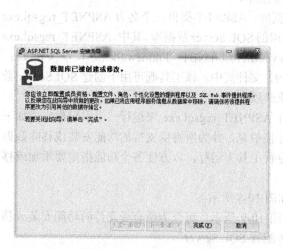

图 10-12 安装完成

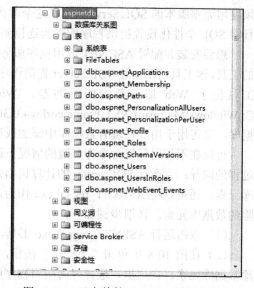

图 10-13 已安装的 ASPNETdb 数据库

创建好了数据库，接下来就是配置 Web.config。为了使用新创建的数据库就要使

SqlPersonalizationProvider 提供程序引用新的数据库。首先，默认 webParts 元素在.NET Framework 版本的根 Web.config（如：C:\Windows\Microsoft.NET\Framework\v4.0.30319）文件中配置代码如下所示：

```
<webParts>
   <personalization>
      <providers>
        <add connectionStringName="LocalSqlServer"
        name="ASPNETSqlPersonalizationProvider" type="System.Web.UI.
            WebControls.WebParts.SqlPersonalizationProvider,
            System.Web, Version=4.0.0.0, Culture=neutral,
            PublicKeyToken=b03f5f7f11d50a3a" />
      </providers>
<authorization>
         <deny users="*" verbs="enterSharedScope" />
         <allow users="*" verbs="modifyState" />
         </authorization>
   </personalization>
   <transformers>
      <add name="RowToFieldTransformer"
type="System.Web.UI.WebControls.WebParts.RowToFieldTransformer" />
      <add name="RowToParametersTransformer"
type="System.Web.UI.WebControls.WebParts.RowToParametersTransformer" />
   </transformers>
</webParts>
```

在上面的配置中，发现 SqlPersonalizationProvider 的配置将连接字符串初始化为 LocalSQLServer，这意味着它会在配置文件中的<connectionStrings>节点中寻找名字为 LocalSQLServer 的配置项，并使用相关的连接字符串去连接数据库。

默认情况下，这个字符串就是在前面看到的，这意味着它会写入一个本地的 Microsoft SQL ServerExpress Edition .mdf 文件。要修改它，必须首先清除掉 LocalSqlServer 连接字符串集合，然后在 Web.Config 文件中重新设置一个新的数据库连接字符串值就可以了。配置示例如下代码所示：

```
<connectionStrings>
   <clear/>
   <add name="LocalSqlServer"
connectionString="server=.;database=ASPNETdb;uid=sa;pwd=123"/>
   </connectionStrings>
```

经过上面的配置之后，就可以运行上面的 Web 部件页面了，如图 10-14 所示。

图 10-14　Web 部件示例运行结果

10.4.2 WebPartManager 显示模式

ASP.NET Web 部件页可以进入几种不同的显示模式。显示模式是一种应用于整个页的特殊状态，在该状态中，某些用户界面（UI）元素可见并且已启用，而其他用户界面（UI）元素则不可见且被禁用。利用显示模式，最终用户可以执行某些任务来修改或个性化页，如编辑 Web 部件控件、更改页面布局，或者在可用控件目录中添加新控件。

通常，您会提供一个用户界面以允许用户根据需要切换显示模式。可以使用 DisplayMode 属性以编程方式更改页的显示模式。

Web 部件控件集内有五种标准显示模式：浏览（最终用户查看网页所用的普通模式）、设计、编辑、目录和连接。上面的每种显示模式都从 WebPartDisplayMode 类派生。表 10-2 列出了这些显示模式并汇总了它们的行为。

表 10-2 Web 部件显示模式

显示模式	说 明
BrowseDisplayMode	以最终用户查看网页的普通模式显示 Web 部件控件和用户界面元素
DesignDisplayMode	显示区域用户界面，并允许用户拖动 Web 部件控件以更改页面布局
EditDisplayMode	显示编辑 UI 元素，并允许最终用户编辑页上的控件。允许拖动控件
CatalogDisplayMode	显示目录 UI 元素，并允许最终用户添加和移除页面控件。允许拖动控件
ConnectDisplayMode	显示连接 UI 元素，并允许最终用户连接 Web 部件控件

10.5 小结

本章主要介绍了 ASP.NET 用户控件的创建与使用方法。其中介绍了用户控件的创建，用户控件的属性定义、事件处理、自定义对象、自定义事件与程序动态加载用户控件等几方面内容。对 Web 部件也做了介绍。

10.6 习题

1. 创建一个简单的用户控件，并编写一个测试页面。
2. 转化一个现有的页面为用户控件，并在 Web.config 中注册该控件。
3. 在题 1 的基础上设计一些基础属性并公开，包含自定义对象和所使用到的控件属性。
4. 在题 3 的基础上添加事件，（1）添加普通事件；（2）添加自定义事件。
5. 创建一个测试页面，使用动态加载控件的方法创建控件。
6. 使用 ASPNET_regsql.exe 工具创建应用程序服务数据库。
7. 创建一个包含 Web 部件的测试页面，并为 Web 部件配置保存个性化数据。

第 11 章 ASP.NET 应用程序安全技术

本章要点或学习目标
- 了解.NET 提供的两种不同身份验证方式的区别
- 掌握简单的 SQL 注入攻击示范及防范方法
- 掌握授权 URL 的基础知识

11.1 身份验证

身份验证是从客户输入获取登录凭证（如用户名和密码）并通过一定方式验证这些凭证的过程。如果输入的登录凭证有效，就将这些凭据的用户视为通过身份验证的用户。

ASP.NET 通过身份验证提供程序（即包含验证请求方凭据所需代码的代码模块）来实现身份验证。ASP.NET 4.5 默认提供 4 种身份验证方式：Windows 身份验证、Forms 身份验证、Passport 身份验证、None 身份验证。其中 Windows 身份验证为系统默认的验证方式，Form 身份验证是基于 Web 的系统中最常用的验证方式。下面详细介绍这两种身份验证方式。

11.1.1 基于 Windows 的身份验证

在 ASP.NET 应用程序中，Windows 身份验证将 IIS 所提供的用户标识视为已经通过身份验证的用户。使用 Windows 身份验证的优点是它需要的编码最少。在将请求传递给 ASP.NET 之前，CLR 使用 Windows 身份验证模拟 IIS 验证的 Windows 用户账户。这里唯一的缺点是在基于互联网的应用系统中，由于客户与服务器不在一个域，就难以使用基于 Windows 的身份验证，这种方式比较适合在开发内部应用系统时使用。

在 ASP.NET 中，使用 WindowsAuthenticationModule 模块来实现 Windows 身份验证。该模块根据 IIS 所提供的系统登录凭据构造一个 WindowsIdentity 用户标识，并将该标识设置为该应用程序的当前 User 属性值。

Windows 身份验证是 ASP.NET 应用程序的默认身份验证机制，并指定为身份验证配置元素 authentication 的默认属性。要更改 IIS 的默认设置，可以在 Web.config 文件中添加如下所示的代码，启动基于 Windows 的身份验证：

```
<system.web>
<authentication mode=" Windows"/>
<system.web>
```

尽管 Windows 身份验证模式根据 IIS 所提供的凭据将当前的 User 属性值设置为 WindowsIdentity，但在这种方式下，不会修改提供给操作系统的 Windows 标识。Windows 标识用于进行权限检查（如 NTFS 文件权限检查）或者使用集成安全性方式连接到 SQL Server 数据库。默认情况下，此 Windows 标识是 ASP.NET 进程的标识。在 Microsoft Windows 7 和 Windows XP Professional 上，为本地 ASP.NET 账户。在 Windows 2003/Windows Server 2008 上，此标识是 ASP.NET 应用程序所属的 IIS 应用程序池的标识。默认情况下是 NETWORKSERVICE 账户。

通过启用账户模拟功能，可以将 ASP.NET 应用程序的 Windows 标识配置为 IIS 所提供的 Windows 标识。也就是指示 ASP.NET 应用程序模拟 IIS 为 Windows 操作系统验证的所有任务（包括文件和网络访问）提供的标识。

若要为 Web 应用程序启用模拟功能，需要在该应用程序的 Web.config 文件中将 identity 元素的 impersonate 属性设置为 true，代码如下所示：

```
<system.web>
<authentication mode=" Windows"/>
<identity impersonate="true"/>
<system.web>
```

通过使用 NTFS 文件系统和访问控制列表（ACL）保护 ASP.NET 应用程序文件，可以提高应用程序的安全性。使用 ACL 可以指定哪些用户与哪些用户组可以访问应用程序文件。

11.1.2 基于 Forms 的身份验证

Forms 身份验证使开发者可以使用自己编写的代码实现对用户身份进行验证，然后将身份验证结果及相关信息保存在 Cookie、Session 或页的 URL 中。

Forms 身份验证通过 FormsAuthenticationModule 类参与到 ASP.NET 页面的生命周期中。可以通过 FormsAuthentication 类访问 Forms 身份验证信息。

若要使用 Forms 身份验证作为系统身份验证模块实现，可以创建一个登录页。该登录页既收集用户的凭据，又包含用于对这些凭据进行身份验证的代码。通常，可以对应用程序进行配置，以便在用户尝试访问受保护的资源（如要求身份验证的页）时，将请求重定向到登录页。如果用户的凭据有效，则可以调用 FormsAuthentication 类的方法，以使用适当的身份验证票证（Cookie）将请求重定向回到最初请求的资源。如果不需要进行重定向，则只需获取 Forms 身份验证 Cookie 或对其进行设置即可。在后续的请求中，用户的浏览器会随同请求一起传递相应的身份验证 Cookie，从而绕开登录页。

通过使用 Authentication 配置元素，可以对 Forms 身份验证进行配置。最简单的情况是使用登录页。在配置文件中，指定一个 URL 以将未经身份验证的请求重定向到登录页。然后在 Web.config 文件或单独的文件中定义有效的凭据。如下代码示例给出了配置文件的一部分：

```
<authentication mode="Forms">
<forms name="SavingPlan" loginUrl="/Login.aspx">
    <credentials passwordFormat="SHAL">
        <user name="Kim"
          password="07B7F3EE06F278DB966BE960E7CBBD103DF30CA6"/>
        <user name="John"
          password="BA56E5E0366D003E98EA1C7F04ABF8FCB3753889"/>
    </credentials>
<forms>
</ authentication>
```

其中为 Authenticate 方法指定了登录页和身份验证凭据。

密码已经使用 HashPasswordForStoringInConfigFile 方法进行加密。

在身份验证成功之后，FormsAuthenticationModule 模块会将 User 属性的值设置为对已经经过身份验证的用户的引用。下面这行代码演示如何以编程的方式读取经过 Forms 身份验证的用户的标识：

```
String authUser2=User.Identity.Name;
```

11.2 安全代码的编写

除了对不同用户使用不同的权限控制方式以外，程序代码的合理性也是关系系统安全的重要方面。不合理的程序结构往往成为攻击者利用的对象。

本节介绍在 ASP.NET Web 应用中经常遇到的两类攻击方式及其防范方法。

11.2.1 防止 SQL 注入

利用 SQL 语句的一些特性攻击网站是最常见的攻击方式。这种方式相对简单，只需要熟悉 SQL 语言，就可以攻击网站应用系统。这也是最容易避免的攻击方式，对用户输入的数据不是直接使用，而是进行适当的检验与修改再进入数据库，就可以避免这类攻击，下面先看一个简单的示例程序，然后介绍如何避免这类攻击的简单方法。

这里的一些编程方式存在明显的问题，通常程序员都不会把它用到实际开发中，所以不会出现这类漏洞，这里列出来是希望读者在开发大型应用时注意到这些细节，大型应用系统由于代码实现方式比较复杂，若不注意，有可能会留下此类漏洞。

建立一个项目，打开已经创建的默认首页，在页面中放置一个输入框控件、一个按钮控件、一个 GridView 控件和一个 SQL 数据源控件，如图 11-1 所示。

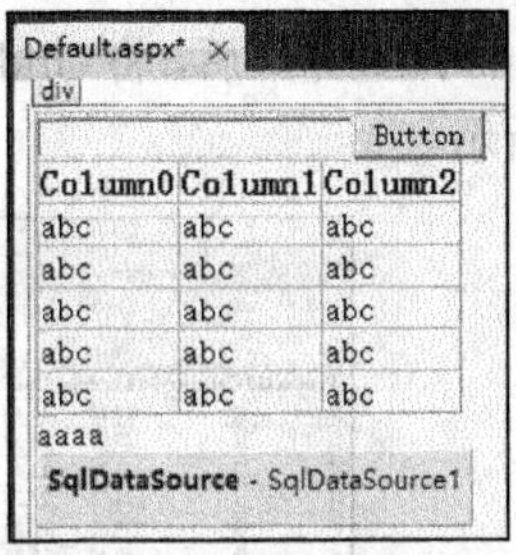

关于数据源控件的配置，在其他章节中已有详细介绍，这里不做展开，在这里配置数据源连接到 Access 自带的 Northwind 数据库中的订单表，如图 11-2 和图 11-3 所示。

图 11-1 测试页面设计

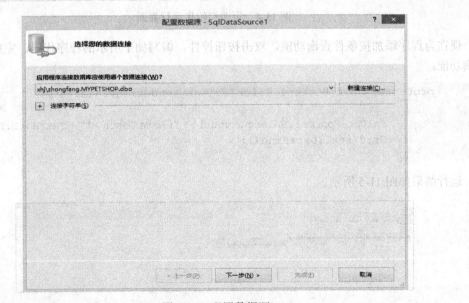

图 11-2 配置数据源

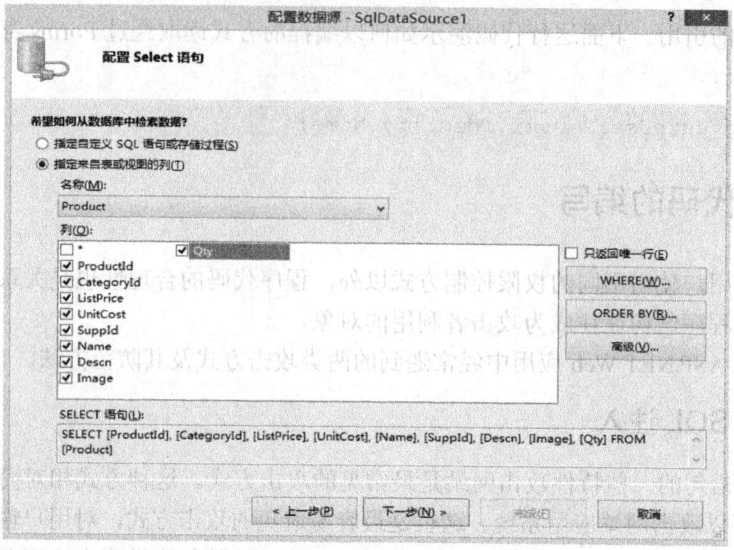

图 11-3 配置 SQL 语句

配置完成后,将 GridView 控件数据源设置为配置的这个数据源,然后运行程序,效果如图 11-4 所示。

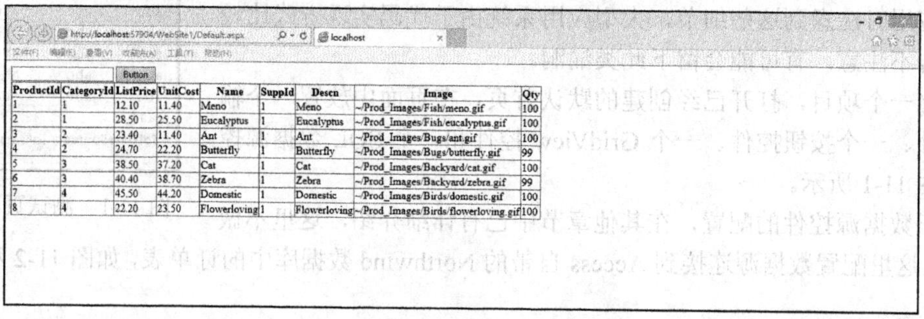

图 11-4 页面初始化运行界面

现在为程序添加按条件查询功能,双击按钮控件,编写如下所示的程序代码,完成对数据的查询功能:

```
protected void Button1_Click(object sender, EventArgs e)
{
    SqlDataSource1.SelectCommand += "where Descn ='" + TextBox1.Text + "'";
    GridView1.DataBind();
}
```

运行结果如图 11-5 所示。

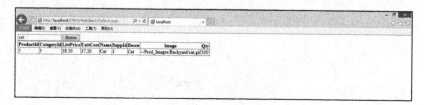

图 11-5 添加查询条件的界面

现在看上去程序一切都正常了，但是如果希望访问者必须输入名称才能查看信息，即在数据源控件的配置中删除默认的 SQL 语句，网站默认打开的是空白页面，要用户输入姓名后才可以查看信息，那么这能保证系统安全吗？

答案是"不能"，假设一个正常用户想要攻击网站，得到网站的所有记录，那么他只要在输入框中输入：

```
cat 'or' 1 '=' 1
```

页面上将显示出数据库中的所有记录，如图 11-6 所示。

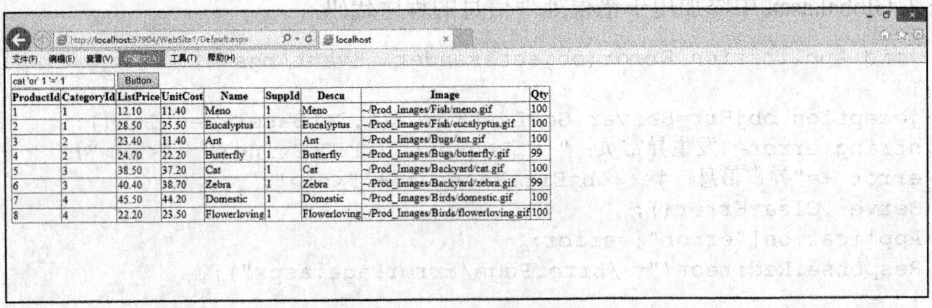

图 11-6 SQL 攻击的结果

问题在于程序中没有对输入信息进行控制，所以当用户输入"cat 'or' 1 '=' 1"作为查询条件后，SQL 语句实际上成为如下所示的形式：

```
SELECT [ProductId], [CategoryId], [ListPrice], [UnitCost], [Name],
[SuppId], [Descn], [Image], [Qty] FROM [product] where Descn='cat' or '1'='1'
```

查询条件中增加了"or'1'='1'"，所以"Descn='cat'"实际上已经不起作用了。

现在已经找到问题的原因，就是用户的输入条件改变了程序员编写 SQL 语句时的本意，而在数据库中只有单个引号可以改变 SQL 语句的本意，下面就通过简单的字符串替换操作，消除简单 SQL 注入，代码如下所示：

```
SqlDataSource1.SelectCommand +="where Descn='"+TextBox1.Text.Replace("'","''")+"'";
```

程序运行界面如图 11-7 所示。

图 11-7 消除 SQL 注入后的页面

11.2.2 合理使用错误页面

通常，Web 应用程序在发布后，为了给用户一个友好界面和使用体验，同时保证程序的安全性，都会在程序发生错误时跳转到一个自定义的错误页面，而不是将 ASP.NET 的详细异常信息暴露给用户。

简单的错误处理页面可以通过 Web.config 来设置，代码如下所示：

```
<customErrors mode="RemoteOnly" defaultRedirect="GenericErrorPage.htm">
    <error statusCode="403" redirect="NoAccess.htm">
    <error statusCode="404" redirect="FileNotFound.htm">
</customErrors>
```

如果想通过编程的方式在系统中记录错误原因,可以通过 Page_Error 事件来处理,具体使用方式这里不做展开。

另一种方式是通过配置 Global.asax 文件来实现自定义错误处理,这种方式较为方便,另外,如果能结合使用一个单独的界面更加友好的页面,可以比较友好地显示错误信息。

首先在 Global.asax 中添加用于错误处理信息的程序代码:

```
void Application_Error(object sender, EventArgs e)
{
jeception objErr=Server.GetLastError().GetBaseException();
string error="发生异常页: " + Request.Url.ToSting() +"<br>";
error +="异常信息: je+ objErr.Message + "<br>";
Server.ClearError();
Application["error"]=error;
Response.Redirect("~/ErrorPage/ErrorPage.aspx");
}
```

然后编写 ErrorPage.aspx 页面,用于显示错误详情,代码如下所示:

```
Protected void Page_Load(object sender, EventArgs e)
{
  ErrorMessageLabel.Text = Application["error"].ToString();
}
```

当最终用户使用应用程序的时候,用户并不想知道错误的原因,这个时候,可以通过使用复选框来选择是否呈现错误的原因。可将 Label 放在一个 div 中,然后用复选框来决定是否呈现 div,代码如下所示:

```
<script language="JavaScript" type="text/Javascript">
<!--eerr
function CheckError_onclick(){
var chk = document.getElementById("CheckErro");
var divError = vecument.getElementByID("errorMsg");
if(chk.checked)
{
ve divError.style.display = "inline";
}
else
{
ve divError.style.display ="none";
}
}
//-->
</script>
```

11.3 使用 URL 授权

授权决定了是否给某个用户对特定资源的访问权限,与前面章节中介绍的 ASP.NET 权限管理机制类似。ASP.NET 中提供了两种方式来实现对给定资源的访问权限控制。

文件授权：文件授权由 FileAuthorizationModule 类执行。在用户访问网站时，它检查.aspx 或.asmx 文件处理程序的访问控制列表(ACL)，并以此确定用户是否具有对请求文件的访问权限。ACL 权限用于验证用户的 Windows 标识（若已启用 Windows 身份验证）或 ASP.NET 进程的 Windows 标识。

URL 授权：URL 授权由 UrlAuthorizationModule 类执行，它将用户和角色映射到 ASP.NET 应用程序中的特定 URL 地址。这个模块可用于有选择地允许或拒绝特定用户或角色对应用程序的任意部分（通常为目录）的访问权限。

通过 URL 授权，程序可以控制允许或拒绝某个用户或角色对特定目录的访问权限。要完成此功能，需要在该目录的配置文件中创建一个 authorization 节。若要启用 URL 授权，需将配置文件的 authorization 节中的 allow 或 deny 元素中指定一个用户或角色列表。为目录建立的权限也会应用到其子目录，除非子目录中的配置文件重写这些权限。

如下所示的代码为 authorization 节的语法结构示例：

allow 或 deny 元素是必需的。必须指定 users 或 roles 属性。可以同时包含二者，但这不是必需的。Verbs 属性可选。

allow 或 deny 元素分别授予访问权限和撤消访问权限。每个元素都支持如表 11-1 所示的属性。

表 11-1 allow 和 deny 元素的权限设置

属性	说明
users	标识此元素的目标身份（用户账户）。用问号（?）标识匿名用户。可以用星号（*）指定所有经过身份验证的用户
roles	为被允许或拒绝访问资源的当前请求标识一个角色（RolePrincipal 对象）
verbs	定义操作所要应用到的 HTTP 谓词，如 GET、HEAD 和 POST。默认值为"*"，它指定了所有谓词

下面的示例对 Kim 标识和 Admins 角色的成员授予访问权限，对 John 标识（除非 Admins 角色中包含 John 标识）和所有匿名用户拒绝访问权限，代码如下所示：

```
<authorization>
<allow users="Kim"/>
<allow roles="Admins"/>
<deny users="John"/>
<deny users="?"/>
</authorization>
```

下面的代码为如何配置 authorization 节，以允许 John 标识的访问权限并拒绝所有其他用户的访问权限：

```
<authorization>
<allow users="John"/>
  <deny users="*"/>
</authorization>
```

可以使用逗号分隔的列表为 users 和 roles 属性指定多个实体，代码如下：

```
<allow users="John, Kim, contoso\Jane"/>
```

下面的示例代码给出了如何允许所有用户对某个资源执行 HTTP GET 操作，但是只允许 Kim 标识执行 POST 操作：

```
<authorization>
<allow verbs=" GET" users="*"/>
```

```
<allow verbs="POST" users="Kim"/>
<deny verbs="POST" users="+"/>
</authorization>
```

规则应用如下:

应用程序级别的配置文件中包含的规则优先级高于继承的规则。系统通过构造一个 URL 的所有规则的合并列表,其中最近(层次结构中距离最近)的规则位于列表头,来确定哪条规则优先。

给定应用程序的一组合并的规则,ASP.NET 从列表头开始检查规则,直至找到第一个匹配项为止。ASP.NET 的默认配置包含向所有用户授权的<allow users="*">元素(默认情况下,最后应用该规则)。如果其他授权规则都不匹配,则允许该请求。如果找到匹配项并且它是 deny 元素,则向该请求返回 401 HTTP 状态代码。如果 allow 元素匹配,则模块允许进一步处理该请求。

还可以在配置文件中创建一个 location 元素,以指定特定文件或目录,location 元素中的设置将应用于这个文件或目录。

11.4 小结

本章介绍了 ASP.NET4.5 提供的四种身份验证方式,详细讲解了基于 Windows 的身份验证和基于 Forms 的身份验证。并在此基础上,强调了合理的程序代码是关系系统安全的重要方面,并通过示例讲解了 ASP.NET Web 应用中经常遇到的两类攻击方式及其防范方法。

11.5 习题

1. 使用 Windows 认证方式实现一个用户登录程序。
2. 修改第 1 题,使用 Forms 认证方式实现。
3. 制作一个带有 SQL 注入漏洞的登录代码,解释漏洞原因并修补漏洞。

第 12 章 ADO.NET 数据访问技术

本章要点或学习目标

- 掌握 ADO 五种对象的使用
- 掌握数据库连接操作的方法
- 掌握数据集在代码中的使用

12.1 ADO.NET 概述

12.1.1 ADO.NET 简介

ADO.NET 的名称起源于 ADO（ActiveX Data Objects），是一组包括在.NET 框架中的 COM 组件库，用于在.NET 应用程序中的各种数据存储之间通信，也就是以往的 Microsoft 技术中访问数据。之所以使用 ADO.NET 名称，是因为 Microsoft 希望表明，这是在 NET 编程环境中优先使用的数据访问接口。ADO.NET 库中包含了可与数据源连接、提交查询并处理结果的类。还可将 ADO.NET 作为一种强壮、层次化的、断开连接的数据缓存来使用，以脱机处理数据。最主要的断开连接对象数据集可执行对数据进行排序、搜索、筛选、存储挂起更改，并在层次化数据中进行浏览等操作。数据集还包含很多功能，填补了传统数据访问和 XML 开发之间的空白。开发人员现在可以通过传统的数据访问接口处理 XML 数据，反之亦然。

简而言之，如果你正在建立一个访问数据的应用程序，那就应该使用 ADO.NET。

ADO.NET 的设计结合了前身（ADO）的最佳特性，同时也添加了一些大多数开发人员最为需要的特性——更高程度地支持 XML、更容易访问脱机数据、更高程度地更新控制和更灵活地更新。

12.1.2 ADO.NET 对象模型

ADO.NET 是专门为帮助开发人员建立在 Intranet 和 Internet 上使用的高效多层数据库应用程序而设计的，而且 ADO.NET 对象模型也提供了这样的手段。图 12-1 显示了组成 ADO.NET 对象模型的类。中间的虚线将对象分成两半。左边的对象是"连接"的模型，这些模型直接与数据库通信，以管理连接和事务，以及从数据库检索数据和向数据库提交所做的更改。右边的对象是"断开连接"的模型，允许用户脱机处理数据。

ADO.NET 对象模型中有五个重要的对象，分别是 Connection 对象、Command 对象、DataReader 对象、DataAdapter 对象以及 DataSet 对象。其中，Connection 对象用来连接数据库，Command 对象用来执行 SQL 语句，DataReader 对象用于读取数据库，DataAdapter 对象用于执行 SQL 语句，同时打开数据表格（DataTable），DataSet 对象用于存取数据库。这五个对象之间的关系如图 12-2 所示。

对于.NET 的两种数据提供者：SQL Server .NET 提供者和 OLE DB .NET 提供者，每组数据提供者内都有 Connection 对象、Command 对象、DataReader 对象、DataAdapter 对象。对于不同的数据提供者，对应上述四种对象的类真正名称是不同的，如表 12-1 所示。

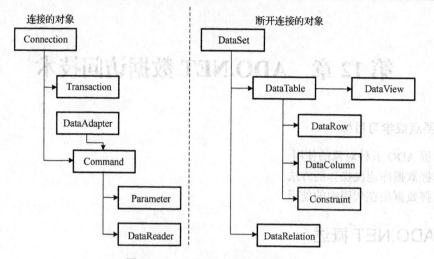

图 12-1 ADO.NET 对象层次结构

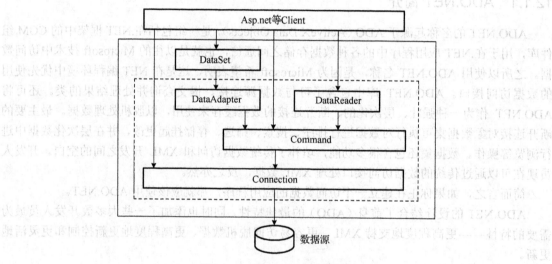

图 12-2 ADO.NET 对象模型

表 12-1 OLE DB 和 SQL Server 两组数据操作类

类　　名	OLE DB 数据操作类名	SQL Server 数据操作类名
Connection 对象	OleDbConnection	SqlConnection
Command 对象	OleDbCommand	SqlCommand
DataReader 对象	OleDbDataReader	SqlDataReader
DataAdapter 对象	OleDbDataAdapter	SqlDataAdapter

虽然这两组数据操作类所对应的数据源不一样，但是它们的用法和结果都是一样的。只要针对所建立的数据元类型选择数据来操作就可以了。

命名空间

- System.Data 命名空间：在程序中，要使用 ADO.NET 对象模型中的类时，必须要首先引用 System.Data 这个命名空间。因为这个空间中包括了大部分组成 ADO.NET 框架的基本对象类别，例如 DataSet 对象等。所以要使用 ADO.NET，在程序中一定要引用 System.Data 这个空间名。
- System.Data.OleDb 命名空间：当要使用 OLE DB 数据库来存取数据时，必须引用 System.Data.OleDb 这个空间名。在这个空间名中定义了 OLE DB 数据操作组件的对象类别，例如 OleDbCommand 类等。
- System.Data.SqlClient 命名空间：当要使用 SQL Server 数据库来存取数据时，必须引用 System.Data.SqlClient 这个空间名。在这个空间名中定义了 SQL 数据操作组件的对象类别，例如 SqlCommand 类等。

表 12-2 简要列举了.NET 框架中 ADO.NET 相关的几个命名空间。

表 12-2 ADO.NET 相关的命名空间

命名空间	说 明
System.Data	包含了组成 ADO.NET 体系结构的一些基本类
System.Data.OleDb	包含了运用 OleDb 类型的数据提供者对象的类
System.Data.Sqlclient	包含了运用 SQL Server 类型的数据提供者对象的类
System.Data.Odbc	是用于 ODBC 的.NET Framework 数据提供者
System.Data.OracleClient	是用于 Oracle 的.NET Framework 数据提供者
System.Data.SqlTypes	包含了代表 SQL Server 中的数据类型的类
System.Data.Common	包含了被所有的数据提供者对象所共享的类
System.Xml	包含了一系列来处理 XML 文档和文档片段的类

12.1.3 数据访问模式

以 System.Data.SqlClient 这组数据提供者为例，其中最常用到的是：SqlConnection、SqlCommand、SqlDataReader、SqlDataAdatpter、DataSet 等 5 个类，通过这几个类所产生的对象，可对数据库进行查询，新增，修改及删除的处理。

依据数据访问方式不同，ADO.NET 数据访问可分成两个模式：连线模式和离线模式。
- 连线模式：SQL Server Express 数据库→SqlConnection→SqlCommand→SqlDataAdapter→WebForm
- 离线模式：SQL Server Express 数据库→SqlConnection→SqlDataAdapter→DataSet（内有多个 DataTable）→WebForm

两者之间的区别是：
- 连线模式访问数据时要保持与数据库的连接，离线模式可将数据取回放在 DataSet 里，之后便可切断连接，从 DataSet 中读取数据，无须一直保持数据连接。
- 连线模式以 SqlDataAdapter 读取数据就只能"读取"，若以离线模式将数据复制一份放在 DataSet，则可对 DataSet 的数据内容加以变更，修改。

一般不用连线模式，因为其占用服务器和数据内存太大。

12.2 数据库连接字符串

想要达到与数据库的数据存取操作，首先就要连接到数据库。而数据库连接字符串，顾名思义，就是用于连接数据库用的字符串。

连接字符串是由";"分隔的若干参数及其对应的值所组成的,参数名和对应的值间用"="连接。格式有以下两种:

格式一:

```
Data Source=.;Initial Catalog=db;Integrated Security=True
```

格式二:

```
Data Source=.;Initial Catalog=db;Persist Security Info=True;User ID=***;
Password=***;
```

这里的 Data Source 是指服务器所在的 IP 地址,如果是本地(指个人计算机)可以填 local(指本地的意思)。Initial Catalog 是指服务器中的具体数据库,也就是指数据库的名字。格式一中的 Integrated Security 是指集成安全,这里提到了数据库的安全,集成安全为 true 是没有用数据库登录名登录。格式二中 Persist Security Info 是指持续安全信息,这种方式是为用数据库登录名登录的。User ID 是登录名,Password 是登录密码。关系到数据库的安全,建议用格式二连接数据库。

12.3 连接数据库

在对数据库中的数据进行操作前,首先要建立数据库连接。在 ADO.NET 中,数据库的连接借助于 Connection 对象来完成。

- OLE DBConnection:用于对支持 OLE DB 的数据库执行连接。
- SqlConnection:用于对 SQL Server 数据库执行连接。
- OdbcConnection:用于支持 ODBC 的数据库执行连接。
- OracleConnection:用于对 Oracle 数据库执行连接。

本节主要讲解 SqlConnection,SqlConnection 对象是通过 ConnectionString 属性的设置来连接数据库的,连接字符串的基本格式包括一系列由分隔的字符串参数列表构成。

12.3.1 Connection 对象概述

Connection 对象表示与数据源之间的连接,可通过 Connection 对象的各种不同属性指定数据源的类型、位置以及其他属性。可用它来与数据库建立连接或断开连接。Connection 对象起到渠道的作用。

12.3.2 Connection 对象的属性及方法

1. Connection 对象的常用方法

- Open():利用 ConnectionString 所指定的属性设置打开一个数据库连接
- Close():关闭与数据库的连接
- Clone():克隆一个连接
- CreateCommand():创建并返回一个与 SqlConnection 相关的 SqlCommand 对象

2. Connection 对象的常用属性

- ConnectionString:获取或者设置打开数据库的连接字符串。
- ConnectionTimeout:在试图建立连接的过程中,获取在终止操作和产生错误之前等待的时间,也就是超时时间。

- DataBase：取得或设置数据服务器上要打开的数据库名。
- DataSourse：取得或设置 DSN（Distributed Service NETwork 分布式业务网络）。
- Password：取得或设置密码。
- UserID：取得或设置登录名。
- State：取得目前连接的状态。

12.3.3 使用 SqlConnection 对象连接 SQL Server 数据库实例

要连接数据库，则需要连接字符串，连接字符串在数据库连接字符串中讲过，这里就不再赘述了。我们来看使用 SqlConnection 对象连接 SQL Server 数据库的实例。

（1）首先我们要有 SQL Server 数据库，这里使用 SQL Server 2008 数据库。并保持数据库是能连接的状态。

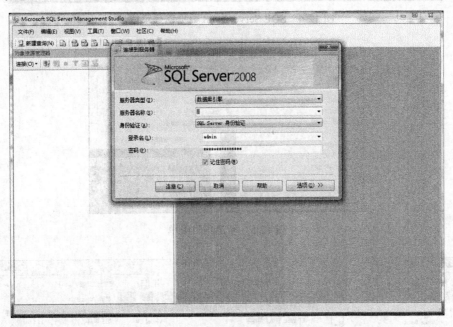

图 12-3　SQL Server 2008 数据库登录界面

单击"连接"按钮，如图 12-4 所示，会出现这样的效果，证明我们数据库是可以打开连接的，待会我们要连接 dbT 这个数据库。

（2）打开 VS2012，单击"文件"→"新建"→"项目"，如图 12-5 所示。

（3）选择 Visual C#下的 Web 选项，这里选择"ASP.NET 空 Web 应用程序"。单击"确定"按钮，如图 12-6 所示。

（4）选中 WebApplication1 并右击，如图 12-7 所示，选择"添加"→"新建项"，如图 12-8 所示。

（5）选择 Visual C#下的 Web，再选择 Web 窗体，单击"添加"按钮。成功添加一个 Web 窗体，如图 12-9 所示。Web 窗体就是我们在上网时看到的网页其中的一种，这种是动态的，能实现客户端和服务器信息的交互。Web 窗体分"前台"和"后台"，如图 12-10 和图 12-11 所示。这里"前台"是指 Web 窗体前面的静态页面，用 html 代码编写的。"后台"是指对"前台"某些按钮和状态做出对应的相应。由事件来执行。

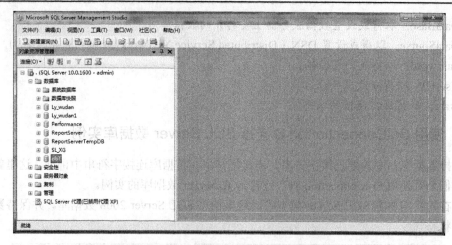

图 12-4 SQL Server 2008 数据库登录成功

图 12-5 新建项目菜单

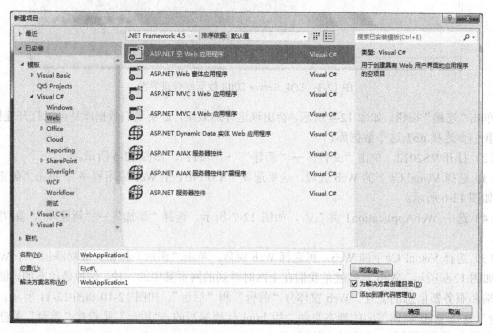

图 12-6 "新建项目"对话框

第 12 章 ADO.NET 数据访问技术

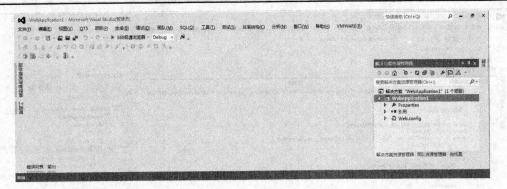

图 12-7 建立空项目

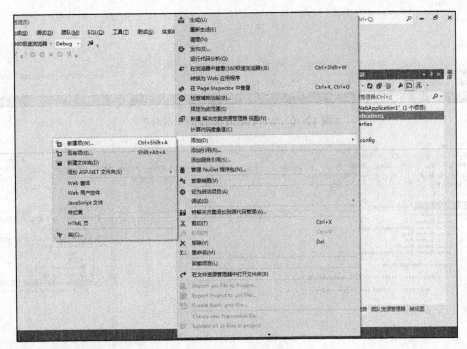

图 12-8 新建项

图 12-9 新建 Web 窗体

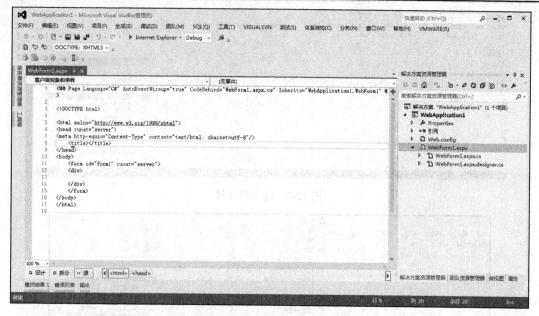

图 12-10　WebForm1 窗体的"前台"

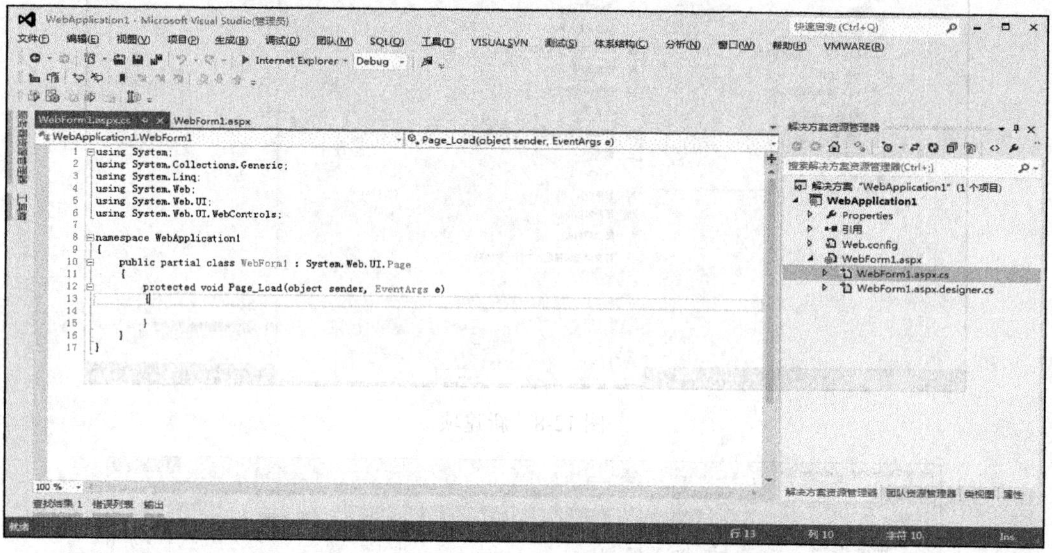

图 12-11　WebForm1 窗体的"后台"

（6）protected void Page_Load(object sender, EventArgs e)是一个事件，WebForm1 窗体加载时候会触发的事件。在大括号中写入下列代码：

```
using (SqlConnection conn = new SqlConnection(@"Data Source =.; Initial
    Catalog = dbName; User Id=admin ;Password= password"))
{
conn.Open();
}
```

using 语句是用来自动释放内存的，但 using 语句中的对象必须实现 IDisposable 接口，才能自动释放内存。在这里只要记住是用来自动释放内存即可。

想要调用 SqlConnection 对象必须要有头文件 System.Data.SqlClient;

这句话的意思就是创建一个 SqlConnection 并命名为 conn。conn 的连接字符串为"Data Source =.; Initial Catalog =dbName;User Id =admin;Password =password"，conn.Open()是打开数据库的意思。

（7）单击工具栏里的绿色箭头，运行，看看数据库是否有误，如图 12-12 所示。

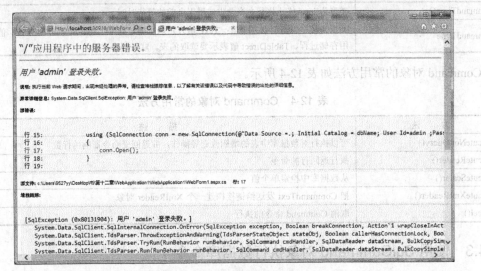

图 12-12　数据库连接失败的错误页面

具体可以根据错误提示信息进行检查。

12.4　获取数据

成功连接数据库后，就可以读取数据库中的数据了。在 ADO.NET 中实现获取的功能，需要使用到两个对象：Command 和 DataReader。

12.4.1　Command 对象概述

Command 对象主要用来对数据库发出一些指令，对数据库的"增、删、改、查"等命令，以及调用于在与数据库中的预存的程序等。Command 对象是在 Connection 对象的基础之上，只有先有连接，才能有查找。所以 Command 对象是通过连接到数据源的 Connection 对象来下达命令的。常用的 select、insert into、update、delete 等 SQL 命令都可以在 Command 对象中创建。根据不同的数据源，Command 对象也分为以下四类：

- SqlCommand：用于对 SQL Server 数据库执行命令
- OLE DBCommand：用于对支持 OLE DB 的数据库执行命令
- OdbcCommand：用于支持 Odbc 的数据库执行命令
- OracleCommand：用于支持 Oracle 数据库执行命令

本节主要讲 SqlCommand，其他 3 个对象的主要用法和属性与此类似。

12.4.2　Command 对象的属性及方法

Command 对象的常用属性如表 12-3 所示。

表 12-3 Command 对象的常用属性

属性	描述
Connection	获取数据源,或者给 Command 的 Connection 赋值,连接到哪个数据库
CommandText	类型为 String,命令对象包含执行的数据库语句、存储过程或表
CommandTimeOut	类型为 int,终止执行命令并生成错误之前的等待时间
CommandType	类型为枚举类型,有三个值:Text 值表示执行的数据库语句、StoredProcedure 值表示使用存储过程、TableDirect 值表示要读取的表。默认值为 Text

Command 对象的常用方法如表 12-4 所示。

表 12-4 Command 对象的常用方法

方法	描述
ExecuteNonQuery()	可以执行对数据库中表的增删改查等操作,并返回受命令影响的行数
ExecuteReader()	执行返回行的命令
ExecuteScalar()	从数据库中检索单个值
ExecuteXmlReader()	把 CommandText 发送给链接构建一个 XmlReader 对象
Cancel()	取消 Command 命令的执行

12.4.3 使用 SqlCommand 对象执行数据库命令

Command 对象的结构函数与 Command 对象的创建如表 12-5 所示。

表 12-5 Command 对象的结构函数与 Command 对象的创建

SqlCommand 类的构造函数	OleDbCommand 类的构造函数
SqlCommand()	OleDbCommand()
SqlCommand(string cmdText)	OleDbCommand(string cmdText)
SqlCommand(string cmdText,SqlConnection connection)	OleDbCommand(string cmdText,OleDbConnection connection)
SqlCommand(string cmdText,SqlConnection connection,SqlTransaction transaction)	OleDbCommand(string cmdText,OleDbConnection connection,OleDbTransaction transaction)

12.4.4 DataReader 对象概述

DataReader 对象提供了基于连接的数据存储方式,以只向前移动的、只读的格式访问数据源中的数据。很多时候,用户只是希望简单地浏览数据,而并不需要以随机的方式来访问数据,也不需要更改数据,ADO.NET 的 DataReader 对象是专门为此设计的。

因为 DataReader 只执行读操作而且每次只在内存中存储一行数据,所以利用 DataReader 比利用 DataSet 的速度要快,增强应用程序的性能,减少了系统的开销,也减少了后期开发人员对应用程序在读取数据这一块的工作量。

12.4.5 DataReader 对象的属性及方法

1. DataReader 对象的常用属性

- FieldCount: 读取当前行中的列数。
- HasRows: 只读,表示 DataReader 是否包含一行或多行数据。
- IsClosed: 读取 DataReader 是否关闭。

2. DataReader 对象的常用方法

- Read: 该方法使记录指针前进到结果集中的下一个记录中。这个方法必须在读取数据之前调用，以便把记录指针指向第一行。记录指针指向哪条记录，哪条记录即为当前记录。当 Command 对象的 ExecuteReader 方法返回 DataReader 对象时，当前记录指针指向第一条记录的前面，必须调用 Read 方法把记录指针移动到第一条记录，然后第一条记录变成当前记录。要想移动到下一条记录，需要再次调用 Read 方法。当移动到最后一条记录时，Read 方法将返回 false。只要 Read 方法的返回值是 true，就可以访问当前记录中包含的字段。
- GetValue: 该方法根据指定列的名称或者索引来返回当前记录行的指定字段的值，如reader["字段名称"]或 reader[索引号]。返回值的类型与数据存储中原始值的类型相同。通过名称访问效率不高，因为必须经过查找才能发现与指定列名相匹配的列，而使用索引时就比较直接。
- GetValues: 把当前记录行中的数据保存在一个数组中。可以通过 DataReader 的 FieldCount 属性获得字段的数量，从而定义数组的大小。
- GetString，GetInt32，GetChar 等：这些方法根据指定列的索引，返回当前记录行中指定字段的值，返回值的类型由所调用的方法决定。例如，GetChar 返回字符型数据。如果把返回值赋予错误类型的变量，将会引发 InvalidCastException 异常。
- NextResult: 把记录指针移动到下一个结果集，即移动到下一结果集中的第一行之前的位置，如果要选择第一行，仍然必须调用 Read 方法。在使用 Command 对象生成 DataReader 对象时，Command 对象的 CommandText 属性可以指定为用 ";(分号)" 隔开的多个 Select 语句，这样就可以为 DataReader 生成多个结果集。
- GetDataTypeName: 通过列序号取得指定字段的数据类型，列序号从 0 开始。
- GetName: 通过列序号取得指定列的字段名称，列序号从 0 开始。
- IsNull: 用来判断字段值是否为空。
- NextResult: 读取下一个结果集。
- Close: 关闭 DataReader 对象。

12.4.6 使用 SqlDataReader 读取数据库实例

我们来演示一下如何用 SqlDataReader 读取数据库中的数据。

要读取数据库，那就要先与数据相连，这里我们用的 VS2012 和 SQL Server 2008 两个软件。与数据库相连请看前文，这里就不赘述了。

【例 12-1】用 VS 手动连接 SQL Server 数据库并用 SqlDataReader 对象读取数据库中的内容。操作步骤如下：

（1）建立名为 SqlDataReaderDemo 的项目，建立新的 ASP 页面，命名为 default.aspx。

（2）打开 SQL Server2008，建立数据库名为 test，再建立一张表，名为 Demo，表中有两列，分别是 Name 和 Age。如图 12-13 和图 12-14 所示。

（3）用 VS 2012 向 SQL server 中 dbT 数据库建立连接。在 default.aspx.cs 中输入下面代码：

```
using System;
using System.Collections.Generic;
//为了使用 SqlDataReader ，添加的类空间
using System.Data.SqlClient;
using System.Linq;
using System.Web;
using System.Web.UI;
```

```csharp
using System.Web.UI.WebControls;
namespace SqlDataReaderDemo
{
    public partial class _default : System.Web.UI.Page
    {
        protected void Page_Load(object sender, EventArgs e)
        {
            using (SqlConnection conn = new SqlConnection
              (@"Data Source=.; Initial Catalog=dbT;User Id=admin;Password
                =admin"))
            {
                conn.Open();
                using (SqlCommand cmd = conn.CreateCommand())
                {
                    cmd.CommandText = "select Name,Age from Demo";
                    using (SqlDataReader read = cmd.ExecuteReader())
                    {
                        while (read.Read())
                        {
                            string name = read[0].ToString();
                            int age = Convert.ToInt32(read[1].ToString());
                            Response.Write("姓名叫" + name + "的人，今年" + age
                              + "岁<br/>");
                        }
                    }
                }
            }
        }
    }
}
```

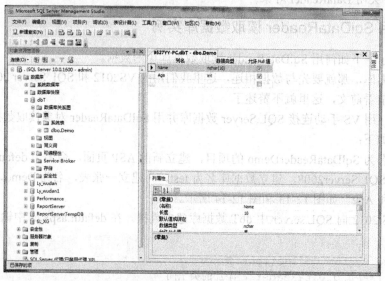

图 12-13 新建数据表

上面的代码是连接 dbT 数据库，查询 Demo 表，并打在页面上。效果如图 12-15 所示。

第 12 章 ADO.NET 数据访问技术   227

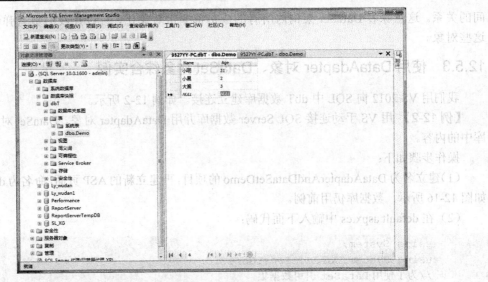

图 12-14　在数据表中添加相应的数据

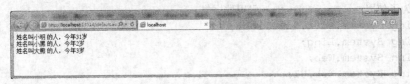

图 12-15　读取数据页面

12.5　填充数据集

12.5.1　DataAdapter 对象概述

　　我们知道，DataSet 并不关心其数据的来源，它并不知道自己包含的信息来自于哪种类型的数据源，DataSet 没有包含任何用于访问关系型数据源的功能。DataAdapter 不但负责把 DataSet 与关系型数据源联系起来，而且还能自动改变 DataSet 的数据结构，以反映正被查询的数据源的数据结构。

　　DataAdapter 对象主要是在 Connection 对象和 DataSet 对象之间执行数据传输的工作，这个对象是架构在 Command 对象上。通过 Command 对象对数据源执行 SQL 命令，将数据填充到 DataSet 对象，以及把 DataSet 对象中的数据更新返回到数据源中。

12.5.2　DataSet 对象概述

　　DataSet 对象基本上被设计成不和数据源一直保持联机的架构，也就是说和数据源的联机发生的很短暂，我们在取得数据后就立即和数据源断线，等到数据修改完毕或是要操作数据源内的数据时才会再建立连接。这意味着程序和数据源要管理的连接就会变少，网络频宽不但可以得到舒缓，服务器的负载也会减轻。

　　因此，DataSet 对象允许在离线的本地高速缓存中存储和修改大量结构化关系数据以及绑定到不同的控件。

　　DataSet 对象包含一组 DataTable 对象和 DataRelation 对象，DataTable 对象中存储数据，由数据行（列）、主关键字、外关键字、约束等组成。DataRelation 对象中存储各 DataTable 之间的关系。这意味着 DataSet 架构内所有的成员都非常对象化，可以让我们更有弹性地来操作这些对象。

12.5.3 使用 DataAdapter 对象、DataSet 对象综合实例

我们用 VS 2012 向 SQL 中 dbT 数据库建立连接。如例 12-2 所示。

【**例 12-2**】用 VS 手动连接 SQL Server 数据库并用 DataAdapter 对象、DataSet 对象读取数据库中的内容。

操作步骤如下：

（1）建立名为 DataAdapterAndDataSetDemo 的项目，再建立新的 ASP 页面，命名为 default.aspx。如图 12-16 所示，数据库仍用前例。

（2）在 default.aspx.cs 中输入下面代码：

```
using System;
using System.Collections.Generic;
//为了使用 DataSet 引用数据集
using System.Data;
//为了使用 SqlDataAdapter 引用数据集
using System.Data.SqlClient;
using System.Linq;
using System.Web;
using System.Web.UI;
using System.Web.UI.WebControls;
namespace DataAdapterAndDataSetDemo
{
    public partial class _default : System.Web.UI.Page
    {
        protected void Page_Load(object sender, EventArgs e)
        {
            using (SqlConnection conn = new SqlConnection
              (@"Data Source=.; Initial Catalog=dbT;User Id=admin;Password=admin"))
            {
                conn.Open();
                using (SqlCommand cmd = conn.CreateCommand())
                {
                    cmd.CommandText = "select Name,Age from Demo";
                    DataSet dataset = new DataSet();
                    SqlDataAdapter apdater = new SqlDataAdapter(cmd);
                    apdater.Fill(dataset);
                    for (int i = 0; i < dataset.Tables[0].Rows.Count; i++)
                    {
                        string name = dataset.Tables[0].Rows[i][0].
                                    ToString();
                        int age = Convert.ToInt32(dataset.Tables[0].Rows[i][1].
                                    ToString());
                        Response.Write("姓名叫" + name + "的人, 今年" + age +
                                    "岁<br/>");
                    }
                }
            }
        }
    }
}
```

```
        }
    }
}
```

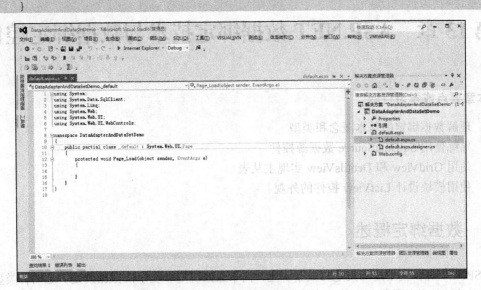

图 12-16 新建实例页面

上面的代码是连接 dbT 数据库,查询 Demo 表,并读取表中的数据,SqlDataReader 与 SqlDataAdapter、DataSet 联合使用只是读取出来的类型不一样,其效果都是一样的,效果如图 12-17 所示。

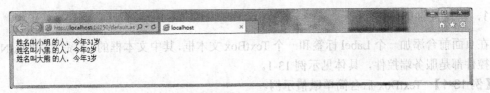

图 12-17 使用 SqlDataAdapter 读取的例子

12.6 小结

ADO.NET 数据访问技术通过对 Connection、Command、DataAdapter 等对象的讲解,介绍了.NET 对数据库操作的基本方法。通过本章的学习,读者应该能够掌握在 ASP.NET 中访问数据库的方法。

12.7 习题

1. ADO.NET 对象中连接数据库的对象是什么?
2. ADO.NET 命名空间提供了多个数据库访问操作的类,其中提供了 SQL Server 数据库设计的数据存取类的是什么?
3. 在 SQL Server 中创建一个数据库,把学生成绩录入到数据库中,并用 VS 读取数据库的内容,输出到页面。

第 13 章 ASP.NET 数据绑定技术与数据绑定控件

本章要点或学习目标

- 理解数据绑定的基本概念和类型
- 熟练使用 SqlDataSource 数据源控件
- 使用 GridView 和 DetailsView 实现主从表
- 使用模块设计 ListView 控件的外观

13.1 数据绑定概述

ASP.NET 可以使用两种类型的数据绑定：简单数据绑定和复杂的数据绑定。这两种类型具有不同的特点。简单的数据绑定将一个控件绑定到单个元素（如数据集表中列的值）。这是用于诸如 TextBox 或者 Label 之类的控件（通常只显示单个值的控件）的绑定类型。事实上，控件上的任何属性都可以绑定数据库中的字段。

13.1.1 简单数据绑定

1. 绑定控件的属性

在页面前台添加一个 Label 标签和一个 TextBox 文本框，其中文本框的 ID，命名为"TxtName"，两个控件都是服务端控件，具体见示例 13-1。

【例 13-1】 TextBox 后台简单赋值示例。

程序代码如下：

```
    <body>
 <form id="form1" runat="server">
r>div>
   <asp:Label ID="Label1" runat="server" Text="Label">姓名 </asp:Label>
    <asp:TextBox ID="TxtName" runat="server"></asp:TextBox>
r></div>
 </form>
   </body>
   protected void Page_Load(object sender, EventArgs e)
    {
        TxtName.Text = "小明";
    }
```

程序的运行结果如图 13-1 所示。

2. 绑定简单数组

在页面前台添加一个 DropDownList 控件,ID 属性命名为 "DDLcity",具体见示例 13-2。

【例 13-2】 DropDownList 绑定数组。

程序代码如下:

```
<form id="form1" runat="server">
r>   <div>
        <asp:DropDownList ID="DDLcity" runat="server"></asp:DropDownList>
r>   </div>
</form>
```

后台数组的绑定代码如下:

```
protected void Page_Load(object sender, EventArgs e)
    {
        string[] city = new string[4] { "上海", "广东", "北京", "徐州" };
        DDLcity.DataSource = city;
        DDLcity.DataBind();
    }
```

程序的运行结果如图 13-2 所示。

图 13-1 运行结果(绑定控件属性)　　　　图 13-2 绑定数组

3. 绑定动态数组

从后台动态生成一个数组,然后绑定给前台的 DropDownList,具体见示例 13-3。

【例 13-3】 DropDownList 动态绑定数组。

前台程序代码如下:

```
<form id="form1" runat="server">
r>   <div>
        <asp:DropDownList ID="DDLmonth" runat="server"></asp:DropDownList>
r>   </div>
</form>
```

后台程序代码如下:

```
protected void Page_Load(object sender, EventArgs e)
    {
```

```
            Hashtable Ht = new Hashtable();
            Ht.Add("January", "1月");
            Ht.Add("February", "2月");
            Ht.Add("March", "3月");
            Ht.Add("April", "4月");
            Ht.Add("May", "5月");
            Ht.Add("June", "6月");
            Ht.Add("July", "7月");
            DDLmonth.DataSource = Ht;
            DDLmonth.DataValueField = "key";
            DDLmonth.DataTextField = "value";
            DDLmonth.DataBind();
        }
```

程序的运行结果如图 13-3 所示。

DropDownList 控件的 DataValueField 属性和 DataTextField 需要指定，DataTextField 的值是在前台显示的结果，DataValueField 是在后台绑定的值，不会在界面上面显示，以便取值和后台数据库交互使用。

13.1.2 复杂数据绑定

复杂数据绑定将一个控件绑定到多个数据元素（通常是数据库中的多个记录），复杂绑定又被

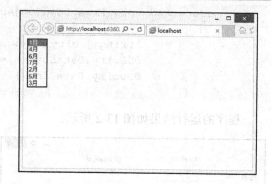

图 13-3 运行结果

称为基于列表的绑定。在 Windows 窗体中，能显示多个值的控件，大部分都能够进行复杂数据绑定。用于复杂数据绑定的控件主要有：GridView、Repeater、DataList 以及 ListBox 等控件。要建立复杂数据绑定，只需要设置该控件的 DataSource 属性，即指定该控件的数据源。复杂的数据绑定在后边的几节将会详细讲解，这里就不过多介绍了。

13.2 数据源控件

13.2.1 SqlDataSource 数据源控件

1. SqlDataSource 控件

通过 SqlDataSource 控件，Web 控件可以访问位于某个关系数据库中的数据，这些数据库包括 Microsoft SQL Server 和 Oracle 数据库，以及访问 OLE DB 和 ODBC 数据源。可以将 SqlDataSource 控件和用于显示数据的其他控件（如 GridView、FormView 和 DetailsView 控件）结合使用，使用很少的代码或者不使用代码就可以在 ASP.NET 中显示和操作数据。

SqlDataSource 控件使用 ADO.NET 类与 ADO.NET 支持的任何数据库进行交互。SqlDataSource 控件使用 ADO.NET 类提供的程序访问数据库。常用的提供程序如下。

- System.Data.SqlClient 提供程序：用来访问 Microsoft SQL Server 数据库。
- System.Data.OleDb 提供程序：用来以 OLEDb 方式访问数据库。
- System.Data.Odbc 提供程序：用来以 Odbc 方式访问数据库。
- System.Data.OracleClient 提供程序：用来访问 Oracle 数据库。

在 ASP.NET 页面文件中，SqlDataSource 控件的定义标记和其他控件一样，代码如下：

```
<asp:SqlDatasource ID="SqlDataSource" runnat="server".../>
```

通过使用 SqlDataSource 控件，可以在 ASP.NET 页面中访问和操作数据，而无需直接使用 ADO.NET 类，只需要提供用于链接到数据库的连接字符串，并定义使用数据的 SQL 语句或者存储过程即可。在运行程序的时候，SqlDataSource 控件会自动打开数据库，执行 SQL 语句或者存储过程，返回指定的数据（如果有），然后关闭连接。

2．SqlDataSource 控件的属性

（1）SqlDataSource 控件的属性分类

根据 SqlDataSource 控件可以实现的功能，可以把其功能分为以下几大类：

● 用于执行数据库操作命令的属性

SelectCommand、UpdateCommand、DeleteCommand 和 InsertCommand4 个属性对应的数据库操作的四个命令：选择、更新、删除和插入，只需要把对应的 SQL 语句赋予这 4 个属性，SqlDataSource 控件即可完成数据库的操作。可以把带参数的 SQL 语句赋予这 4 个属性，例如：

UpdateCommand="UPDATE[UserInfo] SET [UserName]=@姓名",[age]=@年龄,[Address]=@地址, [Phone]=@电话, [Email]=@电子邮件 Where [USerName]=@姓名。

代码说明：以上代码就是把参数的 SQL 语句赋予 UpdateCommand 属性。其中，@姓名、@年龄、@地址、@电话和@电子邮件都是 SQL 语句的参数。

SQL 语句的参数值可以从其他控件或查询字符串中获得，也可以通过编程的方式指定。参数的设置则是由 InsertParameters、Selectparameters、UpdateParameters 和 Deleteparameters 属性进行设置的。

● 用于返回 Dataset 或 DataReader 对象的属性

SqlDataSource 控件可以返回两种形式的数据：DataSet 对象与 DataReader 对象，可以通过设置该控件的 DataSourceMode 属性实现。

● 用于设置缓存的属性

默认情况下页面不启用缓存，若需要启用，将 EnableCaching 属性设置为 True 即可。

（2）SqlDataSource 控件必须的属性

若要使用 SqlDataSource 控件从数据库中检索数据，至少需要设置以下 3 个属性。

● ProvideName：指定 ADO.NET 提供程序的名称，该提供程序表示正在使用的数据库。
● ConnectingString：设置用于连接数据库的字符串。
● SelectCommand：设置用于返回数据的 SQL 查询或存储过程。

3．SqlDataSource 控件的应用

【例 13-4】具体步骤和流程如下所示：

（1）启动 VS2012→选择文件→新建命令→选择 ASP.NET 空 Web 应用程序→在应用程序的上面右击添加一个 Web 窗体→命名为 Default.aspx。

（2）接着从工具箱中拖一个 ListBox 控件放到 Default.aspx 页面上面，并打开设计视图，如图 13-4 所示。

图 13-4 插入 ListBox 控件

（3）在 ListBox 任务中选择"选择数据源…"

选项，打开如图 13-5 所示的"数据源配置向导"对话框，在选择数据源下拉列表中选择"新建数据源"选项。

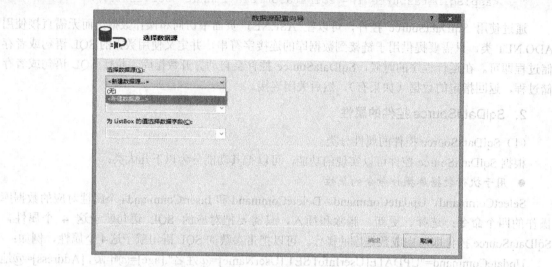

图 13-5　选择数据源

（4）在打开的如图 13-6 所示的"选择数据源类型"对话框中选择数据库选项，然后单击"确定"按钮。

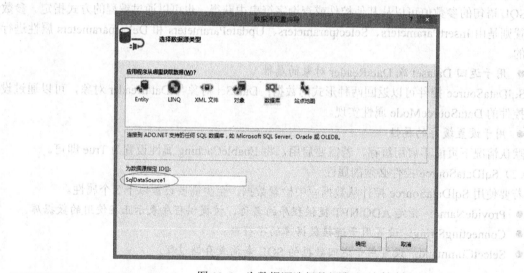

图 13-6　为数据源选择数据库

（5）在打开的如图 13-7 所示的"选择您的数据连接"对话框中单击"新建连接"按钮。

（6）选择服务器，并选择服务器的登录方式，然后选择相应的数据库，单击"确定"按钮，然后单击"下一步"按钮。如图 13-8 所示。

（7）返回的数据如图 13-9 所示，将连接字符串保存到应用程序的配置文件的对话框中，然后单击"下一步"按钮。

（8）选择配置 SQL 语句，如图 13-10 所示，然后单击"下一步"按钮，会出现如图 13-11 所示的对话框。可单击"测试查询"按钮，测试出现数据则表明连接成功，否则连接失败，然后单击"完成"按钮即可。

第 13 章 ASP.NET 数据绑定技术与数据绑定控件

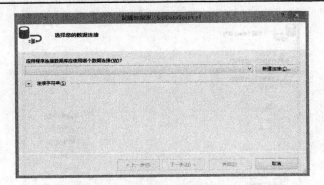

图 13-7 新建数据库连接

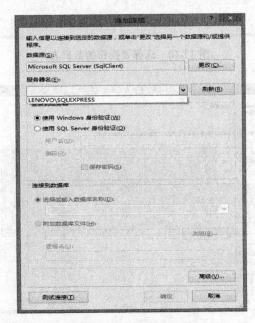

图 13-8 设置数据库连接

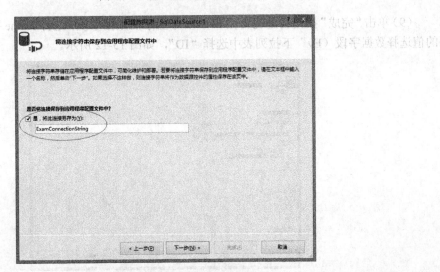

图 13-9 将数据库连接保存到配置文件

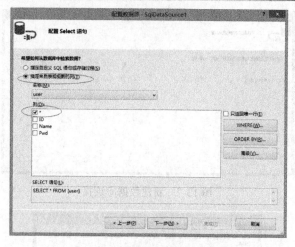

图 13-10　选择要操作的数据表

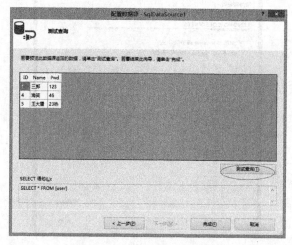

图 13-11　测试数据库查询

（9）单击"完成"按钮会出现要在 listBox 中显示的数据字段，选择 Name 字段，在"为 listBox 的值选择数据字段（E）"下拉列表中选择"ID"，如图 13-12 所示。

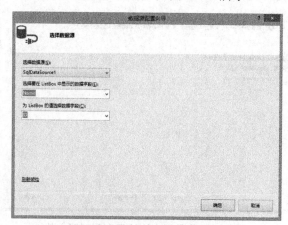

图 13-12　选择 ListBox 中需要的字段

（10）最终程序的效果预览图如图 13-13 所示。

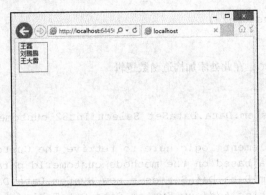

图 13-13　效果预览

13.2.2　ObjectDataSource 数据源控件

1. ObjectDataSource 控件概述

ObjectDataSource 控件是 ASP.NET 2.0 最让人期待的数据源控件。它可以把数据控件绑定到中间层业务对象上，业务对象可以从程序（如 Object Relation(O/R)制图程序）中生成。这在 ASP.NET 1.0/1.1 中很难实现，但 ObjectDataSource 控件很容易完成这个任务，同时具有数据源控件的强大功能，如高速缓存和分页的功能。

为了演示如何使用 ObjectDataSource 控件，在项目中创建了一个表示顾客的类。

程序代码如下：

```
public class Customer
{
    private int _customerID;
    private string _companyName;
    private string _contactName;
    private string _contactTitle;
    public int CustomerID
    {
        get { return _customerID; }
        set { _customerID = value; }
    }
    public string CompanyName
    {
        get { return _companyName; }
        set { _companyName = value; }
    }
    public string ContactName
    {
        get { return _contactName; }
        set { _contactName = value; }
    }
    public string ContactTitle
    {
        get { return _contactTitle; }
```

```csharp
        set { _contactTitle = value; }
    }
    public Customer()
    {
        //
        //TODO: 在此处添加构造函数逻辑
        //
    }
    public System.Data.DataSet Select(Int32 customerid)
    {
        //Implement logic here to retrive the Customer
        //data based on the methods customerId parameter
        System.Data.DataSet ds = new System.Data.DataSet();
        ds.Tables.Add(new System.Data.DataTable());
        return ds;
    }
    public void Insert(Customer c)
    {
      //Implement Insert logic
    }
    public void Update(Customer c)
    {
        //Implement Insert logic
    }
    public void Delete(Customer c)
    {
        //Implement Insert logic
    }
}
```

要使用 ObjectDataSource，应把该控件拖放到设计器的界面上。使用该控件的智能标记，选择 Configure Data Source 选项，以启动配置向导，向导打开后，选择要用作数据源的业务对象。下拉列表显示了 Web 站点的 APP_Code 文件夹中成功可以编译的所有类。这里要使用的就是上述 Customer 类，如图 13-14 所示。

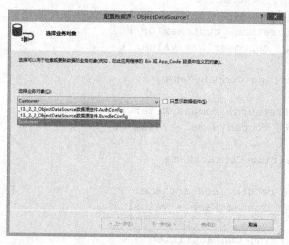

图 13-14 选择业务对象

选择 Customer 类单击"下一步"按钮，向导要求指定用于 CRUD 操作的方法，它们分别可以执行 SELECT、INSERT、UPDATE 和 DELETE 操作。每个选项卡都可以选择业务中用于执行特定操作的方法。在图 13-15 中，控件使用 Select()方法检索数据。

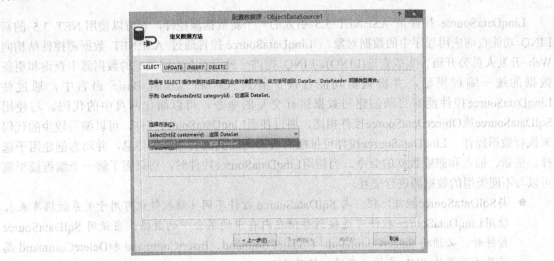

图 13-15 选择对应的方法

ObjectDataSource 用于执行 CRUD 操作的方法必须遵循一些规则，这样控件才能理解。例如，控件的 SELECT 方法必须返回一个 DataSet、DataReader 或强类型化的集合。控件的每个操作选项卡都说明了控件希望指定的方法用于执行什么操作。另外，如果方法不遵循特定操作要求的规则，就不会显示在该选项卡的下拉列表中。

最后，如果 SELECT 方法包含参数，向导就要创建 SelectParameters，用来给方法提供参数数据。

设置完 ObjectDataSource 后，页面上就包含了如下源代码：

```
<asp:ObjectDataSource ID="ObjectDataSource1" runat="server"
    DataObjectTypeName="Customer" DeleteMethod="Delete"
    InsertMethod="Insert" SelectMethod="Select" TypeName="Customer"
    UpdateMethod="Update">
<SelectParameters>
<asp:Parameter Name="customerid" Type="Int32" />
</SelectParameters>
</asp:ObjectDataSource>
```

可以看出，向导为指定的 SELECT、UPDATE、INSERT 和 DELETE 方法生成了属性。

另外还添加了 Select 参数。根据应用程序，可以把它改为前面讨论的任意 Parameter 对象，例如 ControlParameter 或 QuerystringParameter 对象。

2. ObjectDataSource 控件事件

ObjectDataSource 控件包含几个很有用的事件，首先是在控件执行 CRUD 操作的前后触发的事件，如 Selecting 或 Deleting 事件。该控件还包含用作数据源对象在创建或释放时触发的 pre 和 post 事件，以及对数据应用过滤器之前触发的事件。在响应 ObjectDataSource 控件的不同操作方式时，这些事件会提供很大的帮助。

13.2.3 LinqDataSource 数据源控件

1. LinqDataSource 概述

LinqDataSource 控件是 ASP.NET 3.5 引入的一个新数据源控件,它可以使用.NET 3.5 的新 LINQ 功能查询应用程序中的数据对象。LinqDataSource 控件通过 ASP.NET 数据源控件结构向 Web 开发人员公开语言集成查询(LINQ)。LINQ 提供一种用于在不同类型的数据源中查询和更新数据的统一编程模型,并将数据功能直接扩展到 C# 和 Visual Basic 语言中,通过使 LinqDataSource控件能够自动创建与数据进行交互的命令,可以简化网页中的代码。与使用 SqlDataSource或ObjectDataSource控件相比,通过使用LinqDataSource控件,可以编写较少的代码来执行数据操作。LinqDataSource控件可推断有关要连接到的数据源的信息,并动态创建用于选择、更新、插入和删除数据的命令。当使用LinqDataSource控件时,您只需了解一个编程模型就可以与不同类型的数据源进行交互。

- 与SqlDataSource控件比较:与 SqlDataSource 控件不同(该控件仅可用于关系数据库表),使用LinqDataSource 控件可连接到存储在内存中的集合中的数据。当使用 SqlDataSource 控件时,必须将 SelectCommand、UpdateCommand、InsertCommand 和DeleteCommand 属性显式设置为 SQL 查询。不过,借助于 LinqDataSource 控件,您就无须显式设置这些命令,因为 LinqDataSource 控件将使用 LINQ to SQL 自动创建它们。如果希望修改从数据源中选择的列,则不必编写完整的 SQL Select 命令,只需在Select 属性中提供要在查询中返回的列名称即可。

- 与 ObjectDataSource 控件比较:当使用 ObjectDataSource 控件时,必须手动创建表示数据的对象,然后编写用于与数据进行交互的方法。然后,必须将SelectMethod、UpdateMethod、InsertMethod 和 DeleteMethod 属性与执行这些函数的方法进行匹配。在 LinqDataSource 控件中,可使用 O/R 设计器自动创建表示数据的类。无须编写代码来指定数据库表中存在哪些列或指定如何选择、更新、插入和删除数据。此外,还可以使用 LinqDataSource 控件以类似于数组的方式与数据集合直接进行交互。在此情况下,无须创建一个类来处理与数据集合进行交互的逻辑。

2. LinqDataSource 控件的属性

LinqDataSource 提供了大量的属性,具体如表 13-1 所示。

表 13-1 Linq 常用属性及说明

属　性	说　明
Autopage	是否支持分页
Autosort	是否支持排序
ContextTypeName	包含表属性的数据上下文类型
Select	定义在执行 Select 查询期间所用投影的表达式
EnableDelete	是否支持删除
EnableInsert	是否支持插入
TableName	设置数据上下文对象中的表名称
EnableUpdate	是否支持更新
GroupBy	用于对检索到的数据进行分组的属性
Where	检索数据的条件
OrderBy	指定用于对检索到的数据进行排序的字段

第 13 章 ASP.NET 数据绑定技术与数据绑定控件

3. LinqDataSource 控件的使用

LinqDataSource 控件使用的操作步骤如下：

（1）首先新建一个网站，在项目的 App_Code 文件夹下右击，如图 13-16 所示，然后在服务器资源管理器中添加连接，如图 13-17 所示。

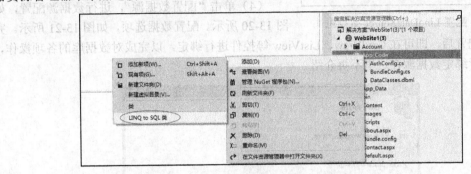

图 13-16 添加 LINQ to SQL 类

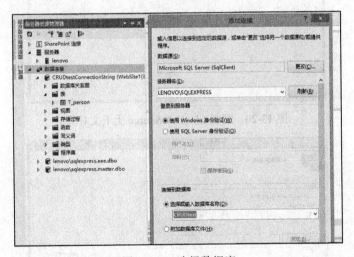

图 13-17 选择数据库

（2）接着双击打开 App_Code 文件夹下上一步添加的 LINQ to SQL 类，将上一步链接好的数据库中的 T_person 拖到 LINQ to SQL 的可视化界面上，如图 13-18 所示。接着再重新生成解决方案，否则在下一步 LinqDataSource 配置数据库的时候找不到 DataContext。

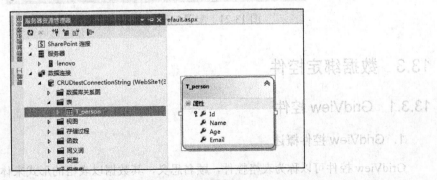

图 13-18 选择要操作的数据表

图 13-19　配置 LinqDataSource 数据源

（3）最后就可以配置 LinqDataSource 的数据源了，从工具箱中拖放 LinqDataSource 控件到设计窗口，单击右侧的"<"按钮，将出现 LinqDataSource 任务菜单，如图 13-19 所示。

（4）单击"配置数据源"，进行数据源配置，如图 13-20 所示。配置数据选项，如图 13-21 所示。完成数据源的配置后，即可在 GridView、ListView 等控件进行绑定，以完成对数据库的各项操作，数据控件进行绑定数据源在这里不再介绍。

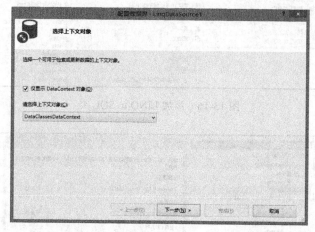

图 13-20　配置 LinqDataSource 上下文对象

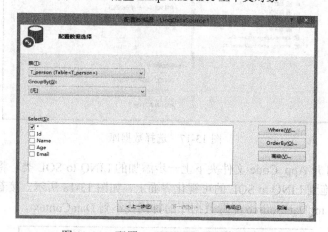

图 13-21　配置 LinqDataSource 数据选择

13.3　数据绑定控件

13.3.1　GridView 控件

1．GridView 控件概述

GridView 控件可以称为表格控件，顾名思义，其数据以表格的形式来体现，并且该控件自带编辑、删除、排序的功能，GridView 控件是 DataGrid 的演化版本，其最大的特点就是自动化程度

比 DataGrid 控件高。GridView 和 DataGrid 功能相似,都是在 Web 页面中显示数据源中的数据,将数据源中的一行数据,也就是一条记录,显示为在 Web 页面上输出表格中的一行。

2. GridView 控件常用的属性、方法和事件

(1) GridView 控件常用属性

- AllowPaging 属性:该属性默认为 False,即不启用分页功能,若要允许分页则将该属性值改为 True。
- AllowSorting 属性:该属性默认为 False,即不启用排序功能,若要允许排序则将该属性值改为 True。
- DataKeys 属性:当对 GridView 控件数据进行排序、编辑、修改时一定要设置 DataKeys 属性为数据表的关键字段的字段名,否则获取不了数据行的键值。
- EditIndex 属性:获取 GridView 控件中要编辑的行的索引,在修改行数据时要用到。
- PageIndex 属性:当对 GridView 控件中的数据进行排序时,利用 PageIndex 属性获取显示数据页的索引。
- Rows 属性:获取 GridView 控件中数据行的 GridViewRow 对象的集合。
- DataSource 属性:GridView 控件必须通过其 DataSource 属性绑定数据源,否则它将无法在页面上呈现出来。GridView 的典型数据源为 DataSet 和 SqlDbDataReader。可使用工具箱中提供的数据源,如 DataSet 或 DataView 类,也可以使用代码绑定到数据源。数据绑定时,可以为 GridView 控件整体指定一个数据源。网格为数据源中的记录,每条记录显示一行。默认情况下,GridView 控件为数据源中的每个字段生成一个绑定列。使用者也可以选取数据源中的某些字段生成网格中的列。

(2) GridView 控件常用方法

当页面运行时,程序代码必须调用控件的 DataBind 方法以加载带有数据的网格。如果数据被更新了,则需要再次调用该方法以刷新网格。GridView 控件中的数据绑定是单向的,也就是说,数据绑定是只读的。如果要使用网格并允许用户编辑数据,则必须创建自己的程序代码来更新该数据源,更新之后,再次将数据绑定到该数据源。GridView 控件常用方法以及说明如表 13-2 所示。

表 13-2 GridView 常用方法及说明

方 法	说 明
ApplyStyleSheetSkin	将页样式表中定义的样式属性应用到控件
DataBind	将数据源绑定到 GridView 控件
DeleteRow	从数据源中删除位于指定索引位置的记录
FindControl	在当前的命名容器中搜索指定的服务器控件
Focus	为控件设置输入的焦点
GetType	获取当前实例的 Type
HasControls	确定服务器控件是否包含任何子控件
IsBindableType	确定指定的数据类型是否绑定到 GriView 控件中的列
Sort	根据指定的排序表达式和方向对 GridView 控件排序
UpdateRow	使用行的字段值更新位于指定行索引位置的记录

(3) GridView 控件常用事件

GridView 控件常用的事件以及说明如表 13-3 所示。

表 13-3 GridView 常用事件及说明

事件	说明
DataBinding	当服务器控件绑定到数据源时发生
DataBind	在服务器控件绑定到数据源后发生
PageIndexChanged	在 GridView 控件处理分页操作之后发生
PageIndexChanging	在 GridView 控件处理分页操作之前发生
RowCommand	当单击 GridView 控件中的按钮时发生
RowCreated	在 GridView 控件中创建行的时候发生
RowDeleted	当单击某一行的删除按钮时，在删除该行之后发生
RowDeleting	当单击某一行的删除按钮时，在删除该行之前发生
RowEditing	当单击某一行的编辑按钮，在 GridView 控件进入编辑模式之前发生
RowUpdated	当单击某一行的更新按钮，在 GridView 控件对该行更新之后发生
RowUpdating	当单击某一行的更新按钮，在 GridView 控件对该行更新之前发生
SelectedIndexChanged	单击某一行的选择按钮，在 GridView 控件对应的选择操作进行处理之后发生
SelectedIndexChanging	单击某一行的选择按钮，在 GridView 控件对应的选择操作进行处理之前发生
Sorted	单击用于排序的超链接，在 GridView 控件对相应的排序操作进行处理后发生
Sorting	单击用于排序的超链接，在 GridView 控件对相应的排序操作进行处理前发生

3．GridView 控件绑定基本的数据以及常用功能

GridView 控件绑定基本的数据以及常用的功能课题通过示例 13-5～示例 13-5 来分别说明：

【例 13-5】 GridView 绑定数据的流程。

操作步骤如下：

（1）打开 Visual Studio 新建一个项目，在新建好的项目里面添加一个 Web 页面，默认命名为 WebForm1.aspx，然后在页面上面添加一个 GridView 数据控件。打开 GridView 控件的任务列表，切换到设计视图，在"选择数据源"下拉列表框中可选择在当前页面中添加数据源控件，如图 13-22 所示。

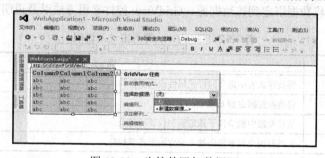

图 13-22 为控件添加数据源

（2）选择"新建数据源"后，然后选择"数据库"，单击"确定"按钮。如图 13-23 所示。

（3）单击"新建连接"，建立与目标数据库的连接，然后单击"下一步"按钮，如图 13-24 所示。下一步会弹出如图 13-25 所示的对话框，单击"刷新"，刷新出来服务器的名称，然后选择登录到服务器的方式，最后选择数据库的名称。可以单击"测试连接"，如果弹出图 13-26 所示的对话框则表明连接成功，否则连接失败。最后单击"确定"按钮，确定以后会回到如图 13-27 所示的配置数据源界面，不过这个时候已经连接成功。然后单击"下一步"按钮，选择数据库中的字段，如图 13-28 所示。

第 13 章 ASP.NET 数据绑定技术与数据绑定控件

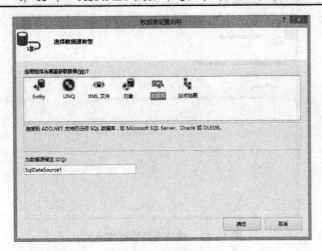

图 13-23 指定数据源

图 13-24 选择数据库连接

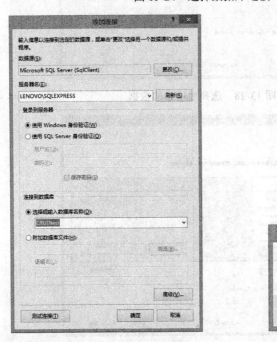

图 13-25 设置数据库连接

图 13-26 测试成功

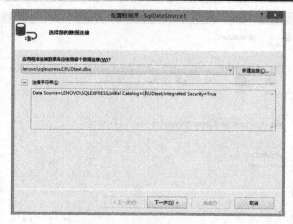

图 13-27　成功选择数据库连接

（4）最后一步是测试查询，可以单击"测试查询"检查是否成功查询数据，如果测试查询查询出所希望的数据，表示成功，否则表示失败。测试查询成功以后，直接单击"完成"按钮即可，如图 13-29 所示。

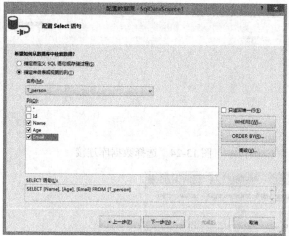

图 13-28　选择要检索的数据

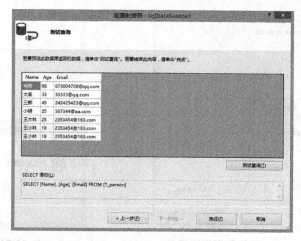

图 13-29　测试数据查询

（5）最终的效果预览图如图 13-30 所示，查询的数据将在浏览器中显示。

在 GridView 控件中提供了编辑和添加字段的功能，使用编辑功能可以删除字段列、重新排列字段的显示和修改字段的属性；使用添加字段的功能可以向控件中添加特殊的字段。由于大多数字段在数据库中都是以英文或者汉语拼音的形式出现的，但是在呈现给用户的时候要让用户看明白，不能像图 13-30 那样显示 Name，Age 和 Email 字段，而应该显示名字，年龄和邮箱。可以通过示例 13-6 实现这些效果。

【例 13-6】编辑和添加 GridView 控件中的列。（说明：本示例依然选用示例 13-5，具体绑定的过程不再介绍。）

操作步骤如下：

（1）在 GridView 控件中单击其顶部的向右黑色小三角，弹出 GridView 任务列表，如图 13-31 所示。

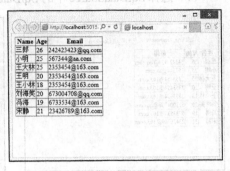

图 13-30 预览效果

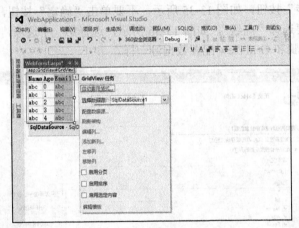

图 13-31 弹出任务列表

（2）选择 GridView 任务中的编辑列，会出现如图 13-32 所示的对话框。然后在左侧选定的字段修改其属性，将选定的字段的 HeaderText 改为姓名，将 Age 和 Email 字段的 HeaderText 分别改为年龄和邮箱，当然在选定的字段也可以用上下箭头改变其显示的位置，效果如图 13-33 所示。

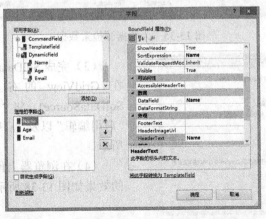

图 13-32 对 GridView 编辑列

【例 13-7】 GridView 控件的分页、排序与选择功能。

操作步骤如下：

（1）选择 SqlDataSource 中的 SqlDataSource 进行选择配置数据源，如图 13-34 所示：

图 13-33 效果预览

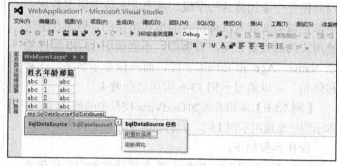

图 13-34 配置数据源

（2）单击"下一步"按钮，如图 13-35 所示，不要单击"确定"按钮，因为要实现 GridView 的删除和编辑，因此要选择"高级"，如图 13-36 所示，选择第一个选项，生成 Insert、update 和 delete 语句，以后的步骤和 GridView 配置数据源一样。

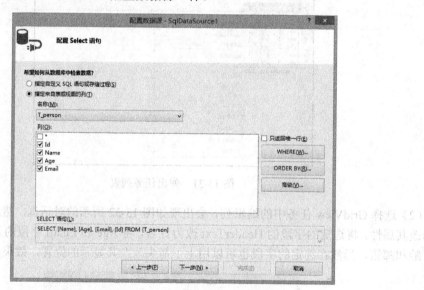

图 13-35 为数据源检索数据

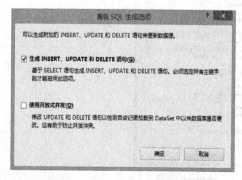

（3）完成 SqlDataSource 配置数据源以后，在 GridView 的右上角选择配置数据源 SqlDataSource1，将"启用分页"、"启用排序"、"启用编辑"以及"启用删除"选中，如图 13-37 所示。

（4）在浏览器上预览 Webform1.aspx，最终的效果如图 13-38 所示。

图 13-36 生成 SQL 操作语句

第 13 章 ASP.NET 数据绑定技术与数据绑定控件

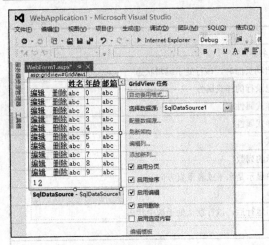

图 13-37 设置 GridView 选项

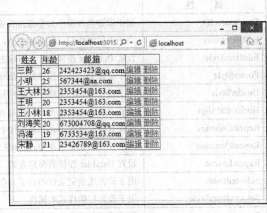

图 13-38 效果预览

13.3.2 DetailsView 控件

DetailsView 控件与 GridView 控件相似,也是通过数据源绑定数据,但是该控件每页只显示一条记录,如图 13-39 所示(具体可以参考本教材配套示例 13-8 源代码)。DetailsView 控件也可以在任务列表中选择要连接的数据源,DetailsView 也可以编辑和添加字段列,设置分页功能,其设置的方法和 GridView 控件相同,但是 DetailsView 控件没有排序和选择的功能。DetailsView 控件有一个 DefaultMode 属性用于设置该控件的默认模式,并且在执行取消、插入和更新命令后恢复该模式,此属性有 3 个取值:ReadOnle(只读)、Edit(编辑)和 Insert(插入),默认取值为 ReadOnly。DetailsView 控件其他属性与 GridView 控件的属性基本相同,这里不再讲解。

图 13-39 DetailsView 效果预览

13.3.3 DataList 控件

DataList 控件是在同一列表中显示的数据项,并且可以对控件中的数据项进行选择和编辑。DataList 控件中列表项的内容和布局是使用模板定义的,每个 DataList 必须至少定义一个 ItemTemplate 模板项;可以使用多个可选模板自定义表的外观。

DataList 控件的数据源选择与 GridView 控件相同,也是在任务列表的"选择数据源"下拉框中选择。DataList 控件如表 13-4 所示。

表 13-4 DataList 属性列表

属 性	说 明
AlternatingItemStle	用于设置 DataList 中交替项的样式属性
Caption	用于设置 DataList 的标题
CaptionAlign	用于设置标题的对齐方式
DataKeyField	用于设置 DataList 控件的关键字段
DataMember	当数据集作为数据源时,此属性用于设置绑定的数据表或视图

续表

属 性	说 明
DataSourceID	用于设置当前页中数据源控件的 ID 名称
EditItemIndex	用于设置编辑记录行的索引值，当启动页面时，该行处于编辑状态
EditItemStyle	设置 DataList 控件处于编辑状态的记录行的样式属性
FooterStyle	用于设置 DataList 控件脚注部分的样式属性
HeaderStyle	用于设置 DataList 控件标头部分的样式属性
HorizontalAlign	设置控件在页面水平方向的对齐方式
RepeatColumns	设置数据记录在 DataList 控件中显示的列数
RepeatDirection	用于设置数据记录在 DataList 控件中显示是水平或者垂直方向
RepeatLayout	设置 DataList 控件的布局方式
SelectedIndex	用于设置选定记录行的索引，在页面运行后，该行默认处于选中状态
SelectedItemStyle	用于设置行的样式的属性
SeparatorStyle	用于设置分隔项的样式属性
ShowFooter	用于设置是否显示控件的脚注
ShowHeader	用于设置是否显示控件的标头

DataList 控件通常是通过编辑模板来改变列表项的布局，并可删除、添加和修改列表项。使用 DataList 控件连接数据源和编辑模板的方法如示例 13-8 所示。

【例 13-8】 DetailsView 绑定数据流程。

操作步骤如下：

（1）双击"数据"选项卡中的 DataList 控件添加到页面，在弹出的"选择数据源"下拉列表框中选择数据源控件，本次选择 SqlDataSource，SqlDataSource 绑定数据控件在上文有具体介绍，这里不再具体讲解。如图 13-40 所示。

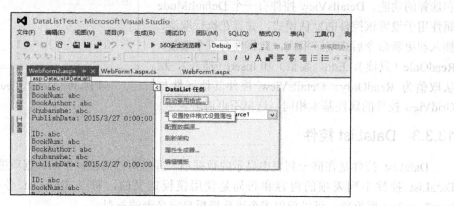

图 13-40 为 DataList 选择数据源

（2）单击"DataList 任务"列表中的"编辑模板"项，可使 DataList 控件处于编辑的状态，如图 13-41 所示。

（3）在 ItemTemplate 模板中可以删除或者添加控件，调整各个控件的位置，录入删除 ID 字段和[IDLabel]控件，这是在数据库中的标识，一般不需要显示，删除[PublishDataLabel]控件，并在此处添加一个 TextBox 服务器控件，然后在 TextBox 任务中编辑 DataBindings，单击"在弹出的任务列表中"，打开"数据绑定"对话框，如图 13-42 所示。

（4）选择可绑定的属性 Text 和需要绑定的字段，在这里选择 PublishData，格式由自己选择，然后单击"确定"数据即可。最终的效果图如图 13-43 所示。

第 13 章　ASP.NET 数据绑定技术与数据绑定控件

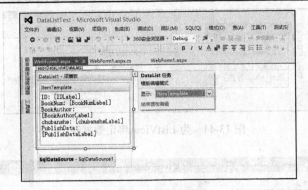

图 13-41　选择编辑模式

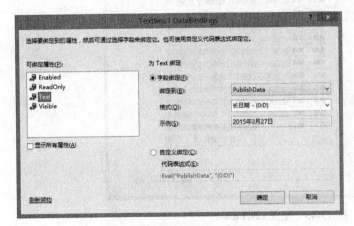

图 13-42　数据绑定对话框

图 13-43　效果预览图

13.3.4　ListView 控件和 DataPager 控件

1. ListView 控件

ListView 控件和 DataPager 控件是 ASP.NET 中新增的控件，ListView 控件集成了 DataGrid、DataList、Repeater 和 GridView 控件所有的功能。并且可以像 Repeater 控件那样，在控件内编写任何 HTML 代码。从使用的角度看 ListView 就是 GridView 和 Repeater 的结合体，既有 Repeater 控件的开放式模板，又有 GridView 控件的编辑属性。

（1）ListView 使用步骤

先将控件从工具箱拖入设计窗口，然后选择数据源，进而配置数据源，如图 13-44 所示。本次示例采用 SqlDataSource 数据源，关于 SqlDataSource 怎么配置数据库中的数据源，请参考 SqlDataSource 的使用章节。

（2）配置 ListView

ListView 提供了默认的五种布局、三种样式，同时还提供了"启用编辑"、"启用插入"、"启用删除"和"启用分页"四项功能。如图 13-45 所示。

（3）ListView 常用的属性

除了数据绑定控件共有的属性外，ListView 还有一个 InsertItemPositon 属性，该属性用于设置插入项的位置，主要有 None、FirstItem 和 LastItem 三个选项。分别代表记录可以在默认位置插入、在首行插入及最后一行插入。

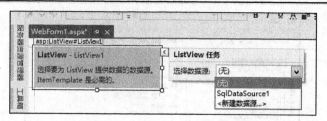

图 13-44 为 ListView 绑定数据源

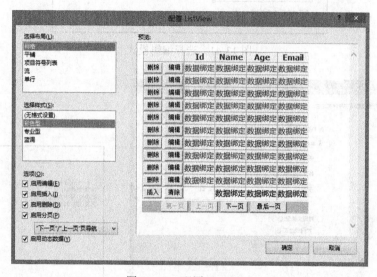

图 13-45 配置 ListView

2. DataPager 控件

DataPager 控件是 ASP.NET 新增的一个控件，是一个专门协助 LIstView 实现分页的控件。把分页的特性单独放到另一个控件里，会给读者带来很多的便利和好处，不但可以供其他的控件使用，而且可以将其放在页面上的任何地方。实质上 DataPager 就是一个扩展 ListView 分页功能的控件。添加 DataPager 控件后，可以按如图 13-46 所示那样设置页面导航的样式。

图 13-46 DataPager 控件页导航样式选择

DataPager 控件的属性主要有三个，分别是：PagedControlID、PageSize 和 QueryStringField。其中，PagedControlID 主要用于设置与其相关联的控件，PageSize 主要用于设置分页控件在一页中显示的记录数目，QueryStringField 主要用于设置当前页面索引的查询字符串字段的名称，设置此属性时，页导航将使用该查询字符串。在实际使用时只需将 PagedControlID 属性设置为 ListView 控件的 ID 即可。如图 13-47 所示。

第 13 章 ASP.NET 数据绑定技术与数据绑定控件

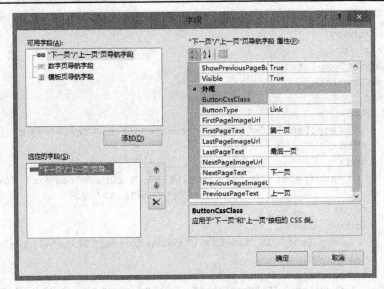

图 13-47 DataPager 控件设置

3. ListView 控件和 DataPager 结合的使用

ListView 和 DataPager 配合使用如示例 13-9 所示。

【例 13-9】 ListView 和 DataPager 结合使用的示例。

操作步骤如下：

（1）打开 VS→新建一个项目→命名为 LDTest→在项目上面右击添加一个 Web 窗体，命名为 Webform1→从工具箱中拖曳一个 ListView 到 WebForm1 的可视化界面→拖曳 DataPager 控件也放到 WebForm1 的可视化界面上。

（2）设置 ListView 的 ID 属性和 DataPager 控件的 ID 属性，以及 DataPager 控件的另一个属性 PagedControlID，将其指定为 ListView 控件的 ID 和 DataPager 控件的 PageSize 的个数（说明：PageSize 属性指的是 ListView 每页显示的个数）。

前台的程序代码如下：

```
<asp:ListView runat="server" ID="_simpleTableListView">
  <LayoutTemplate>
    <table>
      <thead>
        <tr>
          <th id="Th1" runat="server">
            编号</th>
          <th id="Th2" runat="server">
            姓名</th>
          <th id="Th3" runat="server">
            年龄</th>
          <th id="Th4" runat="server">
            邮箱</th>

        </tr>
      </thead>
      <tbody>
```

```
            <asp:PlaceHolder runat="server" ID="itemPlaceholder" />
          </tbody>
        </table>
     </LayoutTemplate>
     <ItemTemplate>
        <tr>
           <td>
              <asp:Label ID="IDLabel" runat="server" Text='<%# Eval("ID") %>' />
           </td>
           <td>
              <asp:Label ID="StudentIDLabel" runat="server" Text=
                         '<%# Eval("Name") %>' />
           </td>
           <td>
              <asp:Label ID="NameLabel" runat="server" Text='<%# Eval("Age") %>' />
           </td>
           <td>
              <asp:Label ID="MathLabel" runat="server" Text='<%# Eval("Email") %>' />
           </td>
        </tr>
     </ItemTemplate>
</asp:ListView>
<asp:DataPager ID="DataPager2" runat="server"
     PagedControlID="_simpleTableListView" PageSize="3"
     onprerender="DataPager2_PreRender">
     <Fields>
        <asp:NextPreviousPagerField ButtonType="Button" ShowFirstPageButton="True"
             ShowLastPageButton="True" />
     </Fields>
</asp:DataPager>
```

（3）后台主要是取出数据和绑定数据，如果 ListView 绑定的数据写在页面的 Page_Load 中，分页会有问题，因此要写在 DataPager 的 DataPager2_PreRender 事件中，方法 BindData()是从数据库中取出数据，程序代码如下：

```
protected void Page_Load(object sender, EventArgs e)
{
}
protected void DataPager2_PreRender(object sender, EventArgs e)
{
  BindData();
}
private void BindData()
{
  using (SqlConnection conn = new SqlConnection(@"Data Source=LENOVO\SQLEXPRESS;
              Initial Catalog=CRUDtest;Integrated Security=True"))
  {
    conn.Open();
    using (SqlCommand cmd = conn.CreateCommand())
    {
      cmd.CommandText = "select * from T_person";
```

```
            SqlDataAdapter adapter = new SqlDataAdapter(cmd);
            DataSet dataset = new DataSet();
            adapter.Fill(dataset);
            _simpleTableListView.DataSource = dataset.Tables[0];
            _simpleTableListView.DataBind();
         }
      }
   }
```

（4）最终的运行效果如图 13-48 所示。

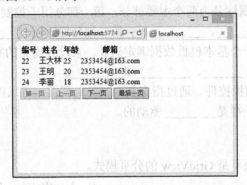

图 13-48　ListView 和 Datapager 结合使用

13.3.5　FormView 控件

　　FormView 控件是一个数据绑定用户页面的控件，它一次只从其关联的数据源中显示一条记录，并提供分页的功能以切换记录。FormView 控件类似于 DetailsView 控件，但它要求用户使用模板定义每项的显示，而不是使用数据控件。FormView 与 DetailsView 控件主要差异在于：DetailsView 控件通过内置的表格显示数据记录，而 FormView 控件需要用户定义的模板来显示数据记录。

　　在 FormView 控件的模板页中可以添加 Image、HyperLink 等控件，并可绑定数据源中的字段。FormView 控件还有一个 DefaultMode 属性用于设置该控件的默认模式，并且在执行取消、插入和更新命令后恢复该模式。该控件的其他属性与 GridView 控件基本相同，而该控件的模板使用方法与 DataList 控件相同，这里就不再重复讲解。

13.4　小结

　　SQL Server 2008 Express 是 Visual Studio 2012 自带的一个免费数据库管理系统。SSMSE 是使用和管理 SQL Server 2008 Express 数据库的可视化工具。Visual Studio 2010 开发环境集成数据库的操作主要有添加链接及创建数据库和创建表。Visual Studio 2012 共提供七种数据绑定控件，这些控件甚至不需要设置任何属性就能完成十分复杂的功能。ASP.NET 数据库绑定控件的功能十分强大，不但能够显示数据，很多控件都能够对数据库的表进行修改、查询和更新操作。ASP.NET 为数据库绑定控件提供了模板，每个控件的多个模板对应该控件的不同功能界面。ASP.NET 专门提供了六种用于数据库连接的数据源控件，分别是 SqlDataSource 控件、AcessDataSource 控件、LinqDataSource 控件、ObjectDataSource 控件、XMLDataSource 控件和 SiteMapDataSource 控件。这些控件的属性以及绑定数据的方式和用途一定要熟练掌握。

13.5 习题

1．填空题

（1）在 ASP.NET 中，不仅可以把数据显示控件绑定到传统的数据源，还可以绑定到几乎所有包含数据的结构。这些数据可以在_____、_____或者_____。

（2）ASP.NET 可以利用两种类型的数据绑定：_____和_____。

（3）GridView 控件的属性分为两个主要部分，第一部分用于控制 GridView 控件的整体显示效果，包括_____、_____、_____等；第二部分用于控制_____。

（4）Repeater 控件是一个基本模板数据绑定列表。它没有内置的布局或者样式，因此必须在此模板内显式声明所有的_____、_____和_____。

（5）DataList 是一个模板控件，通过指定其_____属性，可以控制它的表现形式。Datalist 控件和 Repeater 控件完全一样是_____驱动的。

2．选择题

（1）下面_____选项不是 GridView 的分页模式。
  A．NextPrevious   B．NextPreviousFirstLast
  C．Numeric   D．NumericFirst

（2）GridView 中的 Coloumns 集合的字段包括_____。
  A．BoundField   B．HyperLinkField
  C．CommandField   D．CheckBoxField

（3）Repeater 控件的模板包括：_____。
  A．ItemTemplate   B．SeparatorTemplate
  C．HeaderTemplate   D．FooterTemplate

（4）DataList 的模板包括_____。
  A．EditItemTemplate   B．SelectedItemTemplate
  C．SeparatorTemplate   D．DeleteTemplate

（5）在 ItemTemplate 模板中添加一个 Linkbutton 控件，其 CommandName 属性可以为_____。
  A．edit   B．update   C．delete   D．cancel

3．应用题

（1）新建一个项目，在项目上添加一个 Web 页面，默认命名为 webform1.aspx，然后拖放一个 DropDownList 到页面上面。在后台新建一个数组，在页面加载的时候动态绑定数组，运行的结果如图 13-49 所示。

（2）利用 GridView 控件和 SqlDataSource 控件，实现数据的绑定，数据库可以用本章例子中的数据库，实现数据的动态绑定，效果如图 13-50 所示。

（3）在题目（2）的基础上实现利用 GridView 和 SqlDataSouce，在 GridView 控件上面实现数据的删除，编辑，更新，以及分页，并将数据库中字段的名称改为汉字，效果如图 13-51 所示。

（4）利用 ListView 和 DataPager 这两个控件实现数据的绑定以及分页，实现上一页，下一页，首页以及末页的功能，数据库可以自己建立，需要在 SQL Server 上建立，也可以直接用案例里面的数据库，实现最终的效果如图 13-52 所示。（说明：分页的时候需要指定每页数据的条数。）

图 13-49

图 13-50

图 13-51 图 13-52

第 14 章 LINQ 技术

本章要点或学习目标

- 理解 LINQ 的概念
- 掌握使用 LINQ to SQL 访问数据库
- 掌握 LinqDataSource 与数据绑定控件的配合使用

14.1 LINQ 技术概述

LINQ 是 Language Integrated Query 的缩写，中文名字是"语言集成查询"，最初在 Visual Studio 2008 中发布。LINQ 引入了标准的、易于学习的查询模式和更新模式，可以对其进行扩展以便支持几乎任何类型的数据存储。它提供给开发人员一个统一的编程概念和语法，用户不需要关心将要访问的是关系数据库还是 XML 数据，或是远程的对象，它都采用同样的访问方式。Visual Studio 2012 包含 LINQ 提供程序的程序集，这些程序集支持 LINQ 与.NET Framework 4.5、SQL Server 数据库、ADO.NET 数据集以及 XML 文档一起使用。

LINQ 技术为开发人员提供了五个比较实用的数据访问类型，分别为：

- LINQ to Object：可以允许对内存中的类对象查询。
- LINQ to DataSet：可以对内存中的 DataSet 缓存数据，执行数据访问。
- LINQ to SQL：由于只限制 SQL Server 数据库，所以目前已经被 LINQ to Entity 逐渐取代。
- LINQ to Entity：这是目前 LINQ 技术比较流行的一个亮点，它提供了对关系数据库的数据访问，可以使得开发者不必通过编写复杂 ADO.NET 的数据访问层就可以实现数据库访问问，也可以两者一起结合使用。
- LINQ to XML：针对 XML 数据的一种解析封装可以实现传统 XML 解析效果。

如图 14-1 描述了 LINQ 技术的体系结构。

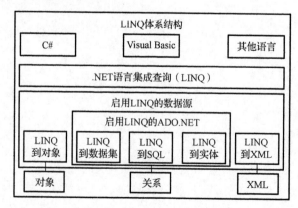

图 14-1　LINQ 体系结构

14.2 C#中的LINQ

14.2.1 LINQ查询表达式

查询表达式可用于查询和转换来自任意支持LINQ的数据源中的数据。例如，单个查询可以从SQL数据库检索数据，并生成XML流作为输出。

查询表达式容易掌握，因为它们使用许多常见的C#语言构造。有关更多信息，请参见C#中的LINQ入门。

查询表达式中的变量都是强类型的，但许多情况下您不需要显式提供类型，因为编译器可以推断类型。有关更多信息，请参见LINQ查询操作中的类型关系 (C#)。

在循环访问for each语句中的查询变量之前，不会执行查询。有关更多信息，请参见LINQ查询简介(C#)。

在编译时，根据C#规范中设置的规则将查询表达式转换为"标准查询运算符"方法调用。任何可以使用查询语法表示的查询也可以使用方法语法表示。但是，在大多数情况下，查询语法更易读和简洁。有关更多信息，请参见C#语言规范和标准查询运算符概述。

作为编写LINQ查询的一项规则，建议尽量使用查询语法，只在必需的情况下才使用方法语法。这两种不同形式在语义或性能上没有区别。查询表达式通常比用方法语法编写的等效表达式更易读。

一些查询操作，如Count或Max，没有等效的查询表达式子句，因此必须表示为方法调用。方法语法可以通过多种方式与查询语法组合。有关更多信息，请参见LINQ中的查询语法和方法语法 (C#)。

查询表达式可以编译为表达式树或委托，具体取决于查询所应用到的类型。IEnumerable<T>查询编译为委托。IQueryable和IQueryable<T>查询编译为表达式树。有关更多信息，请参见表达式树（C#和Visual Basic）。

对于编写查询的开发人员来说，LINQ最明显的"语言集成"部分是查询表达式。查询表达式是使用C# 3.0中引入的声明性查询语法编写的。通过使用查询语法，甚至可以使用最少的代码对数据源执行复杂的筛选、排序和分组操作。使用相同的基本查询表达式模式来查询和转换SQL数据库、ADO.NET数据集、XML文档和流以及.NET集合中的数据。

下面的示例演示了完整的查询操作。完整操作包括创建数据源、定义查询表达式，以及在foreach语句中执行查询。

```
class LINQQueryExpressions
{
    static void Main()
    {
        //Specify the data source.
        int[] scores = new int[] { 97, 92, 81, 60 };
        //Define the query expression.
        IEnumerable<int> scoreQuery =
            from score in scores
            where score > 80
            select score;
        //Execute the query.
```

```
        foreach (int i in scoreQuery)
        {
            Console.Write(i + " ");
        }
    }
}
```

14.2.2 LINQ 查询方法

1. 创建内存中数据源

查询的数据源是 Student 对象的简单列表。每个 Student 记录都有名、姓和表示他们在班级中的测验分数的整数数组。将此代码复制到您的项目。请注意下列特性：

Student 类包含自动实现的属性。

列表中的每个学生都已使用对象初始值设定项进行初始化。

列表本身已使用集合初始值设定项进行初始化。

将在不显式调用任何构造函数和使用显式成员访问的情况下初始化并实例化整个数据结构。有关这些新功能的更多信息，请参见自动实现的属性（C#编程指南）和对象和集合初始值设定项（C#编程指南）。

添加数据源：将 Student 类和经过初始化的学生列表添加到您的项目的 Program 类中。

```csharp
public class Student
{
    public string First { get; set; }
    public string Last { get; set; }
    public int ID { get; set; }
    public List<int> Scores;
}
//Create a data source by using a collection initializer.
static List<Student> students = new List<Student>
{
   new Student {First="Svetlana", Last="Omelchenko", ID=111, Scores=
            new List<int> {97, 92, 81, 60}},
   new Student {First="Claire", Last="O'Donnell", ID=112, Scores=
            new List<int> {75, 84, 91, 39}},
   new Student {First="Sven", Last="Mortensen", ID=113, Scores=
            new List<int> {88, 94, 65, 91}},
   new Student {First="Cesar", Last="Garcia", ID=114, Scores= new List<int>
            {97, 89, 85, 82}},
   new Student {First="Debra", Last="Garcia", ID=115, Scores= new List<int>
            {35, 72, 91, 70}},
   new Student {First="Fadi", Last="Fakhouri", ID=116, Scores=
            new List<int> {99, 86, 90, 94}},
   new Student {First="Hanying", Last="Feng", ID=117, Scores= new List<int>
            {93, 92, 80, 87}},
   new Student {First="Hugo", Last="Garcia", ID=118, Scores= new List<int>
            {92, 90, 83, 78}},
```

```
    new Student {First="Lance", Last="Tucker", ID=119, Scores= new List<int>
        {68, 79, 88, 92}},
    new Student {First="Terry", Last="Adams", ID=120, Scores= new List<int>
        {99, 82, 81, 79}},
    new Student {First="Eugene", Last="Zabokritski", ID=121, Scores=
        new List<int> {96, 85, 91, 60}},
    new Student {First="Michael", Last="Tucker", ID=122, Scores=
        new List<int> {94, 92, 91, 91} }
};
```

在学生列表中添加新学生。将新 Student 添加到 Students 列表中并使用您选择的姓名和测验分数。尝试键入新学生的所有信息,以便更好地了解对象初始值设定项的语法。

2. 创建简单查询

在应用程序的 Main 方法中创建一个简单查询,执行该查询时,将生成第一次测验中分数高于 90 分的所有学生的列表。请注意,由于选择了整个 Student 对象,因此查询的类型是 IEnumerable<Student>。虽然代码也可以通过使用 var 关键字来使用隐式类型,但这里使用了显式类型以便清楚地演示结果。(有关 var 的更多信息,请参见隐式类型的局部变量(C#编程指南)。)

另请注意,该查询的范围变量 student 用作对源中每个 Student 的引用,以提供对每个对象的成员访问。

```
//Create the query.
//The first line could also be written as "var studentQuery ="
IEnumerable<Student> studentQuery =
    from student in students
    where student.Scores[0] > 90
    select student;
```

3. 执行查询

现在编写用于执行查询的 foreach 循环。请注意有关代码的以下事项:
所返回序列中的每个元素是通过 foreach 循环中的迭代变量来访问的。
此变量的类型是 Student,查询变量的类型是兼容的 IEnumerable<Student>。
添加此代码后,按【Ctrl+F5】组合键生成并运行该应用程序,然后在"控制台"窗口中查看结果。

```
//Execute the query.
//var could be used here also.
foreach (Student student in studentQuery)
{
    Console.WriteLine("{0}, {1}", student.Last, student.First);
}
```

添加另一个筛选条件。您可以在 where 子句中组合多个布尔条件,以便进一步细化查询。下面的代码添加一个条件,以便查询返回第一个分数高于 90 分并且最后一个分数低于 80 分的那些学生。where 子句应类似于以下代码。

```
where student.Scores[0] > 90 && student.Scores[3] < 80
```

4. 修改查询

对结果进行排序：

（1）如果结果按某种顺序排列，则浏览结果会更容易。您可以根据源元素中的任何可访问字段对返回的序列进行排序。例如，下面的 order by 子句根据每个学生的姓按从 A 到 Z 的字母顺序对结果进行排序。紧靠在 where 语句之后、select 语句之前，将下面的 order by 子句添加到您的查询中：

```
order by student.Last ascending
```

（2）现在更改 order by 子句，以便根据第一次测验的分数的反向顺序，即从高分到低分的顺序对结果进行排序。

```
order by student.Scores[0] descending
```

（3）更改 WriteLine 格式字符串以便您可以查看分数：

```
Console.WriteLine("{0}, {1} {2}", student.Last, student.First, student.Scores[0]);
```

5. 对结果进行分组

（1）分组是查询表达式中的强大功能。包含 group 子句的查询将生成一系列组，每个组本身包含一个 Key 和一个序列，该序列由该组的所有成员组成。下面的新查询使用学生的姓的第一个字母作为关键字对学生进行分组。

```
var studentQuery2 =
from student in students
  group student by student.Last[0];
```

（2）请注意，查询的类型现在已更改。该查询现在生成一系列将 char 类型作为关键字的组，以及一系列 Student 对象。由于查询的类型已更改，因此下面的代码也会更改 foreach 执行循环：

```
foreach (var studentGroup in studentQuery2)
{
    Console.WriteLine(studentGroup.Key);
    foreach (Student student in studentGroup)
    {
        Console.WriteLine("{0}, {1}", student.Last, student.First);
    }
}
```

（3）按【Ctrl+F5】组合键运行该应用程序并在"控制台"窗口中查看结果。

6. 在查询表达式中使用方法语法

如 LINQ 中的查询语法和方法语法 (C#) 中所述，一些查询操作只能使用方法语法表示。下面的代码计算源序列中每个 Student 的总分，然后对该查询的结果调用 Average()方法来计算班级的平均分。请注意，查询表达式的两边使用了括号。

```
var studentQuery6 =
    from student in students
    let totalScore = student.Scores[0] + student.Scores[1] +
                     student.Scores[2] + student.Scores[3]
    select totalScore;
double averageScore = studentQuery6.Average();
Console.WriteLine("Class average score = {0}", averageScore);
```

7. 在 select 子句中转换或投影

查询生成的序列的元素与源序列中的元素不同,这种情况很常见。删除或注释掉之前的查询和执行循环,并用下面的代码替换它。请注意,该查询返回一个字符串(而非 Students)序列,这种情况将反映在 foreach 循环中。

```
IEnumerable<string> studentQuery7 =
    from student in students
    where student.Last == "Garcia"
    select student.First;
Console.WriteLine("The Garcias in the class are:");
foreach (string s in studentQuery7)
{
    Console.WriteLine(s);
}
```

本示例前面的代码指出班级的平均分约为 334 分。若要生成总分高于班级平均分的 Students 及其 Student ID 的序列,可以在 select 语句中使用匿名类型:

```
ysr studentQuery8 =
    from student in students
    let x = student.Scores[0] + student.Scores[1] + student.Scores[2] +
            student.Scores[3]
    where x > averageScore
    select new { id = student.ID, score = x };
ysreach (var item in studentQuery8)
{
    Console.WriteLine("Student ID: {0}, Score: {1}", item.id, item.score);
}
```

14.3 LINQ to ADO.NET

14.3.1 LINQ to DataSet

DataSet 是更为广泛使用的 ADO.NET 组件之一。它是 ADO.NET 所基于的断开连接式编程模型的关键元素,使用它可以显式缓存不同数据源中的数据。在表示层上,DataSet 与 GUI 控件紧密集成,以进行数据绑定。在中间层上,它提供保留数据关系形状的缓存并包括快速简单查询和层次结构导航服务。用于减少对数据库的请求数的常用技术是使用 DataSet 以便在中间层进行缓存。例如,考虑数据驱动的 ASP.NET Web 应用程序。通常,应用程序的绝大部分数据不会经常更改,属于会话之间或用户之间的公共数据。此数据可以保存在 Web 服务器的内存中,这会减少对数据库的请求数并加速用户的交互。DataSet 的另一个有用特征是允许应用程序将数据子集从一个或多个数据源导入应用程序空间。然后,应用程序可以在内存中操作这些数据,同时保留其关系形状。

DataSet 虽然具有突出的优点,但其查询功能也存在限制。Select 方法可用于筛选和排序,GetChildRows 和 GetParentRow 方法可用于层次结构导航。但对于更复杂的情况,开发人员必须编写自定义查询。这会使应用程序性能低下并且难以维护。

使用 LINQ to DataSet 可以更快更容易地查询在 DataSet 对象中缓存的数据。这些查询用编程语言本身表示，而不表示为嵌入在应用程序代码中的字符串。这意味着开发人员不必学习单独的查询语言。此外，LINQ to DataSet 可使 Visual Studio 开发人员的工作效率更高，因为 Visual Studio IDE 提供编译时语法检查、静态类型化和对 LINQ 的 IntelliSense 支持。LINQ to DataSet 也可用于查询从一个或多个数据源合并的数据。这可以使许多需要灵活表示和处理数据的方案能够实现。具体地说，一般报告、分析和业务智能应用程序将需要这种操作方法。

LINQ to DataSet 查询可以使用两种不同的语法进行表述：查询表达式语法和基于方法的查询语法。

1. 查询表达式语法

下面的示例使用 Select 返回 Product 表中的所有行并显示产品名称。

```
DataSet ds = new DataSet();
ds.Locale = CultureInfo.InvariantCulture;
FillDataSet(ds);
DataTable products = ds.Tables["Product"];
IEnumerable<DataRow> query =
    from product in products.AsEnumerable()
    select product;
Console.WriteLine("Product Names:");
foreach (DataRow p in query)
{
    Console.WriteLine(p.Field<string>("Name"));
}
```

2. 基于方法的查询语法

```
DataSet ds = new DataSet();
ds.Locale = CultureInfo.InvariantCulture;
FillDataSet(ds);
DataTable products = ds.Tables["Product"];
var query = products.AsEnumerable().
    Select(product => new
    {
        ProductName = product.Field<string>("Name"),
        ProductNumber = product.Field<string>("ProductNumber"),
        Price = product.Field<decimal>("ListPrice")
    });
Console.WriteLine("Product Info:");
foreach (var productInfo in query)
{
    Console.WriteLine("Product name: {0} Product number: {1} List price: ${2} ",
        productInfo.ProductName, productInfo.ProductNumber, productInfo.Price);
}
```

14.3.2 LINQ to SQL

在 LINQ to SQL 中执行 Insert、Update 和 Delete 操作的方法是：向对象模型中添加对象、更改和移除对象模型中的对象。默认情况下，LINQ to SQL 会将您所做的操作转换成 SQL，然后将这些更改提交至数据库。

LINQ to SQL 在操作和保持对对象所做更改方面有着最大的灵活性。实体对象使用（通过查询检索它们或通过重新构造它们）后，就可以像应用程序中的典型对象一样更改实体对象。也就是说，可以更改它们的值，将它们添加到集合中，以及从集合中移除它们。LINQ to SQL 会跟踪您所做的更改，并且在您调用 SubmitChanges 时就可以将这些更改传回数据库。

LINQ to SQL 不支持且无法识别级联删除操作。如果要从表中删除一个具有约束的行，必须在数据库的外键约束中设置 ON DELETE CASCADE 规则，或者使用自己的代码首先删除那些阻止删除父对象的子对象。否则，将会引发异常。

准备工作，现在数据库中建好测试表 Student，这个表只有三个字段 ID，Name，Hometown，其中 ID 为 int 类型的自增长字段，Name 和 Howmtown 是 nvarchar 类型。

（1）打开 VS 2010 新建控制台应用程序，然后添加 LINQ to SQL Class，命名为 DbApp.dbml，新建 dbml 文件之后，可以打开 server explorer，建立数据库连接，并将新建的表拖到 dbml 文件中，结果如图 14-2 所示。

（2）可以通过单击 dbml 文件空白处，按【F4】键显示 dbml 属性，可以修改 Context 和生成实体的命名空间。

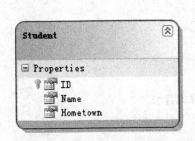

图 14-2 新建 dbml 文件

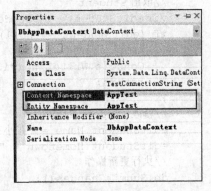

图 14-3 修改命名空间

（3）到现在为止 VS 2010 通过工具为我们创建好了数据表对应实体类和数据表操作添，改，删的方法，现在开始实践。

① 添加 Add。

```
static void Add()
{
    //添加一个 Student
    Student aStudent = new Student
    {
        Name = "张小二",
        Hometown = "南海观音院"
    };
    Console.WriteLine("----------begin Add a student");
    using (DbAppDataContext db = new DbAppDataContext())
    {
        db.Log = Console.Out;
        db.Students.InsertOnSubmit(aStudent);
        db.SubmitChanges();
    }
    Console.WriteLine("----------End Add a student");
}
```

输出的 SQL 语句：

```
INSERT INTO [dbo].[Student]([Name], [Hometown])
VALUES (@p0, @p1)

SELECT CONVERT(Int,SCOPE_IDENTITY()) AS [value]
-- @p0: Input NVarChar (Size = 4000; Prec = 0; Scale = 0) [张小二]
-- @p1: Input NVarChar (Size = 4000; Prec = 0; Scale = 0) [南海观音院]
-- Context: SqlProvider(Sql2005) Model: AttributedMetaModel Build: 4.0.30319.1
```

② 使用 linq to sql 执行 Edit 编辑操作。

```
private static void Edit(int id)
{
    Console.WriteLine("---------begin edit");
    using (DbAppDataContext db = new DbAppDataContext())
    {
    db.Log = Console.Out;
    //取出 student
    var editStudent=db.Students.SingleOrDefault<Student>(s=>s.ID==id);
    if (editStudent == null)
    {
        Console.WriteLine("id错误");
        return;
    }
    //修改 student 的属性
    editStudent.Name = "张小三";
    editStudent.Hometown = "张家口张家寨张家营";
    //执行更新操作
    db.SubmitChanges();
    }
    Console.WriteLine("---------end edit Student");
}
```

输出的 SQL 语句：

```
SELECT [t0].[ID], [t0].[Name], [t0].[Hometown]
FROM [dbo].[Student] AS [t0]
WHERE [t0].[ID] = @p0
-- @p0: Input Int (Size = -1; Prec = 0; Scale = 0) [6]
-- Context: SqlProvider(Sql2005) Model: AttributedMetaModel Build: 4.0.30319.1
UPDATE [dbo].[Student]
SET [Name] = @p3, [Hometown] = @p4
WHERE ([ID] = @p0) AND ([Name] = @p1) AND ([Hometown] = @p2)
-- @p0: Input Int (Size = -1; Prec = 0; Scale = 0) [6]
-- @p1: Input NVarChar (Size = 4000; Prec = 0; Scale = 0) [张小二]
-- @p2: Input NVarChar (Size = 4000; Prec = 0; Scale = 0) [南海观音院]
-- @p3: Input NVarChar (Size = 4000; Prec = 0; Scale = 0) [张小三]
-- @p4: Input NVarChar (Size = 4000; Prec = 0; Scale = 0) [张家口张家寨张家营]
-- Context: SqlProvider(Sql2005) Model: AttributedMetaModel Build: 4.0.30319.1
```

③ 使用 linq to sql 执行删除操作。

执行代码：

```csharp
static void Delete(int id)
{
    Console.WriteLine("-----------begin delete a student");
    using (DbAppDataContext db = new DbAppDataContext())
    {
        db.Log = Console.Out;
        //取出 student
        var student = db.Students.SingleOrDefault<Student>(s => s.ID == id);
        if (student == null)
        {
            Console.WriteLine("student is null");
            return;
        }
        db.Students.DeleteOnSubmit(student);
        db.SubmitChanges();
    }
    Console.WriteLine("-------------end Delete student");
}
```

生成的 SQL 语句:

```
SELECT [t0].[ID], [t0].[Name], [t0].[Hometown]
FROM [dbo].[Student] AS [t0]
WHERE [t0].[ID] = @p0
-- @p0: Input Int (Size = -1; Prec = 0; Scale = 0) [6]
-- Context: SqlProvider(Sql2005) Model: AttributedMetaModel Build: 4.0.30319.1
DELETE FROM [dbo].[Student] WHERE ([ID] = @p0) AND ([Name] = @p1) AND ([Hometown
] = @p2)
-- @p0: Input Int (Size = -1; Prec = 0; Scale = 0) [6]
-- @p1: Input NVarChar (Size = 4000; Prec = 0; Scale = 0) [张小三]
-- @p2: Input NVarChar (Size = 4000; Prec = 0; Scale = 0) [张家口张家寨张家营]
-- Context: SqlProvider(Sql2005) Model: AttributedMetaModel Build: 4.0.30319.1
```

14.4 LINQ to XML

14.4.1 构造 XML 树

1. 构造元素

通过 XElement 和 XAttribute 构造函数的签名,可以将元素或属性的内容作为参数传递到构造函数。由于其中一个构造函数使用可变数目的参数,因此可以传递任意数目的子元素。当然,这些子元素中的每一个都可以包含它们自己的子元素。对任意元素,可以添加任意多个属性。

在添加 XNode（包括 XElement）或 XAttribute 对象时,如果新内容没有父级,则直接将这些对象附加到 XML 树中。如果新内容已经有父级,并且是另一 XML 树的一部分,则克隆新内容,并将新克隆的内容附加到 XML 树。本主题最后一个示例对此进行了演示。

若要创建 contactsXElement，可以使用下面的代码：

```
XElement contacts =
    new XElement("Contacts",
        new XElement("Contact",
            new XElement("Name", "Patrick Hines"),
            new XElement("Phone", "206-555-0144"),
            new XElement("Address",
                new XElement("Street1", "123 Main St"),
                new XElement("City", "Mercer Island"),
                new XElement("State", "WA"),
                new XElement("Postal", "68042")
            )
        )
    );
```

如果正确缩进，则构造 XElement 对象的代码十分类似于基础 XML 的结构。

2. 创建包含内容的 XElement

可以使用单个方法调用来创建一个包含简单内容的 XElement。为此，请指定内容作为第二个参数，如下所示：

```
XElement n = new XElement("Customer", "Adventure Works");
Console.WriteLine(n);
```

此示例产生以下输出：

```
<Customer>Adventure Works</Customer>
```

可以将任意类型的对象作为内容进行传递。例如，下面的代码创建一个包含浮点数作为内容的元素：

```
XElement n = new XElement("Cost", 324.50);
Console.WriteLine(n);
```

此示例产生以下输出：

```
<Cost>324.5</Cost>
```

该浮点数被装箱并传递给构造函数。装箱的数字转换为字符串，然后用作元素的内容。

3. 创建具有子元素的 XElement

如果传递 XElement 类的一个实例作为内容参数，则构造函数将创建一个具有子元素的元素：

```
XElement shippingUnit = new XElement("ShippingUnit",
    new XElement("Cost", 324.50)
);
```

此示例产生以下输出：

```
Console.WriteLine(shippingUnit);
<ShippingUnit>
  <Cost>324.5</Cost>
</ShippingUnit>
```

4. 创建具有多个子元素的 XElement

可以传递多个 XElement 对象作为内容。每个 XElement 对象都作为子元素包含进来。

```
XElement address = new XElement("Address",
    new XElement("Street1", "123 Main St"),
    new XElement("City", "Mercer Island"),
    new XElement("State", "WA"),
    new XElement("Postal", "68042")
);
Console.WriteLine(address);
```

此示例产生以下输出:

```
<Address>
  <Street1>123 Main St</Street1>
  <City>Mercer Island</City>
  <State>WA</State>
  <Postal>68042</Postal>
</Address>
```

将上面的示例进行扩展,可以创建整个 XML 树,如下所示:

```
XElement contacts =
    new XElement("Contacts",
        new XElement("Contact",
            new XElement("Name", "Patrick Hines"),
            new XElement("Phone", "206-555-0144"),
            new XElement("Address",
                new XElement("Street1", "123 Main St"),
                new XElement("City", "Mercer Island"),
                new XElement("State", "WA"),
                new XElement("Postal", "68042")
            )
        )
    );
Console.WriteLine(contacts);
```

此示例产生以下输出:

```
<Contacts>
  <Contact>
    <Name>Patrick Hines</Name>
    <Phone>206-555-0144</Phone>
    <Address>
      <Street1>123 Main St</Street1>
      <City>Mercer Island</City>
      <State>WA</State>
      <Postal>68042</Postal>
    </Address>
  </Contact>
</Contacts>
```

5. 创建空元素

若要创建空 XElement，请不要将任何内容传递给构造函数。下面的示例创建一个空元素：

```
XElement n = new XElement("Customer");
Console.WriteLine(n);
```

此示例产生以下输出：

```
<Customer />
```

6. 附加与克隆

前面提到，在添加 XNode（包括 XElement）或 XAttribute 对象时，如果新内容没有父级，则直接将这些对象附加到 XML 树。如果新内容已经有父级，并且是另一 XML 树的一部分，则克隆新内容，并将新克隆的内容附加到 XML 树。

```
XElement xmlTree1 = new XElement("Root", new XElement("Child1", 1));
//Create an element that is not parented.
XElement child2 = new XElement("Child2", 2);
//Create a tree and add Child1 and Child2 to it.
XElement xmlTree2 = new XElement("Root",
    xmlTree1.Element("Child1"),
    child2
);
//Compare Child1 identity.
Console.WriteLine("Child1 was {0}",
    xmlTree1.Element("Child1") == xmlTree2.Element("Child1") ?
    "attached" : "cloned");
//Compare Child2 identity.
Console.WriteLine("Child2 was {0}",
    child2 == xmlTree2.Element("Child2") ?
    "attached" : "cloned");
```

此示例产生以下输出：

```
Child1 was cloned
Child2 was attached
```

14.4.2 查询 XML 树

1. 查找具有特定属性的元素

XML 中代码：

```
<?xml version="1.0"?><PurchaseOrder PurchaseOrderNumber="99503" OrderDate="1999-10-20"> <Address Type="Shipping"> <Name>Ellen Adams</Name> <Street>123 Maple Street</Street> <City>Mill Valley</City> <State>CA</State> <Zip>10999</Zip> <Country>USA</Country> </Address> <Address Type="Billing"> <Name>Tai Yee</Name> <Street>8 Oak Avenue</Street> <City>Old Town</City> <State>PA</State> <Zip>95819</Zip> <Country>USA</Country> </Address> <DeliveryNotes>Please leave packages in shed by driveway.</DeliveryNotes> <Items> <Item PartNumber="872-AA"> <ProductName>Lawnmower</ProductName> <Quantity>1</Quantity> <USPrice>148.95</USPrice> <Comment>Confirm this is electric</Comment>
```

```
</Item>          <Item    PartNumber="926-AA">                <ProductName>Baby
Monitor</ProductName>        <Quantity>2</Quantity>       <USPrice>39.98</USPrice>
<ShipDate>1999-05-21</ShipDate>     </Item>    </Items></PurchaseOrder>
```

本示例演示如何查找具有值为"Billing"的Type属性的Address元素。

【例14-1】

```
XElement root = XElement.Load("PurchaseOrder.xml");
IEnumerable<XElement> address =
    from el in root.Elements("Address")
    where (string)el.Attribute("Type") == "Billing"
    select el;
foreach (XElement el in address)
    Console.WriteLine(el);
```

这段代码产生以下输出:

```
<Address Type="Billing">
  <Name>Tai Yee</Name>
  <Street>8 Oak Avenue</Street>
  <City>Old Town</City>
  <State>PA</State>
  <Zip>95819</Zip>
  <Country>USA</Country>
</Address>
```

2. 查找具有特定子属性的元素

XML中代码:

```
<?xml version="1.0"?>
<Tests>
<Test TestId="0001" TestType="CMD">
<Name>Convert number to string</Name>
<CommandLine>Examp1.EXE</CommandLine>
<Input>1</Input>
<Output>One</Output>
</Test>
<Test TestId="0002" TestType="CMD">
<Name>Find succeeding characters</Name>
<CommandLine>Examp2.EXE</CommandLine>
<Input>abc</Input>
<Output>def</Output>
</Test>
<Test TestId="0003" TestType="GUI">
<Name>Convert multiple numbers to strings</Name>
<CommandLine>Examp2.EXE /Verbose</CommandLine>
<Input>123</Input>
<Output>One Two Three</Output>
</Test>
<Test TestId="0004" TestType="GUI">
```

```
            <Name>Find correlated key</Name>
            <CommandLine>Examp3.EXE</CommandLine>
            <Input>a1</Input>
            <Output>b1</Output>
        </Test>
        <Test TestId="0005" TestType="GUI">
            <Name>Count characters</Name>
            <CommandLine>FinalExamp.EXE</CommandLine>
            <Input>This is a test</Input>
            <Output>14</Output>
        </Test>
        <Test TestId="0006" TestType="GUI">
            <Name>Another Test</Name>
            <CommandLine>Examp2.EXE</CommandLine>
            <Input>Test Input</Input>
            <Output>10</Output>
        </Test></Tests>
```

示例查找 Test 元素，该元素包含值为 "Examp2.EXE" 的 CommandLine 子元素。

【例 14-2】

```
XElement root = XElement.Load("TestConfig.xml");
IEnumerable<XElement> tests =
    from el in root.Elements("Test")
    where (string)el.Element("CommandLine") == "Examp2.EXE"
    select el;
foreach (XElement el in tests)
    Console.WriteLine((string)el.Attribute("TestId"));
```

这段代码产生以下输出：

```
0002
0006
```

14.4.3 操作 XML 树

假定创建了 XmlWriter 的实例变量 xmlWriter，下文中将使用此实例变量写 XML。

1. 使用 XmlWriter 写 XML 文档声明

```
//WriteStartDocument 方法可以接受一个 bool 参数（表示 standalone，
//是否为独立文档）或者不指定参数 standalone 保持默认值
xmlWriter.WriteStartDocument(false|true);
```

注意在使用 WriteStartDocument 方法后最好调用 xmlWrite.WriteEndDocument()方法来关闭所有可能未关闭标签

2. 使用 XmlWriter 写 XML 节点以及属性

```
//写节点
xmlWriter.WriteStartElement("cat");
```

```
//给节点添加属性
xmlWriter.WriteAttributeString("color", "white");
//给节点内部添加文本
xmlWriter.WriteString("I'm a cat");
xmlWriter.WriteEndElement();
```

或者通过 WriteElementString(string,string)方法写 XML 节点同时写下节点值,如下:

```
//通过 WriteElementString 可以添加一个节点同时添加节点内容
xmlWriter.WriteElementString("pig", "pig is great");
```

3. 写 CData

```
xmlWriter.WriteStartElement("dog");
//写 CData
xmlWriter.WriteCData("<strong>dog is dog</strong>");
xmlWriter.WriteEndElement();
```

4. 如何使用 XmlWriter 添加注释

```
xmlWriter.WriteComment("this is an example writed by zx");
```

5. 如何设置 XmlWriter 的输出格式,解决输出 UTF-16 问题

设置 XML 输出格式,需要通过 XmlWriterSettings 类,代码如下:

```
XmlWriterSettings settings = new XmlWriterSettings();
//要求缩进
settings.Indent = true;
//注意如果不设置 encoding 默认将输出 utf-16
//注意这里不能直接用 Encoding.UTF8,如果用 Encoding.UTF8 将在输出文本的最前面添加
//4 个字节的非 xml 内容
settings.Encoding = new UTF8Encoding(false);
//设置换行符
settings.NewLineChars = Environment.NewLine;
```

完整的代码示例如下:

【例 14-3】

```
using System;
using System.Collections.Generic;
using System.Text;
using System.IO;
using System.Xml;
namespace UseXmlWriter
{
    class Program
    {
        static void Main(string[] args)
        {
            using (MemoryStream ms = new MemoryStream())
            {
                XmlWriterSettings settings = new XmlWriterSettings();
                //要求缩进
                settings.Indent = true;
```

```csharp
            //注意如果不设置 encoding 默认将输出 utf-16
            //注意这里不能直接用 Encoding.UTF8，如果用 Encoding.UTF8 将在输出
            //文本的最前面添加 4 个字节的非 xml 内容
            settings.Encoding = new UTF8Encoding(false);
            //设置换行符
            settings.NewLineChars = Environment.NewLine;
            using (XmlWriter xmlWriter = XmlWriter.Create(ms, settings))
            {
                //写 xml 文件开始<?xml version="1.0" encoding="utf-8" ?>
                xmlWriter.WriteStartDocument(false);
                //写根节点
                xmlWriter.WriteStartElement("root");
                //写字节点
                xmlWriter.WriteStartElement("cat");
                //给节点添加属性
                xmlWriter.WriteAttributeString("color", "white");
                //给节点内部添加文本
                xmlWriter.WriteString("I'm a cat");
                xmlWriter.WriteEndElement();
                //通过 WriteElementString 可以添加一个节点同时添加节点内容
                xmlWriter.WriteElementString("pig", "pig is great");
                xmlWriter.WriteStartElement("dog");
                //写 CData
                xmlWriter.WriteCData("<strong>dog is dog</strong>");
                xmlWriter.WriteEndElement();
                xmlWriter.WriteComment("this is an example writed by zx");
                xmlWriter.WriteEndElement();
                xmlWriter.WriteEndDocument();
            }
            //将 xml 内容输出到控制台中
            string xml = Encoding.UTF8.GetString(ms.ToArray());
            Console.WriteLine(xml);
        }
        Console.Read();
    }
}
```

14.5 LinqDataSource 控件

LinqDataSource 控件是 ASP.NET 3.5 引入的一个新数据源控件，它为开发人员提供了一种将数据控件连接到多种数据源的方法，其中包括数据库数据、数据源类和内存中的集合。通过使用 LinqDataSource 控件，开发人员可以针对所有这些类型的数据源指定类似于数据库检索的任务（选择、筛选、分组和排序）。可以指定针对数据库表的修改任务（更新、删除和插入）。

如果要显示 LinqDataSource 控件中的数据，可将数据绑定到 LinqDataSource 控件。例如，将 DetailsView 控件、GridView 控件或 ListView 控件绑定到 LinqDataSource 控件。为此，必须将数据绑定控件的 DataSourceID 属性设置为 LinqDataSource 控件的 ID。

数据绑定控件将自动创建用户界面以显示 LinqDataSource 控件中的数据。它还提供用于对数据进

第 14 章 LINQ 技术

行排序和分页的界面。在启用数据修改后,数据绑定控件会提供用于更新、插入和删除记录的界面。

通过将数据绑定控件配置为不自动生成数据控件字段,可以限制显示的数据(属性)。然后可以在数据绑定控件中显示定义这些字段。虽然 LinqDataSource 控件会检索所有属性,但数据绑定控件仅显示指定的属性。

LinqDataSource 控件的常用属性如表 14-1 所示。

表 14-1 LinqDataSource 控件的常用属性

属　　性	属性描述
Autopage	是否支持分页
Autosort	是否支持排序
ContextTypeName	包含表属性的数据上下文类型
Select	定义在执行 Select 查询期间所用投影的表达式
EnableDelete	是否支持删除
EnableInsert	是否支持插入
TableName	设置数据上下文对象中的表名称
EnableUpdate	是否支持更新
GroupBy	用于对检索到的数据进行分组的属性
Where	检索数据的条件
OrderBy	指定用于对检索到的数据进行排序的字段

提示:本节主要讨论如何使用 LinqDataSource 控件及其在设计期间的配置选项。

LinqDataSource 控件的工作方式与其他数据源控件一样,也是把在控件上设置的属性转换为可以在目标数据对象上执行的查询。SqlDataSource 控件可以根据属性设置生成 SQL 语句,LinqDataSource 控件也可以把属性设置转换为有效的 LINQ 查询。把该控件拖放到 Visual Studio 设计界面上,就可以使用智能标记配置控件了,图 14-4 显示了配置向导的初始页面。

在这个页面上,可以选择要用作数据源的上下文对象。上下文对象是包含要查询的数据的基对象。在默认情况下,向导仅显示派生自 System.Data.Linq.DataContext 基类的对象,该基类一般是由 LINQ to SQL 创建的数据上下文类。向导允许查看应用程序中的所有对象(包括在项目中引用的对象),选择其中一个作为上下文对象。

选择了上下文对象后,向导就允许选择上下文对象中的特定表或属性,以返回要绑定的数据,如图 14-5 所示。如果绑定到一个派生自 DataContext 的类上,Table 下拉列表就会显示该上下文对象所包含的所有数据表。如果绑定到一个标准类上,该下拉列表就允许选择上下文对象中的任意可枚举属性。

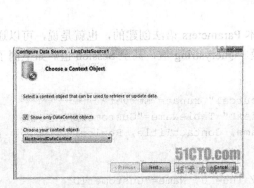

图 14-4 配置向导的初始页面

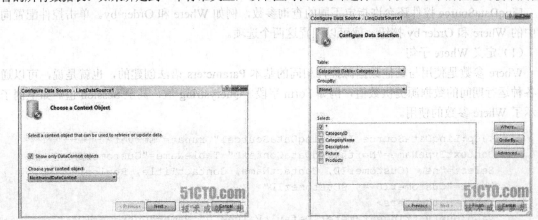

图 14-5 选择数据库和表

选择了表后，就可以单击【Finish】按钮，完成向导。下列代码列出了 LinqDataSource 配置向导生成的标记，该向导配置为把 Northwind 数据库用作其上下文对象，并使用其中的 Customers 表。

```
<asp:LinqDataSource ID="LinqDataSource1" runat="server"
ContextTypeName="NorthwindDataContext" TableName="Customers"
EnableInsert="True" EnableUpdate="True" EnableDelete="True">
</asp:LinqDataSource>
```

LinqDataSource 现在就可以绑定到数据控件上了，如 GridView 或 ListView。

注意控件生成的标记包含 3 个属性：EnableInsert、EnableUpdate 和 EnableDelete。这些属性可以配置控件，执行插入、更新和删除操作（假设底层的数据源支持这些操作）。因为数据源控件知道它连接到 LINQ to SQL 数据上下文对象上，而该对象默认支持这些操作，所以数据源控件自动支持这些操作。

LinqDataSource 还包含许多其他的基本配置选项，它们可用于控制从上下文对象中选择数据。如图 14-5 所示，配置向导还允许选择要包含在其结果集中的指定字段。

提示：

这是控制把哪些字段显示在绑定控件(如 GridView)上的一种方便的方式，但会使底层的 LINQ 查询返回一个定制的投射。它的一个负面作用是得到的结果集不再支持数据的插入、更新和删除。如果只想限制绑定的列表控件所显示的数据，就应考虑定义要在绑定的列表控件上显示的字段，而不是数据源控件上显示的字段。

如果选择了 LinqDataSource 控件要返回的特定字段，向导就会在标记中添加 Select 属性和相应的 LINQ 投射语句，如下代码段所示，该控件修改为只返回 CustomerID、ContactName、ContactTitle 和 Region 字段。

```
<asp:LinqDataSource ID="LinqDataSource1" runat="server"
ContextTypeName="NorthwindDataContext" TableName="Customers"
Select="new (CustomerID, ContactName, ContactTitle, Region)">
</asp:LinqDataSource>
```

把控件绑定到 GridView 上，现在就只能看到这 4 个指定的字段了。如果没有指定 Select 属性，LinqDataSource 控件就返回数据对象的所有公共属性。

1. 查询操作

LinqDataSource 控件还允许指定不同的查询参数，例如 Where 和 Order by。单击控件配置向导中的 Where 和 Order by 按钮，就可以配置这两个选项。

（1）定义 Where 子句

Where 参数是使用与其他数据源控件相同的基本 Parameters 语法创建的，也就是说，可以通过各种运行期间的数据源提供数值，例如 Form 字段、Querystring 值，甚至 Session 值。如下例子演示了 Where 参数的使用。

```
<asp:LinqDataSource ID="LinqDataSource1" runat="server"
ContextTypeName="NorthwindDataContext" TableName="Customers"
Select="new (CustomerID, ContactName, ContactTitle, Region)"
Where="CustomerID == @CustomerID">
<whereparameters>
<asp:querystringparameter DefaultValue="0" Name="CustomerID"
QueryStringField="cid" Type="String" />
```

```
        </whereparameters>
    </asp:LinqDataSource>
```

可以添加多个 Where 参数，控件会自动使用 AND 运算符连接其 Where 属性。如果定义了多个 WhereParameters，还可以手工修改 Where 属性的默认值，但只能使用一个 Where 参数，或者在运行期间动态修改所使用的参数。如下代码段所示，LinqDataSource 控件定义了几个 Where 参数，但默认为只使用其中一个。

```
<asp:LinqDataSource ID="LinqDataSource1" runat="server"
ContextTypeName="NorthwindDataContext" TableName="Customers"
Select="new (CustomerID, ContactName, ContactTitle, Region)"
Where="Country == @Country"
Order by="Region, ContactTitle, ContactName">
    <whereparameters>
        <asp:querystringparameter DefaultValue="0" Name="CustomerID"
        QueryStringField="cid" Type="String" />
        <asp:querystringparameter DefaultValue="USA" Name="Country"
        QueryStringField="country" Type="String" />
        <asp:FormParameter DefaultValue="AZ" Name="Region"
        FormField="region" Type="String" />
    </whereparameters>
</asp:LinqDataSource>
```

在这个例子中，尽管定义了 3 个 WhereParameters，但 Where 属性只使用 Country 参数。只需根据终端用户指定的配置设置，在运行期间改变 Where 属性的值，使用任意一个已定义的参数即可。

LinqDataSource 控件还包含 AutoGenerateWhereClause 属性，它可以简化控件所创建的标记。该属性设置为 True 时，会使控件忽略 Where 属性的值，自动使用查询的 Where 子句中 Where 参数集合指定的每个参数。

（2）定义 Order By 子句

定义 Order By 子句时，向导默认为创建一个用逗号隔开的字段列表，作为控件的 Order By 属性值。接着在执行时，把 Order By 属性值添加到控件的 LINQ 查询的最后。

这个控件也有 Order byParameters 集合，也用于指定 Order By 值。但在大多数情况下，使用简单的 Order By 属性就足够了。只有需要在运行期间确定变量的值，再根据该值对查询结果排序，才需要使用 Order By 参数。

（3）组合查询数据

LinqDataSource 控件还便于为查询返回的结果集指定组合。在配置向导中，可以为查询选择 Group By 字段。选择了一个字段后，向导就会根据 Group By 字段创建一个默认投射。该投射默认包含两个字段，第一个字段是 key，表示在 GroupBy 属性中指定的组对象，第二个字段是 it，表示被组合的对象。也可以在投射中添加自己的列，对组合的数据执行函数，例如 Average、Min、Max 和 Count。如下代码段演示了一个使用 LinqDataSource 控件的非常简单的组合例子

```
<asp:LinqDataSource ID="LinqDataSource1" runat="server"
ContextTypeName="NorthwindDataContext" TableName="Products"
Select="new (key as Category, it as Products,
Average(UnitPrice) as Average_UnitPrice)"
GroupBy="Category">
</asp:LinqDataSource>
```

从这个例子可以看出，Products 表按其 Category 属性来组合。LinqDataSource 控件创建了一个新的投射，它包含 key(别名为 Category)和 it(别名为 Products)字段。另外，添加了定制字段 average_unitprice，它计算每一类别的产品的平均单价。执行这个查询，把结果绑定到 GridView 上，就会显示所计算的平均单价的简单视图。Category 和 Products 没有显示，因为它们是复杂的对象类型，GridView 不能直接显示它们。

可以使用标准的 ASP.NET Eval()函数访问数据。在 GridView 中，这需要创建一个 TemplateField，使用 ItemTemplate 插入 Eval 语句，如下所示：

```
<asp:TemplateField>
<ItemTemplate>
<%# Eval("Category.CategoryName") %>
</ItemTemplate>
</asp:TemplateField>
```

在这个例子中，TemplateField 为结果集中每个组合的类别显示 CategoryName。

访问组合的项也很简单。例如，如果要在一个单独的组中包含产品的项目列表，只需添加另一个 TemplateField，插入一个 BulletList 控件，把它绑定到查询返回的 Products 字段上，如下所示：

```
<asp:TemplateField>
<ItemTemplate>
<asp:BulletedList DataSource=' <%# Eval("Products") %>'
DataTextField="ProductName" runat="server" ID="BulletedList" />
</ItemTemplate>
</asp:TemplateField>
```

2. 数据的一致性

与 SqlDataSource 控件一样，LinqDataSource 控件也允许在更新或删除数据时检查数据的一致性。顾名思义，StoreOriginalValuesInViewState 属性指定数据源控件是否应在 ViewState 中存储最初的数据值。把 LINQ to SQL 用作底层数据对象时，把最初的数据存储在 ViewState 中允许 LINQ to SQL 在提交更新或删除的数据之前检查数据的一致性。

但是，把最初的数据存储在 ViewState 中，会显著增大 Web 页面的尺寸，影响 Web 站点的性能，所以可能需要禁止把数据存储在 ViewState 中。此时，用户需要自己检查应用程序需要的数据一致性。

3. LinqDataSource 事件

LinqDataSource 控件包含许多有用的事件，来响应控件在运行期间执行的操作。选择、插入、更新和删除操作之前和之后的标准事件可以添加、删除或修改控件各个参数集合中的参数，甚至取消整个事件。

另外，回送操作事件允许确定执行插入、更新和删除操作时是否发生了异常。如果发生了异常，这些事件会响应异常，把异常标记为已处理，或者把异常沿着应用程序的调用层次向上传送。

14.6 小结

本章重点介绍了 C#中的 LINQ、LINQ to XML 和 LINQ to ADO.NET。通过本章的学习可以了解 LINQ 的强大功能，即简化查询，且针对不同的底层数据源均采用统一的查询语法，使开发人员可以从繁琐的技术细节中解脱出来，更加关注项目的逻辑。尤其是 LINQ to SQL 的出现，大大降低了数据库应用程序的开发门槛，大大提高了数据库应用程序的开发效率。

14.7 习题

1. 填空题

（1）_____提供了一个可视化设计界面，用于创建基于数据库中对象的 LINQ to SQL 实体类和关联（关系）。

（2）使用_____子句可产生按照指定的键进行分组的序列。键可以采用任何数据类型。

（3）LINQ 技术采用的语法结构是以_____开始，结束与_____和_____子句。

（4）LINQ 的查询操作通常由_____、_____、_____三个步骤组成。

（5）DataContext 类中能够将已更新的数据从 LINQ to SQL 类发送到数据库的方法是_____。

（6）LinqDataSource 控件为用户提供了一种将数据控件连接到多种数据源的方法，其中包括_____、_____和_____。

2. 选择题

（1）查询变量本身支持存储查询命令，而只有执行查询才能获取数据信息。根据执行的时间，查询分为_____和_____两种。

  A．延迟执行 B．强制立即执行 C．分布式执行 D．集中执行

（2）使用_____子句可产生按照指定的键进行分组的序列。键可以采用任何数据类型。

  A．select B．orderby C．group D．from

（3）where 子句是查询的筛选器，最常用的查询操作是应用布尔表达式形成的筛选器。此筛选器使查询只返回那些表达式结果为_____的元素。

  A．非 0 B．0 C．false D．True

（4）Link to DataSet 功能主要通过_____和_____类中的扩展方法公开。

  A．AllowSorting   B．DataRowExtensions

  C．AutoGenerateSelectButton D．DataTableExtensions

第 15 章　Web 服务和 WCF 服务

本章要点或学习目标

- 理解 Web 服务的基本构成
- 掌握创建 Web 服务的方法
- 理解 WCF 服务的基本构成
- 掌握创建 WCF 服务的方法

15.1　Web 服务

15.1.1　Web 服务概述

Web 服务是由 URI 标识的软件系统，其接口和绑定可以通过 XML 进行定义、描述和发现，Web 服务支持通过基于 Internet 的协议使用基于 XML 的消息与 Web 服务或者其他软件系统直接交互。Web 服务可以发布在 Web 上，并被发现和调用，它们是一些自包含、自描述、模块化的程序，Web 服务所执行的功能可以是简单的请求，也可以是复杂的商业过程；服务可以提供信息，例如天气预报、股票报价服务，也可以对现实世界产生影响，例如机票预订、借用卡交易等服务。Web 服务使得 WWW 从静态的、松散的 Web 页面集合逐渐演化成动态的、互联的应用和服务平台。

15.1.2　建立 ASP.NET Web 服务

下面我们来介绍如何建立一个 ASP.NET Web 服务：

打开 VS 2012，执行文件→新建项目→ASP.NET Web 服务应用程序，修改自己的项目名称。如图 15-1 所示，单击"确定"按钮后生成的项目结构如图 15-2 所示。我们打开生成的.asmx 文件会看到如图 15-3 所示的效果，里面在[WebMethod]标识下默认定义了一个函数，我们也可以自己用该标识定义自己的方法。（注意：.NET Framework 的版本号最好为 4.0 以下）。

图 15-1　新建项目　　　　　　　　　　　　图 15-2　生成的项目结构图

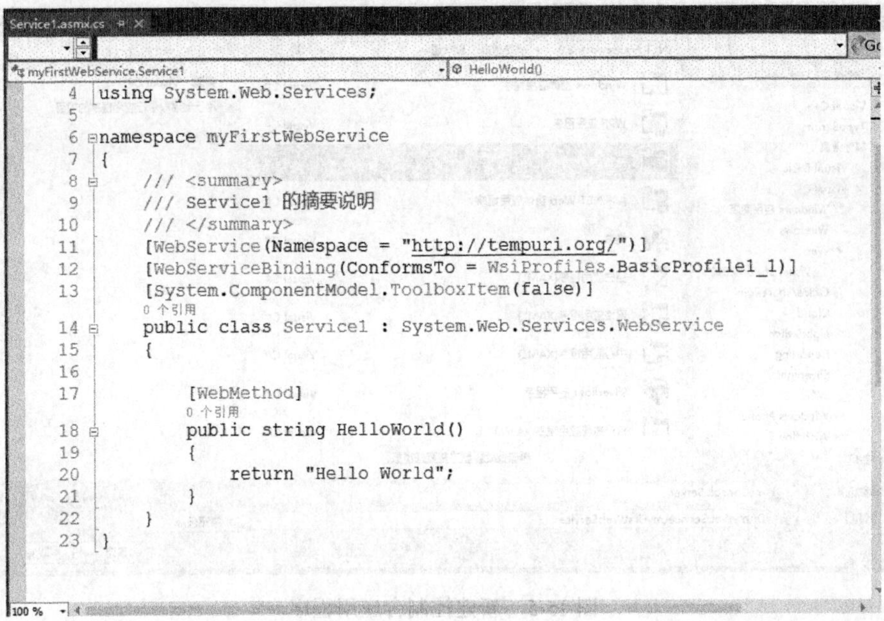

Service1.asmx.cs
myFirstWebService.Service1
HelloWorld()
using System.Web.Services;
namespace myFirstWebService
{
/// <summary>
/// Service1 的摘要说明
/// </summary>
[WebService(Namespace = "http://tempuri.org/")]
[WebServiceBinding(ConformsTo = WsiProfiles.BasicProfile1_1)]
[System.ComponentModel.ToolboxItem(false)]
0 个引用
public class Service1 : System.Web.Services.WebService
{
[WebMethod]
0 个引用
public string HelloWorld()
{
return "Hello World";
}
}
}
100 %

图 15-3　.asmx 文件

15.1.3　调用 ASP.NET Web 服务

下面介绍如何调用一个 ASP.NET Web 服务，操作步骤如下：

（1）新建一个控制台应用程序，如图 15-4 和图 15-5 所示。

解决方案"myFirstWebService"(1 个项目)
myFirstWebService
Properties
引用
App_Data
Service1.asmx
Web.config
生成解决方案(B)
重新生成解决方案(R)
清理解决方案(C)
批生成(T)...
配置管理器(O)...
启用 NuGet 程序包还原(G
在代码图上显示(C)
计算代码度量值(C)
添加(D)
设置启动项目(A)...
粘贴(P)
重命名(M)
属性(R)
新建项目(N)...
现有项目(E)...
新建网站(W)...
现有网站(B)...
新建项(W)...　Ctrl+Shift+A
现有项(G)...　Shift+Alt+A
新建解决方案文件夹(D)

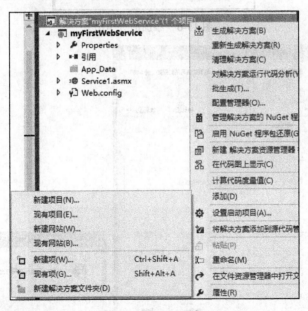

图 15-4　Web 服务

（2）在新建的控制台应用程序中选中“引用”，右击，选择“添加服务引用”。如图 15-6 所示。

（3）单击“发现”按钮。如图 15-7 所示：此时单击“确定”按钮会发现如图 15-8 所示的情况。

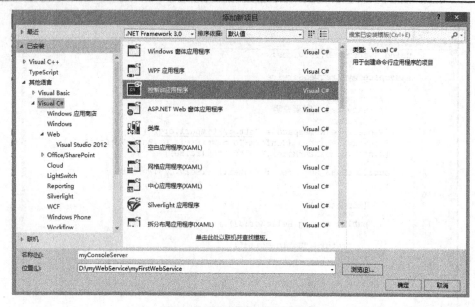

图 15-5 新建控制台应用程序

图 15-6 添加服务引用

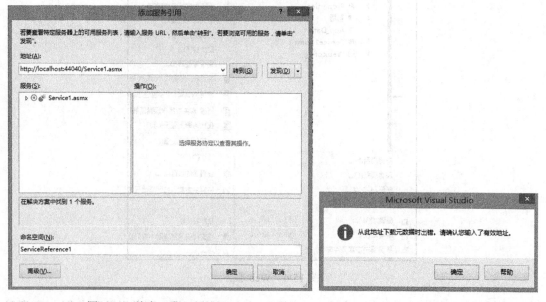

图 15-7 单击"发现"按钮　　　　　　图 15-8 下载元数据出错

(4) 此时需要在 Debug 模式下启动建立的"myWebService 程序"。再次重复(2)、(3)后就会出现如图 15-9 所示的情况。而且我们的控制台应用程序也发生了相应的变化。如图 15-10 所示。

第 15 章 Web 服务和 WCF 服务

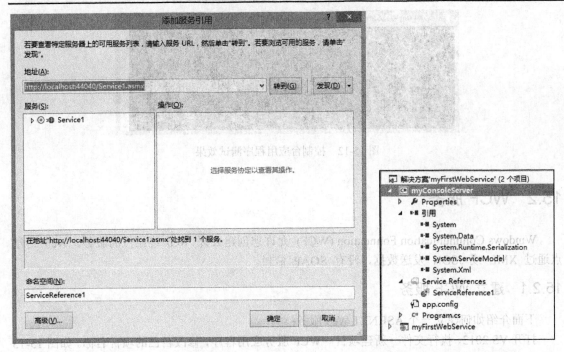

图 15-9 成功添加 Web 服务   图 15-10 添加 Web 服务成功后的控制台应用程序结构

（5）打开控制台应用程序并在 Program.cs 文件的 Main 方法中加入如下所示代码：

```
ServiceReference1.Service1SoapClient client =
    new ServiceReference1.Service1SoapClient();
Console.WriteLine(client.HelloWorld());
```

如图 15-11 所示，此时我们的测试程序已经完全创建好。

```
1  using System;
2  using System.Collections.Generic;
3  using System.Text;
4
5  namespace myConsoleServer
6  {
7      class Program
8      {
9          static void Main(string[] args)
10         {
11             ServiceReference1.Service1SoapClient client =
12                 new ServiceReference1.Service1SoapClient();
13             Console.WriteLine(client.HelloWorld());
14         }
15     }
16 }
17
```

图 15-11 创建成功后的测试程序

（6）运行控制台应用程序，此时会在控制台打印出"Hello World"，如图 15-12 所示：

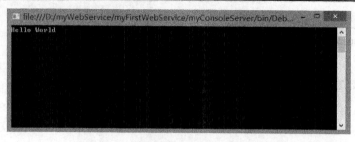

图 15-12　控制台应用程序测试效果

15.2　WCF 服务

Windows Communication Foundation (WCF) 允许您创建公开 Web 终结点的服务。Web 终结点通过 XML 或 JSON 发送数据，没有 SOAP 信封。

15.2.1　建立 WCF 服务

下面介绍如何建立一个 ASP.NET Web 服务：

打开 VS 2012，执行文件→新建项目→WCF 服务应用程序，修改自己的项目名称。如图 15-13 所示：（注意：.NET Framework 的版本号最好为 4.0 以上（包含 4.0））

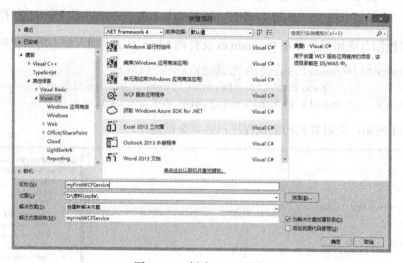

图 15-13　新建 WCF 服务

15.2.2　调用 WCF 服务

下面介绍如何调用一个 ASP.NET Web 服务，操作步骤如下：

（1）修改 IService1.cs 文件。在 IService1.cs 文件中添加以下代码：

```
[OperationContract]
    [WebInvoke(Method = "GET",
    ResponseFormat = WebMessageFormat.XML,
    BodyStyle = WebMessageBodyStyle.Wrapped,
    UriTemplate = "XML/{id}")]
```

第15章 Web服务和WCF服务

```
    string XMLData(string id);
    [OperationContract]
    [WebInvoke(Method = "GET",
    ResponseFormat = WebMessageFormat.Json,
    BodyStyle = WebMessageBodyStyle.Wrapped,
    UriTemplate = "json/{id}")]
    string JSONData(string id);
```

调用WCF如图15-14所示。

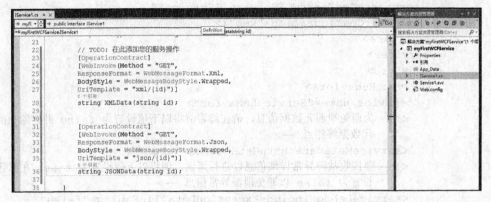

图15-14 调用WCF服务

（2）修改Service1.svc.cs文件。在Service1.svc.cs中添加如下所示代码：

```
    public string XMLData(string categoryId)
    {
        return "You requested category: " + categoryId;
    }
    public string JSONData(string categoryId)
    {
        return "You requested category:" + categoryId;
    }
```

效果如图15-15所示。

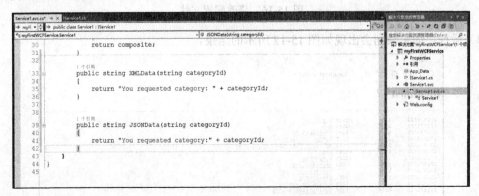

图15-15 修改Service1.svc.cs文件

(3) 修改配置文件。在 web.config 中修改如下所示代码：（注意：如图 15-16 所示部分改写为自己项目文件的命名空间和文件名）

```xml
<system.serviceModel>
    <services>
        <service name="myFirstWCFService.Service1" behaviorConfiguration=
                    "ServiceBehavior">
            <endpoint
            address=""
            binding="webHttpBinding"
            contract="myFirstWCFService.IService1"
            behaviorConfiguration="web"/>
        </service>
    </services>
    <behaviors>
        <serviceBehaviors>
            <behavior name="ServiceBehavior">
                <!-- 为避免泄漏元数据信息，请在部署前将以下值设置为 false 并删除上面的
                    元数据终结点 -->
                <serviceMetadata httpGetEnabled="true"/>
                <!-- 要接收故障异常详细信息以进行调试，请将以下值设置为 true。在部署前
                    设置为 false 以避免泄漏异常信息 -->
                <serviceDebug includeExceptionDetailInFaults="false"/>
            </behavior>
        </serviceBehaviors>
        <endpointBehaviors>
            <behavior name="web">
                <webHttp/>
            </behavior>
        </endpointBehaviors>
    </behaviors>
    <serviceHostingEnvironment multipleSiteBindingsEnabled="true" />
</system.serviceModel>
```

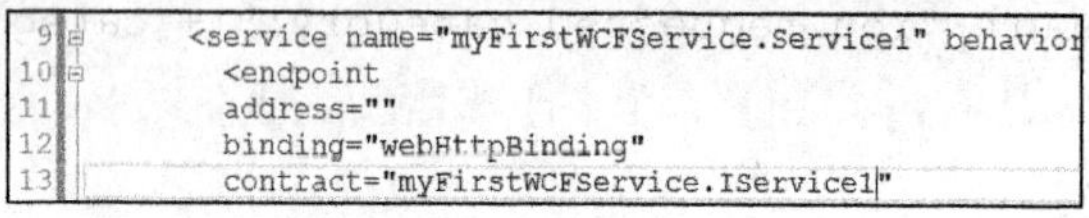

图 15-16　修改配置文件

(4) 运行。如果顺利会出现如图 15-17 所示的结果。

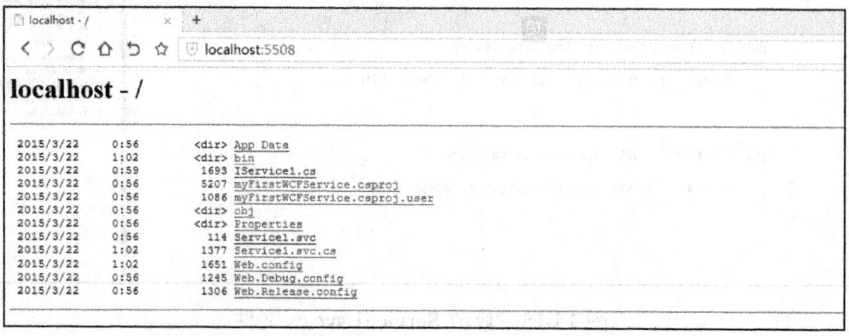

图 15-17　测试效果图

（5）WCF 返回 XML 格式数据。在浏览器中输入如图 15-18 所示的地址（localhost:端口号/文件名.svc/XML/测试数据），回车会出现如图 15-18 的结果。

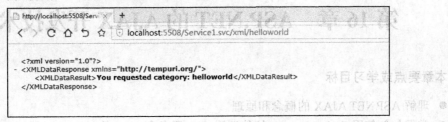

图 15-18　XML 格式数据返回结果

（6）WCF 返回 JSON 格式数据。在浏览器中输入如图 15-19 所示的地址（localhost:端口号/文件名.svc/JSON/测试数据），回车会出现如图 15-19 所示的结果。（注意：根据浏览器不同，会出现打印和下载两种不同结果）

{"JSONDataResult":"You requested category:helloworld"}

图 15-19　WCF 返回 JSON 格式数据

15.3　习题

1．利用提供邮政编码查询的 Web 服务，通过输入邮政编码，单击"查询"按钮后，将结果显示在 GridView 控件中。

2．利用提供中英文双向翻译的 Web 服务，通过输入要翻译的中文或英文单词，单击"翻译"按钮后，将翻译的结果显示在文本框控件中。

3．新建一个名称为 Experiment 的网站，在该网站中添加一个名称为 test.aspx 的页面，在该页面中放置三个 TextBox 控件，并在该网站中创建一个 WCF 服务，通过调用该 WCF 服务，实现返回 3 个输入整数的最小值。

第 16 章 ASP.NET 的 AJAX 开发技术

本章要点或学习目标

- 理解 ASP.NET AJAX 的概念和原理
- 掌握如何使用 ScriptManager 控件调用 Web 服务和 JS 文件
- 熟练运用 UpdatePanel 控件实现局部刷新功能
- 掌握 UpdateProgress 和 Timer 控件的使用

在传统的 Web 应用中，用户使用浏览器浏览网页，浏览器等待刷新，当网页刷新很慢时，屏幕内容一片空白，用户只能在屏幕前等待浏览器的响应。这是因为传统的 Web 应用采用同步交互过程，即用户首先向服务器发送一个请求，服务器接收到用户的请求后开始执行用户请求的操作，最后将结果返回给浏览器。在服务器处理时，用户只能等待。这是一种不连贯的用户体验。当负载较小时，这种方式没有体现出什么问题。可是当负载较大时，响应时间可能比较长，用户等待时间也较长。另外，有时用户只需要更新页面的部分数据，而不需要更新整个页面。在软件设计越来越人性化的时候，我们应该通过一定的方法来改进用户体验。由此产生了异步的工作方式。例如在输入表单时，在异步的工作方式下，当用户输入部分内容的时候，服务器可以先检查输入的内容。异步交互、局部更新正是 AJAX 可以实现的功能。

16.1 ASP.NET AJAX 开发技术概述

所谓 AJAX 是 Asynchronous Java Scriptand XML（异步 JavaScript 和 XML）的缩写，由著名的用户体验专家 Jesse-James Garrett 在 2005 年 2 月 18 日发表的一篇名为 AJAX：A New Approach toWebApplications 的文章中首先提出。随着这个朗朗上口的单词的出现，AJAX 迅速成为当前最为火爆的技术之一。

AJAX 并不只包含 JavaScript 和 XML 两种技术，事实上，AJAX 是由 JavaScript、XML、XSLT、CSS、DOM 和 XMLHttpRequest 等多种技术组成的。当然，其中 XMLHttpRequest 对象是 AJAX 的核心，该对象由浏览器中的 JavaScript 创建，负责在后台以异步的方式让客户端连接到服务器。这样，开发者通过使用这个强大的 XMLHttpRequest 对象，即可让一些需要服务器端参与的验证能够在用户不知不觉中进行。

AJAX 不是一项新的技术，它的各个组成部分均已出现了多年并非常成熟，且在 AJAX 这个单词出现前，就有很多成熟的产品已经在使用这种开发方式了，例如著名的 OutlookWebAccess。广义上说，AJAX 同样也不是一个精确定义的概念，而是一种 Web 设计的方式和态度，比如，现在很多 AJAX 开发者都采用 JSON 来代替 XML 作为序列化的方式，这虽然并没有用到"AJAX"的"X"，但依然叫做 AJAX。

让我们来看一个典型的 AJAX 应用程序，天猫商城，如图 16-1 所示：用户鼠标移动到一个分类上，轮转区域会切换新的内容，浏览器并没有刷新。这让用户根本感觉不到任何传统浏览器中所需要的等待。

第 16 章 ASP.NET 的 AJAX 开发技术

图 16-1 应用 AJAX 技术的天猫商城首页

可以看到，上述 AJAX 应用程序借助了 JavaScript、XML、CSS、DOM 和 XMLHttpRequest 等各种技术，并充分考虑了用户体验。

这样，在广义上我们可以将 AJAX 定义为：基于标准 Web 技术创建的、能够以更少的响应时间带来更加丰富的用户体验的一类 Web 应用程序所使用的技术的集合。

16.1.1 AJAX 开发模式

目前，AJAX 技术没有统一的开发模式。不同的开发模式针对不同的 AJAX 项目在实现上有一些差别。下面介绍 AJAX 常见的四种开发模式。

1. XMLHTTP+WebForms

XMLHTTP+WebForms 是使用 AJAX 技术进行 Web 应用开发的最基本方法。在这种模式下，通过 JavaScript 去操作 XMLHttpRequest 对象，发送异步请求到服务器端。另一方面，在服务器端可以直接接受 XMLHttpRequest 的请求。并根据请求进行相对应的处理，处理完成后返回相应的执行结果给 XMLHttpRequest 对象。最后再直接使用 JavaScript 语言代码将返回的结果显示出来。

下面用这种方法实现一个输入小写字母，单击按钮，转换为大写字母输出的页面。

【例 16-1】 XMLHTTP+WebForms 的应用，将小写字符转换为大写字符。

程序代码如下：

（1）客户端

客户端里创建 XMLHttpRequest 对象以及发起异步请求、回调处理。

创建 XMLHttpRequest 对象：

```
var xmlhttp = new XMLHttpRequest();
```

根据浏览器的不同，创建 XMLHttpRequest 对象。

```
function creatXMLHTTP() {
    try {
```

```
            xmlhttp = new ActiveXObject("Msxml2.XMLHTTP");
        }
        catch (e) {
            try {
                xmlhttp = new ActiveXObject("Microsoft.XMLHTTP");
            }
            catch (e) {
            }
        }
        if (!xmlhttp) {
            alert("服务器请求错误！");
            return false;
        }
    }
```

请求发送函数：

```
    function sendRequest(url) {
        creatXMLHTTP();
        xmlhttp.open("GET", url, true);
        //xmlhttp.open("POST", url, true);
        xmlhttp.onreadystatechange = httpStateChange; //指定响应函数
        xmlhttp.send(null);//发送请求
    }
```

回调处理函数：

```
    function httpStateChange() {
        if (xmlhttp.readyState == 4)
    {
            //判断对象状态
            if (xmlhttp.status == 200)//信息已经成功返回、开始处理信息
            {
                var a = xmlhttp.responseText;
                document.getElementById("Label1").innerText = a;
                        //显示服务器传回的信息
            }
            else {
                alert("AJAX 返回错误！");
            }
        }
    }
```

按钮触发函数：

```
    function usercheck() {
        var test = document.getElementById("Text1").value;
        if (test == "") {
            alert("输入不能为空!");
            return false;
        }
        else {
            var url = "AJAX01.aspx?test=" + test.toString();
            sendRequest(url)
```

页面上的控件代码如下：

```
<input id="Text1" type="text" />
<input id="Button1" type="button" value="提交给AJAX.aspx页面"
                   onclick="usercheck()"/>
<label id="Label1"></label>
```

（2）服务器端

服务器端就是一个WebForm，接受客户端传递的参数然后将其转化为大写后返回给客户端。本例中 WebForm 为 AJAX.aspx。

程序代码如下：

```
protected void Page_Load(object sender, EventArgs e)
{
    if (!IsPostBack)
    {
        if (Request.QueryString["test"] != null)
        {
            string test = Request.QueryString["test"].Trim();
                //接收页面传值
            string result = test.ToUpper();
            Response.Write(result);
            Response.Flush();//直接输出信息到页面
            Response.End();
        }
    }
}
```

测试结果如图16-2所示。

2. XMLHTTP+HttpHandler

XMLHTTP+HttpHandler 模式与 XMLHTTP + WebForms 模式相比，客户端的实现并没有变化，还是直接使用 JavaScript 语言代码操作 XMLHTTP 对象，但在服务器端已经改用 HttpHandler 接收和处理异步请求。下面用这种方式来实现小写转大写的例子。

图16-2 XMLHTTP+WebForms 测试结果图

【例16-2】 XMLHTTP+HttpHandler 的应用，将小写字符转换为大写字符。

（1）客户端

只需要更改上面例子中发送请求函数的 url。

主要程序代码如下：

```
function usercheck() {
    var test = document.getElementById("Text1").value;
    if (test == "") {
        alert("输入不能为空!");
        return false;
    }
```

```
        else {
            var url = "AJAX01.ashx?test=" + test.toString();
            sendRequest(url)
        }
    }
```

(2) 服务器端

服务器端编写一般处理程序文件 AJAX01.ashx,代码如下:

```
public class AJAX011 : IHttpHandler
    {
        public void ProcessRequest(HttpContext context)
        {
            context.Response.ContentType = "text/plain";
            //context.Response.Write("Hello World");
            string name = context.Request.QueryString["test"];
            context.Response.Write(name.ToUpper());
        }
        public bool IsReusable
        {
            get
            {
                return false;
            }
        }
    }
```

测试结果依然如图 16-2 所示。

3. CallBack

CallBack 是 ASP.NET 2.0 以后新增的开发方式。它要求页面实现 ICallbackEventHandler 接口。ASP.NET 的回调,就是使用 ICallbackEventHandler 接口。

它包括两个方法:

RaiseCallbackEvent() 方法执行对异步请求的服务器端处理;

GetCallBackResult() 方法返回异步请求的处理结果。

通过实现 RaiseCallbackEvent() 和 GetCallbackResult() 方法来实现回调,最后通过调用 ClientScript.GetCallbackEventReference() 方法实现 AJAX 效果。

【例 16-3】 CallBack 的应用。

(1) 客户端

客户端通过调用 ClientScript.GetCallbackEventReference() 方法,来实现 AJAX,主要程序代码如下:
接收服务器返回的数据,在页面显示出来。

```
function ReceiveServerData(arg, context) {
        document.getElementById("result").innerHTML = arg;
    }
```

向服务器发送请求,设置回调处理函数。

```
function CallTheServer(arg, context) {
        arg = document.getElementById('text1').value;
```

```
        <%=ClientScript.GetCallbackEventReference(this,"arg",
           "ReceiveServerData","context")%>;
    }
```

button 控件通过调用 CallTheServer 去回调服务器端的方法,页面上的主要控件代码如下:

```
<input type="text" id="text1" />
<input type="button" value="提交给服务器的CallBack" onclick="CallTheServer()"/>
<div id="result"></div>
```

（2）服务器端

服务器端实现了 IcallbackEventHandler，在 RaiseCallbackEvent 方法里接收浏览器以 CallBack 机制传过来的值，GetCallbackResult()将大写值返回给浏览器。

主要程序代码如下：

```
public partial class AJAX03 : System.Web.UI.Page,ICallbackEventHandler
    {
        string str = "";
        public void RaiseCallbackEvent(String eventArgument)
        {
            str = eventArgument.ToUpper();
        }//返回给 CallBack 的字符串
        public string GetCallbackResult()
        {
            return str;
        }
    }
```

测试结果如图 16-3 所示。

4. AJAX 框架

AJAX 框架现在已有很多，通常情况下将基于浏览器的应用框架称为客户端框架，oorototype、DOJO、qooxdoo、Bindows 等;还有基于服务器端的框架，如 ASP.NET AJAX、AJAX .NET、WebORB for.NET、ComfortASP.NET、AJAXAspects 等。通过使用 AJAX 框架进行 Web 开发可以提高效率，并且代码稳定性好。

图 16-3 CallBack 测试结果图

ScriptManager 是放置在 Web 窗体上的服务器端控件，在 ASP.NET AJAX 中发挥核心作用。UpdatePanel 控件的使用可以大大减少客户端脚本的编写工作量，它不需要编写任何客户端脚本，只要在一个页面上添加几个 UpdatePanel 控件和一个 ScriptManager 控件就可以实现页面的局部更新。

下面使用 ASP.NET AJAX 来实现小写转大写的例子。

【例 16-4】 AJAX 框架

在页面添加 ScriptManager 和 UpdatePanel 控件来实现页面的局部更新。

主要程序代码如下：

```
<form id="form1" runat="server">
    <div>
        <asp:Label ID="Label1" runat="server" Text="Label"></asp:Label>
        <asp:ScriptManager ID="ScriptManager1" runat="server">
```

```
                </asp:ScriptManager>
        <asp:UpdatePanel ID="UpdatePanel1" runat="server">
            <ContentTemplate>
                <asp:TextBox ID="TextBox1" runat="server"></asp:TextBox>
                <asp:Button ID="Button1" runat="server" Text="Button"
                    OnClick="Button1_Click" />
                <asp:TextBox ID="TextBox2" runat="server"></asp:TextBox>
            </ContentTemplate>
        </asp:UpdatePanel>
r>    </div>
    </form>
```

服务器端代码如下：

```
public partial class AJAX04 : System.Web.UI.Page
    {
        protected void Page_Load(object sender, EventArgs e)
        {
            Label1.Text = DateTime.Now.ToString();
                //页面加载时显示当时时间，证明按钮事件触发时不会刷新页面
        }
        protected void Button1_Click(object sender, EventArgs e)
        {
            string a = TextBox1.Text.Trim();
            TextBox2.Text = a.ToUpper();
        }
    }
```

测试结果如图 16-4 和图 16-5 所示。

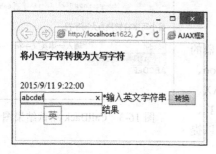

图 16-4　页面刚加载时效果图

图 16-5　AJAX 测试结果

　　AJAX 的四种开发模式各有特点，前三种方法相比成型的 AJAX 框架来说使用起来比较麻烦，没有框架那么直接，不过各自也有各自的好处。所有的 AJAX 框架都会调用一大堆并不需要的代码，虽然开发效率提高了，但会严重影响运行效率。如果 JavaScript 设计得好，效率会比使用一些 AJAX 框架高出很多。在的实际开发中应该根据需求来选择适合自己的 AJAX 模式。

16.1.2　AJAX 体系结构

　　使用 ASP.NET AJAX Extensions 将站点过渡到 AJAX 体验时，有两个主要的编程模型可供选择：部分呈现和脚本服务。简而言之，使用部分呈现，无需更改 ASP.NET 应用程序的底层体系结构——它是实现 AJAX 某些最佳元素（如站点页面的无闪烁更新）的便捷途径。实现此类改进行为只需添加一些新的服务器控件（特别是 ScriptManager 和 UpdatePanel），并让它们悄悄地施展

一些技巧,通过 XMLHttpRequest 对象运行的异步请求来转换传统的回发。此方法很容易实现,因为它只是将 AJAX 功能应用于现有的 Web 开发模型。

如果准备对构建 AJAX 应用程序实行全面的模式转换,那么就应该了解一下脚本服务的方法。总体来说,典型的 AJAX 体系结构相当容易理解。图 16-6 展示了其工作原理的高层视图。其中有一个由应用程序特定服务组成的后端,通常只是可调用 AJAX 脚本的外层,其下方是业务逻辑所在和发挥作用的系统中间层。服务与前端通过 HTTP 交换数据,使用多种格式传递参数和返回值。前端由运行于客户端上的 JavaScript 代码组成,在接收和处理完数据后,它面临着使用 HTML 和 JavaScript 构建图形用户界面的重大任务。对 JavaScript 的依赖是由于受浏览器结构的限制,只有当浏览器可以支持功能更加强大的编程功能时,这种情况才会改变。

1. 通过 AJAX 登录

抛弃传统的 ASP.NET 模型会引起许多实际反响。考虑一下登录过程,看看在纯 AJAX 解决方案中会发生怎样的变化。

当前对 ASP.NET 来说,启用登录过程包括:用 Login 控件配置登录页面,用 LoginView 控件配置受保护的页面,设置 ASP.NET 成员身份提供程序。受保护的页面将使用登录模板或匿名模板以图形方式反映身份验证过程的结果。在 ASP.NET 2.0 中,您无需编写任何代码即可完成大部分此类工作。要成功地进行登录,需要有用户到达受保护页面时发生的重定向

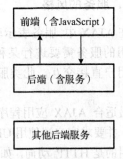

图 16-6 典型的 AJAX 体系结构

(HTTP 302)、从登录页面到身份验证凭据的回发,然后是回到原先请求页面的另一次重定向。

对于 AJAX 页面来说则并不一定如此。如果用户从地址栏请求一个受保护的页面,除了重复 ASP.NET 的历程之外,您并不能做什么。不过,如果在页面中有指向受保护页面的链接,则可以将某些脚本添加到该链接的 onclick 事件上,以检查用户是否已通过身份验证。如果没有,则可以弹出一个警告框以提醒用户,如下所示:

```
function checkFirst()
{
    var loggedIn = Sys.Services.AuthenticationService.get_isLoggedIn();
    if (!loggedIn)
    {
        alert("You must be logged in to follow this link");
        return false;
    }
    return true;
}
```

除了其他方面之外,此方法使用一个客户端框架来帮助您检查当前用户是否已登录。凭借 ASP.NETAJAXExtensions 即可通过 Sys.Services.AuthenticationService 类实现该功能。

同样的服务可用于在用户指定有效凭据后对其进行身份验证。在这种情况下,不发生任何重定向和回发。一切都发生在同一页面的环境中,如下面的代码段所示:

```
function OnLogin()
{
    Sys.Services.AuthenticationService.login(
        $get("UserName").value,
```

```
                $get("Password").value,
                false,
                null,
                null,
                OnLoginCompleted,
                OnLoginFailed);
}
```

检查凭据成为使用脚本服务进行身份验证的标准脚本操作。这完全要靠开发人员来更新客户端页面的 UI，以反映身份验证成功后用户已处于登录状态。除非您使用的框架提供了一个将 HTML 包装在控件中的对象模型，否则，编写文档对象模型（DOM）脚本的过程要长得多。注意，ASP.NET AJAX Extensions 目前尚不提供用控件代表标记块的对象模型。

2．服务的风格

在 AJAX 中，服务表示驻留在应用程序域并向客户端脚本代码公开功能的一段代码。AJAX 中使用的服务需要进行某种设计，以便实现对实际应用程序后端和中间层的保护，避免其与最终用户直接交互。此类服务是 WS-*Web 服务吗？它可以是面向服务的体系结构（SOA）服务吗？

最适合 AJAX 应用程序的服务主要涉及向 Web 客户端公开数据和资源。它可以通过 HTTP 获得，并要求客户端使用 URL（也可以是 HTTP 头）访问数据和命令操作。客户端与服务进行交互使用的是 HTTP 动词，如 GET、POST、PUT 和 DELETE。换句话说，URL 代表一个资源，而 HTTP 动词描述了您想对资源采取的操作。在这些交互中交换的数据以简单格式表示，如 JSON 和纯 XML，也可以整合格式表示，如 RSS 和 ATOM。

具有这些特征的服务是 Representational State Transfer （REST）服务。有关 REST 定义的详细信息，请阅读描述 REST 前景的原作（在 ics.uci.edu/~fielding/pubs/dissertation/top.htm 中提供）。

最后，AJAX 应用程序所使用的服务并不倾向于使用 SOAP 进行通信，而且不一定是 SOA 意义上的自治服务。相反，它们与承载自身的平台和域相绑定。基于这一点，它们几乎不能称为 WS-*Web 服务或 SOA 服务。

此外，这些服务是不使用公共文档资料或发现架构的范例，这一点与 WS-*Web 服务的 Web 服务描述语言（WSDL）这类事物不同。这会减少依附于服务的依赖关系的数量，并使服务代码更加迅速地演变。总而言之，为 AJAX 服务推荐的模式不像 Web 和 SOA 服务背后的模式那样雄心勃勃，但对于将要使用它的环境来说，它依然十分有效。

注意：在本专栏的其余部分，将使用"AJAX 服务"的说法表示通过脚本服务方法实现 AJAX 应用程序后端的服务。

3．AJAX 服务返回什么

既然公开 AJAX 服务的唯一方式是通过 HTTP，那么就几乎可以使用任何文本格式来包装请求和响应的主体。JavaScript Object Notation (JSON)是最常用的格式，但也可使用其他格式，如纯 XML 和原始文本。

JSON 是基于文本的格式，用于跨应用程序的各层移动对象的状态。JSON 字符串通过常见的 eval 函数便可方便地赋给 JavaScript 对象。JSON 格式描述了对象，如下所示：

```
{"ID":"ALFKI", "Company":"Alfred Futterkiste"}
```

该字符串表示一个对象有两个属性，即 ID 和 Company，以及它们各自的文本序列化值。如果对某个属性赋予非基本类型的值（比如自定义对象），那么该值将递归地序列化为 JSON，如下所示：

```
    "ID":"ALFKI",
    "Company":"Alfreds Futterkiste",
    "Location":
        "{"City":"Berlin", "Country":"Germany"}",
    }
```

使用 eval 函数进行处理时，JSON 字符串将变成一个关联性数组（即一种名称/值的集合），其中每个条目都有一个名称和值。如果 JSON 字符串用于代表一个自定义对象（比如 Customer）的状态，那么，您必须负责确保客户端具有相应类的定义。换句话说，JavaScript 的 eval 函数只是将 JSON 字符串中的信息提取到一个通用容器。如果需要将此信息公开为一个自定义对象（比如 Customer 对象），那么提供类定义并将数据载入到其中的任务就完全依靠您或您使用的框架来完成。有关 JSON 语法和用途的更多信息，请参阅 www.json.org。

4．JSON 与 XML 的比较

多年以来，XML 已被推崇为 Web 通用语言。我们知道，现在 AJAX 正在改变着 Web，就数据表示而言，JSON 更受欢迎，而 XML 正在被推向角落。

JSON 稍微简单些，更适合与 JavaScript 语言配合使用。有人可能会争辩哪一个更容易为人们所理解，不过，Web 浏览器处理 JSON 肯定比处理 XML 更容易。使用 JSON 时，不需要 XML 分析器之类的任何东西。为分析文本所需的一切都已经完全构建在 JavaScript 语言中了。因为 JSON 不像 XML 那样雄心勃勃，它也不那么冗长繁杂。这并不是说 JSON 就很完美；JSON 需要大量的逗号和引号，这使它的格式显得十分怪异。

凭借 JSON，还能以相对较低的成本在体系结构方面赢得关键优势。按照对象无处不在的思路进行推理。在服务器上可定义一些实体，并用最喜爱的托管语言将它们实现为类。当某个服务方法需要返回任何类的一个实例时，该对象的状态被序列化为 JSON 并通过线路传送。客户端接收并处理 JSON 字符串，并将其内容载入一个数组或一种与服务器类有相同接口的镜像 JavaScript 对象。类的接口是从 JSON 流推断出来的。这样，服务和客户端页面的代码便使用一个实体的同一逻辑定义。

单纯从技术角度来说，AJAX 服务并不严格要求 JSON 实现为数据表示格式。使用 XML 也可实现同样的结果，但随后就需要可从 JavaScript 使用的 XML 分析器。在 JavaScript 中分析某些简单的 XML 可能不成问题，但使用一个完备的分析器就是另外一种情形了。性能和功能相关的问题将可能导致存在大量表面上相似而实际上共同点很少的组件。随之而来的问题就是 JavaScriptXML 分析器是否支持命名空间、架构、空格、注释、处理指导等。

5．安全性

AJAX 提供动态性更强、交互性更强的浏览体验。不过，这增加了跨站点脚本（XSS）和跨站点请求伪造（CSRF）等常见类型攻击的可能性。这些类型的攻击是由攻击者向 Web 页面注入脚本代码而引发的，一般是通过 URL 实施，从而使攻击者能够控制 Web 浏览器，执行某些操作，如窃取用户名和密码，或者在用户不知情的情况下执行 HTTP 请求。

例如，攻击者可以使用动态创建的<script>标记将恶意脚本注入客户端，从而允许将数据导入到攻击者的网站。在实施 CSRF 攻击时，攻击者可以将一段脚本注入客户端，通过使用客户端上保存的身份验证信息（比如 cookie），在另一个网站上执行未经授权的服务方法。

JSON 是一种包装数据并将其传送给客户端的有效方式。不过，由于 JSON 被认为是 JavaScript

语言的一个安全子集（它不包括赋值和调用操作），因此许多 AJAX 应用程序只是简单地将 JSON 字符串直接传递给 JavaScript 的 eval 函数来创建 JavaScript 对象。因此，非正常的 JSON 字符串为攻击者提供了在客户端执行未授权脚本的新手段。

这些攻击类型中的大多数都依赖于利用 HTTP 请求上的 GET 动词。庆幸的是，ASP.NETAJAX 服务在默认情况下对远程服务禁用了 GET 动词。另外，您可以要求在请求中设置一种特殊的内容类型：其他任何情况下，ASP.NETAJAX 服务将拒绝该调用。通过设计，任何从<script>标记发出的对 ASP.NETAJAX 服务的直接调用都具有错误的内容类型，因而不会成功。

6. ASP.NETAJAX 中的服务

通过 ASP.NETAJAXExtensions 实现脚本服务有两种方式——使用特殊类型的 ASP.NETWeb 服务和通过页面方法。前一种情况下，您只需设计和构建一个链接到 ASMX 资源的类：

```
<%@ WebService Language="C#"
    CodeBehind="~/App_Code/TimeService.cs"
    Class="IntroAJAX.WebServices.TimeService" %>
```

该类可以选择从 WebService 类继承，并且必须用新的 ScriptService 属性加以修饰：

```
[ScriptService]
public class TimeService : System.Web.Services.WebService
{
    ...
}
```

每个可调用脚本的方法均声明为公共方法，并标记有通常的 WebMethod 属性。

页面方法只不过是在单个 ASP.NET 页面上下文中定义的公共、静态方法，每个方法都标记为 WebMethod。只能从宿主页面中调用它们。除了存储不同之外，对 Web 服务或页面方式的调用均由 ASP.NETAJAX 环境以相同方式进行处理。

您必须清楚，AJAX 服务代表后端的一部分。从 WS-*Web 服务意义上讲，它们并不是公共 Web 服务，Web 服务都是通过 WSDL 脚本完整记录并可通过携带 SOAP 数据的 POST 命令进行访问。AJAX 服务是真正的本地服务，通常在调用它们的同一个应用程序中进行定义。然而，它们也可以在不同的 Web 应用程序甚至不同的网站上，前提是它们位于同一个域。

通过启用 ASP.NETAJAX 运行时以接受对服务的调用，ScriptService 属性扮演了一个关键角色。如果没有 ScriptService 属性，当您试图进行调用时，服务器上就会引发异常。

默认情况下，AJAX 服务方法只能使用 POST 动词调用并返回 JSON 格式的数据。然而，通过使用各服务方法中可选择的 ScriptMethod 属性，可以更改这些设置。表 16-1 详细说明了 ScriptMethod 属性所支持的参数。返回到客户端的数据可以更改为 XML，甚至可以添加对 GET 请求的支持。但这种表面看起来无恶意的更改可能会为攻击者提供新的机会，且增加了跨站点调用该方法的可能性。下列代码段显示了一个 Web 服务方法的定义。

表 16-1 ScriptMethod 属性的参数

参 数	说 明
ResponseFormat	指定是否将响应序列化为 JSON 或者 XML。默认为 JSON，但是，当方法的返回值是 XmlDocument 时，XML 格式会比较方便。
UseHttpGet	表明是否可以使用 HTTPGET 动词调用 Web 服务方法。由于安全性原因，此项的默认设置为 false。
XmlSerializeString	表明包括字符串在内的所有返回类型是否都序列化为 XML。默认为 false。当响应格式设置为 JSON 时，将忽略该属性的值。

```
[WebMethod]
[ScriptMethod]
public DateTime GetTime()
{
  ...
}
```

如果不准备更改任何默认设置（多数情况下我建议这样做），则可以忽略 ScriptMethod 属性。不过，WebMethod 属性是必选项。

7. ASP.NET AJAX 服务和 SOAP

一旦创建了 AJAX Web 服务，它就发布为 ASMX 资源。默认情况下，它是公共 URL，可以由 AJAX 客户端使用，也可以由 SOAP 客户端及工具发现和使用。不过，您可以选择同时禁用 SOAP 客户端及工具。只需在承载服务的 ASP.NET 应用程序的 web.config 文件中输入下列配置设置即可：

```
<webServices>
  <protocols>
    <clear />
  </protocols>
</webServices>
```

这个简单的设置禁用了为 ASP.NET 2.0 Web 服务定义的任何协议（特别是 SOAP），并让服务仅回复 JSON 请求。注意，当这些设置开启时，您无法再通过浏览器的地址栏调用 Web 服务来进行快速测试。同样，您也不能请求 WSDL 向 URL 中添加?wsdl 后缀。

为了在 Web 应用程序中启用 ASP.NET AJAX，必须在 web.config 文件中包含下列设置：

```
<httpHandlers>
  <remove verb="*" path="*.asmx"/>
  <add verb="*" path="*.asmx" validate="false"
      type="System.Web.Script.ScriptHandlerFactory, System.Web.Extensions" />
</httpHandlers>
```

<remove>节点会丢弃 ASMX 资源的默认 HTTP 处理程序，即通过 SOAP 处理请求的处理程序。<add>节点会添加一个新的 HTTP 处理程序，该处理程序主要检查每个传入的 ASMX 请求的内容类型，如果内容类型头设置为 application/json，则通过 JSON 处理该请求。否则，HTTP 处理程序假定该请求是基于 SOAP 的，并将其转发给标准的 ASP.NET 2.0 Web 服务处理程序。如果禁用了 SOAP 协议，则会拒绝该请求。

最后，不管表面如何，没有任何必要让 SOAP 介入 ASP.NET AJAX 服务。但对 SOAP 客户端的支持是得到保证的，除非在 web.config 文件中明确禁用。

要使 ASP.NET AJAX 服务按预期正常工作，传入请求的内容类型 HTTP 头必须设置为 application/json。对于通过<script>标记实施的跨站点攻击来说，这还是极好的补救措施。

8. 调用 AJAX 服务

要调用 AJAX 服务，AJAX 客户端会遵从在 Windows 和传统的 ASP.NET 应用程序中引用 Web 服务的相同模式。一个代理类在本地提供与远程服务相同的接口。在 ASP.NET AJAX 应用程序中，此代理是一个 JavaScript 类，当页面下载后，由运行库生成。

JavaScript 代理类具有与脚本服务相同的名称和许多附加属性。它的特征是有一组相同的方法，只不过采用了稍有扩展的签名。一般而言，您没有必要探究代理类的源代码。不过，如果您

想看一下它的结构,则可从浏览器的地址栏中尝试调用下列 URL:

```
http://.../service.asmx/js
```

浏览器将下载一个 JavaScript 文件,您可以将其保存到本地磁盘,供以后详阅。

JavaScript 代理类从一个名为 Sys.Net.WebServiceProxy 的基类继承而来。它提供了进行 JSON 调用的基本功能。本专栏的代码下载提供一个 Web 服务的代理类,它具有下列接口:

```
interface ITimeService
{
    DateTime GetTime();
    string GetTimeFormat(string format);
}
```

JavaScript 代理类的特征是具有表 16-2 中列出的属性。除了常规的一组参数之外,每个镜像的方法还有三个参数。这三个参数分别是:方法成功时所要调用的回调函数、方法失败或超时情况下所要调用的回调函数、传递给两个回调的上下文对象。通过表 16-2 中显示的三个与默认相关的属性,您可以对多次调用重复使用同一个函数(比如处理错误的唯一 JavaScript 函数)。下面是从 ASP.NETAJAX 页面调用一个远程 AJAX 服务的一些示例代码。

表 16-2 JavaScript 代理类的属性

属性	说明
Path	指出底层 Web 服务的 URL
Timeout	指出在调用超时之前允许方法运行的毫秒数
defaultSucceededCallback	指出调用成功时所调用的默认 JavaScript 回调函数
defaultFailedCallback	指出调用失败或超时情况下所调用的默认 JavaScript 回调函数(如果有)
defaultUserContext	指出要传递给成功回调或失败回调的默认 JavaScript 对象(如果有)

```
function getTime()
{
    IntroAJAX.WebServices.TimeService.GetTimeFormat(
        "ddd, dd MMMM yyyy [hh:mm:ss]", onMethodComplete);
}
function onMethodComplete(results)
{
    $get("Label1").innerHTML = results;
}
```

在方法调用结尾(无论结果如何)调用的回调具有下列原型:

```
function method(results, context, methodName)
```

context 参数代表调用时指定的上下文对象。methodName 参数是一个设为服务方法名称的字符串。最后,对于成功调用时所调用的回调,results 参数是包含 JavaScript 版本的方法返回值的对象。对于失败的回调,此参数则代表 Sys.Net.WebServiceError 对象。

9. 构建用户界面

AJAX 完全是关于最广泛意义上的用户体验——连贯的感受、无闪烁更新、界面设施、资源聚合、实时数据等等。但只能利用浏览器和它的一套可编程性功能,主要是浏览器的对象模型、DOM 实现、对 DHTML 扩展的支持、CSS、JavaScript 和插件。

JavaScript 是构建和操纵 UI 的主要工具。用户界面任务的典型模式要求客户端使用 JavaScript 调用远程服务、接收 JSON 数据或可能是 XML 数据，然后重新整理页面以显示更改。

如此简单的模型在应用到实际应用程序的规模和复杂性时未必有效。随着 UI 的结构变得日益复杂化，重新整理页面来合并远程调用后新来的数据所带来的问题不可小觑。关键是，一个复杂的 UI 成为问题的临界点在哪里？

从根本上说，每个实际应用程序（尤其是业务线应用程序）必须依赖三个基本的用户界面功能：布局、数据绑定和样式。除了通过 CSS 支持某些样式外，JavaScript 环境不支持任何这些用户界面功能。此外，在大量的编程中常因浏览器的细微错误和粗劣的编程而导致内存问题之类的情况下，JavaScript 还是一种解释性语言。

考虑一个比较常见的简单情形——对数据网格分页。网格归根到底就是十分复杂的表，浏览器必须为每个请求分析和呈现它。第一次处理页面时，用户很难衡量此呈现操作的成本，因为它已合并到整体页面下载过程中。但是，一旦对新网格页面提出 AJAX 回发请求，更新浏览器窗口的成本就会立即显现。浏览器收到包含对象集合的 JSON 字符串，而且必须将该集合转换成新的表。在客户端必须构建庞大的 HTML 字符串，在一些内存缓冲区中组织文本。如果没有差错，相同的字符串随后还必须以图形方式呈现。

当完成如此密集的操作后，您会发现响应时间并非如此理想。对于类似上述的情形，要找出有效的解决方案，需要具备中等以上的 JavaScript 和 DHTML 技能。

一个替代方法是在服务器上预先生成一些标记。这样，远程服务不仅返回数据，而且还合并标记信息。在服务器上，标记是通过已编译的代码来构建的，因此可以更容易地调试和测试它，而且您可以用更强大的编程工具来添加可访问性功能。另一方面，线路上将传输更多的数据（但是请记住，数据量仍远少于常规 ASP.NET 回发）。

底线就是，无论是从性能还是从开发角度考虑，为了有效地创建切实可行的用户界面，客户端需要更强大的工具。完备的部件和控件库对任何开发人员来说都十分必要。但是，即使经过最完美优化的库对于打破解释性语言（比如 JavaScript）的固有限制也无能为力。也许 Silverlight 最终会向 Web 开发人员提供他们所希望的用于下一代 Web 和 AJAX 应用程序的客户端环境；Silverlight 是一个 Microsoft 跨平台浏览器插件，它结合了 Windows® Presentation Foundation（WPF）框架的一个子集。但是 Silverlight 是一个外部插件，需要单独下载，而且尚未成熟。1.0 版刚发布不久，若要用它构建真正实用的 Web 应用程序的表示层，还需要一些更高级的功能。

部分呈现是实现 AJAX 最简便的方法。它非常适合于将 AJAX 功能添加到旧式应用程序中，您不必花时间、预算来重新设计这些应用程序，也不会有重新进行设计的愿望。从体系结构的角度上说，部分呈现是对当今 ASP.NET 的智能化扩展，而且保留了相同的应用程序模型和底层引擎。

纯 AJAX 体系结构是基于客户端与服务器的松散耦合，即实质上彼此独立的两个世界通过 HTTP 线路就 JSON 交换消息连接了起来。在纯 AJAX 体系结构中有一个基于服务的后端和一个 JavaScript 驱动的前端。构建有效的 HTML UI 完全取决于您或您选择的控件库。不过，这种分离机制使 Web 开发人员能够继续采用 Silverlight 等新兴技术创建交互性更强的用户界面，而不受服务器平台的限制。

16.2 ASP.NET AJAX 核心控件

借助 ASP.NET AJAX 控件，使用很少的客户端脚本或不使用客户端脚本就能创建丰富的客户端行为，如在异步回发过程中进行部分页更新（在回发时刷新网页的选定部分，而不是刷新整个网页）和显示更新进度。异步部分页更新可避免整页回发的开销。

以下是 AJAX 的几个核心控件：
- ScriptManager 控件

为启用了 AJAX 的 ASP.NET 网页管理客户端脚本。
- ScriptManagerProxy 控件

允许内容页和用户控件等嵌套组件在父元素中已定义了 ScriptManager 控件的情况下将脚本和服务引用添加到网页。
- UpdatePanel 控件

可用于生成功能丰富、以客户端为中心的 Web 应用程序。通过使用 UpdatePanel 控件，可以执行部分页更新。
- UpdateProgress 控件

提供有关 UpdatePanel 控件中的部分页更新的状态信息。
- Timer 控件

在定义的时间间隔执行回发。如果将 Timer 控件和 UpdatePanel 控件结合在一起使用，可以按照定义的间隔启用部分页更新。您还可以使用 Timer 控件来发布整个网页。

所有 ASP.NET AJAX 控件都需要 web.config 文件中的特定设置才能正常运行。如果您试图使用这些控件之一，但您的网站不包含所需的 web.config 文件，则网页的设计视图中本应显示该控件之处会出现错误。在设计视图中，如果单击处于该状态的控件，则 Microsoft ExpressionWeb 会让您选择要新建一个 web.config 文件还是更新现有的 web.config 文件。

16.2.1 ScriptManager 控件

ScriptManager 控件为启用了 AJAX 的 ASP.NET 网页管理客户端脚本。默认情况下，ScriptManager 控件会向网页注册 Microsoft AJAX Library 的脚本。这样，客户端脚本就能使用类型系统扩展插件，还能支持部分页呈现和 Web 服务调用之类的功能。

1．方案

若要启用 ASP.NET 的以下 AJAX 功能，必须在网页中使用一个 ScriptManager 控件：Microsoft AJAX Library 的客户端脚本功能和要发送到浏览器的任何自定义脚本。

部分页呈现允许在不回发的情况下单独刷新网页上的各个区域。ASP.NET UpdatePanel、UpdateProgress 和 Timer 控件需要有 ScriptManager 控件才能支持部分页呈现。

Web 服务的 JavaScript 代理类，借助它们，能够使用客户端脚本访问 ASP.NET 网页中的 Web 服务和特殊标记的方法。它通过将 Web 服务和网页方法公开为强类型化对象来实现此操作。JavaScript 类，用于访问 ASP.NET 身份验证、配置文件和角色应用程序服务。

2．背景

当某网页包含一个或多个 UpdatePanel 控件时，ScriptManager 控件会管理浏览器中的部分页呈现。该控件通过与网页生命周期进行交互来更新该网页在 UpdatePanel 控件内的组成部分。

ScriptManager 控件的 EnablePartialRendering 属性确定网页是否参与部分页更新。默认情况下，EnablePartialRendering 属性为真。因此，当将 ScriptManager 控件添加到网页时，会默认启用部分页呈现功能。

3．ScriptManagerProxy 类

一个网页只能添加一个 ScriptManager 控件实例。该控件可直接包含在网页中，也可以间接包

含在用户控件、母版页的内容页或嵌套的母版页等嵌套组件内。如果某网页已包含一个 ScriptManager 控件,但嵌套组件或父组件需要 ScriptManager 控件的其他功能,则该组件可以包括一个 ScriptManagerProxy 控件。例如,利用 ScriptManagerProxy 控件,可以添加专用于嵌套组件的脚本和服务。

【例 16-5】 ScriptManager 控件。

前台程序代码如下:

```
<body>
    <form id="form1" runat="server">
        <div>
            <!-- 注释 -->
            <!-- 在服务端注册客户端脚本新方法 -->
            <!-- 通过 Page.ClientScript 实例注册客户端脚本方法在异步提交时不起作用.
                Microsoft 采用 ScriptManager 实例,并与 Page.ClientScript 方法
                ——对应的方法来实现此功能,具体看示例后台代码. -->
            <asp:ScriptManager ID="ScriptManager1" runat="server">
            </asp:ScriptManager>
            <asp:UpdatePanel ID="UpdatePanel1" runat="server">
                <ContentTemplate>
                    当前时间: <%= DateTime.Now %>
                    <asp:Button ID="Button1" runat="server" Text="Button"
                        OnClick="Button1_Click1" />
                </ContentTemplate>
            </asp:UpdatePanel>
        </div>
    </form>
</body>
```

后台程序代码如下:

```
public partial class _AA_ScriptManager_RegistClientScript_Default :
        System.Web.UI.Page
{
    protected void Button1_Click1(object sender, EventArgs e)
    {
        //AJAX 框架中新调用方式
        ScriptManager.RegisterStartupScript(this.UpdatePanel1,
            this.GetType(), "UpdateSucceed", "alert('Update time
            succeed!')", true);
        //默认调用方式(在异步调用 XmlHttp 方式中无效)
        //Page.ClientScript.RegisterStartupScript(this.GetType(),
            "UpdateSucceed", "<script>alert('Update time
            succeed!')</script>");
    }
}
```

16.2.2 UpdatePanel 控件

ASP.NET UpdatePanel 控件可用于生成功能丰富、以客户端为中心的 Web 应用程序。通过使用 UpdatePanel 控件,可以在回发期间刷新网页的选定部分而不是刷新整个网页。这称为执行部

分页更新。包含一个 ScriptManager 控件和一个或多个 UpdatePanel 控件的 ASP.NET 网页，不需要使用自定义客户端脚本即可自动参与部分页更新。

1．方案

UpdatePanel 控件是一个服务器控件，借助它，可以开发出具有复杂客户端行为的网页，使网页能够更好地与最终用户进行交互。编写在服务器和客户端进行协调以便只更新网页指定部分的代码通常需要深入了解 ECMAScript (JavaScript)。但是，使用 UpdatePanel 控件，可以使网页参与部分页更新，而无需编写任何客户端脚本。如果您需要，可以添加自定义客户端脚本来改善客户端用户的使用体验。使用 UpdatePanel 控件时，网页行为与浏览器无关并可以潜在减少客户端和服务器之间传输的数据量。

2．背景

UpdatePanel 控件的工作方式是指定可更新的网页区域，而不刷新整个网页。此过程由 ScriptManager 服务器控件和客户端 PageRequestManager 类进行协调。当部分页更新被启用时，控件可异步发布到服务器。异步回发的行为类似于常规回发，因为生成的服务器网页执行整个网页和控件生命周期。但是，使用异步回发，网页更新被限制为 UpdatePanel 控件中包含的网页区域以及被标记为要更新的区域。服务器仅向浏览器发送受影响元素的 HTML 标记。

3．启用部分页更新

UpdatePanel 控件要求网页中有一个 ScriptManager 控件。默认情况下，当 ScriptManager 控件的 EnablePartialRendering 属性的默认值为 true 时会启用部分页更新。

4．指定 UpdatePanel 控件的内容

通过在"设计"视图中将内容放在面板中，可以向 UpdatePanel 控件添加内容。例如，可以将其他 ASP.NET 和 HTML 控件拖入该面板，并将光标置于面板内并直接在其中键入内容。在"设计"视图中向 UpdatePanel 控件添加内容时，系统会自动在内容两边添加必要的 <ContentTemplate></ContentTemplate> 标记。如果您是在"代码"视图而不是"设计"视图中向 UpdatePanel 控件添加内容，则必须手动添加<ContentTemplate> </ContentTemplate> 标记（如果它们尚不存在），否则不会呈现 UpdatePanel 中的内容。

当包含一个或多个 UpdatePanel 控件的网页第一次呈现时，UpdatePanel 控件的所有内容都将呈现并发送到浏览器。以后发生异步回发时，可能会分别更新各个 UpdatePanel 控件的内容。更新取决于面板设置、哪些元素引发了回发，以及每个面板特有的代码。

5．指定 UpdatePanel 触发器

默认情况下，UpdatePanel 控件内的任何回发控件都会导致异步回发并刷新面板的内容。但是，您也可以将网页上的其他控件配置为刷新 UpdatePanel 控件。为此，需要为 UpdatePanel 控件定义触发器。触发器是指定哪个回发控件和事件导致面板更新的绑定。当发生触发器控件的指定事件（例如，按钮的 Click 事件）时，就会刷新更新面板。

您可以使用"UpdatePanelTrigger 集合编辑器"对话框为 UpdatePanel 控件创建触发器，该对话框可从"标记属性"任务窗格的"触发器"属性调出。

触发器的控件事件是可选的。如果您不指定事件，触发器事件是控件的默认事件。例如，对于 Button 控件，默认事件是 Click 事件。

6. 如何刷新 UpdatePanel 控件

以下介绍的 UpdatePanel 控件的属性设置决定在部分页呈现过程中面板的内容何时更新：

如果 UpdateMode 属性设置为"Always"，则网页的任何地方发生的每个回发都会导致 UpdatePanel 控件内容进行更新。其中包括其他 UpdatePanel 控件内的控件引发的异步回发，以及不在 UpdatePanel 控件内的控件引发的回发。

如果 UpdateMode 属性设置为"Conditional"，则当以下其中一项为真时 UpdatePanel 控件的内容会得到更新：
- 当回发是由该 UpdatePanel 控件的触发器所引起时。
- 当您显式调用 UpdatePanel 控件的 Update 方法时。
- 当 UpdatePanel 控件嵌套在另一个 UpdatePanel 控件内且父面板发生更新时。
- 当 ChildrenAsTriggers 属性设置为真且该 UpdatePanel 控件的任何子控件导致回发时。

嵌套的 UpdatePanel 控件的子控件不会导致外部 UpdatePanel 控件发生更新，除非它们被显式定义为父面板的触发器。

如果 ChildrenAsTriggers 属性设置为 false 且 UpdateMode 属性设置为"Always"，则会引发异常。仅当 UpdateMode 属性设置为"Conditional"时，才能使用 ChildrenAsTriggers 属性。

7. 使用嵌套的 UpdatePanel 控件

UpdatePanel 控件可以嵌套。如果父面板被刷新，则所有嵌套的面板都会刷新。如果子面板被刷新，则仅该子面板会更新。

8. 与 UpdatePanel 控件不兼容的控件

下面的 ASP.NET 控件与部分页更新不兼容，因此，不能用在 UpdatePanel 控件内。
在以下几种情况下的 Treeview 控件：
- 一种是当回调不是作为异步回发的一部分启用时
- 一种是您直接将样式设置为控件属性，而不是使用对 CSS 样式的引用隐式为控件设置样式时
- 另一种是 EnableClientScript 属性为 false（默认值为 true）时
- 还有一种是您在两次异步回发之间更改 EnableClientScript 属性的值时
- Menu 控件：当您直接将样式设置为控件属性，而不是使用对 CSS 样式的引用隐式为该控件设置样式时
- FileUpload 和 HtmlInputFile 控件：当它们用来作为异步回发一部分的上载文件时
- 其 EnableSortingAndPagingCallbacks 属性被设置为 true 时的 GridView 和 DetailsView 控件
- 其内容尚未被转换为可编辑模板的 Login、PasswordRecovery、ChangePassword 和 CreateUserWizard 控件
- Substitution 控件

若要将 FileUpload 或 HtmlInputFile 控件用在 UpdatePanel 控件内，请将提交该文件的回发控件设置为该面板的 PostBackTrigger 控件。FileUpload 和 HtmlInputFile 控件可以仅在回发情况下。

所有其他控件均可用在 UpdatePanel 控件内。

9. 在 UpdatePanel 控件内使用 Web 部件控件

ASP.NETWeb 部件是一组集成控件，用于创建网站最终用户可以直接从浏览器修改网页的

内容、外观和行为。只要遵守以下限制,可以在 UpdatePanel 控件内使用 Web 部件控件:

每个 WebPartZone 控件都必须在同一个 UpdatePanel 控件内。例如,网页上不能有两个 UpdatePanel 控件,而每个控件又都有其自己的 WebPartZone 控件。

WebPartManager 控件管理 Web 部件控件的所有客户端状态信息。它必须在网页上最外面的 UpdatePanel 控件内。

不能使用异步回发来导入或导出 Web 部件控件。(执行此任务需要一个 FileUpload 控件,它不能用于异步回发。)默认情况下,导入 Web 部件控件会执行完整回发。

在异步回发过程中,不能添加或修改 Web 部件控件的样式。

【例 16-6】 UpdatePanel 控件。

程序代码如下:

```
<body>
    <form id="form1" runat="server">
    <div>
        <!-- 注释 -->
        <!-- UpdateMode 属性可以设置为 Always 和 Conditional 两种方式. 默认情况
             下属性值为 Always. -->
        <!-- 如果设置为 Conditional,则只有当前 UpatePanel 内部的元素(比如 button)
             提交时,才能引起当前 UpdatePanel 更新;-->
        <!-- 如果设置为 Always,则不管单击 UpdatePanel 内部还是外部的按钮都会使
             当前 UpdatePanel 更新 -->

        <asp:ScriptManager ID="ScriptManager1" runat="server">
        </asp:ScriptManager>
        <asp:UpdatePanel ID="UpdatePanel1" runat="server"
                UpdateMode=always>
            <ContentTemplate>
                UpdatePanel1 时间:<%= DateTime.Now %>
                <asp:Button ID="Button1" runat="server" Text="Button" />
            </ContentTemplate>
        </asp:UpdatePanel>

        <asp:UpdatePanel ID="UpdatePanel2" runat="server"
                UpdateMode=conditional>
            <ContentTemplate>
                UpdatePanel2 时间:<%= DateTime.Now %>
                <asp:Button ID="Button2" runat="server" Text="Button" />
            </ContentTemplate>
        </asp:UpdatePanel>
        <br />
    </div>
    </form>
</body>
```

16.2.3 UpdateProgress 控件

UpdateProgress 控件提供有关 UpdatePanel 控件中的部分页更新的状态信息。您可以自定义 UpdateProgress 控件的默认内容和布局。为防止在部分页更新非常快时出现闪烁,可以指定在 UpdateProgress 控件显示之前有一个延迟。

1. 方案

利用 UpdateProgress 控件，在网页包含一个或多个用于部分页呈现的 UpdatePanel 控件时，您可以设计一个更直观的用户界面。如果部分页更新速度较慢，您可以使用 UpdateProgress 控件来直观地反映更新状态。您可以在一个网页上放置多个 UpdateProgress 控件，每个控件都与不同的 UpdatePanel 控件关联。此外，也可以使用一个 UpdateProgress 控件，并将其与该网页上的所有 UpdatePanel 控件关联。

2. 背景

r>dateProgress 控件将呈现一个 <div> 元素，该元素是显示还是隐藏取决于关联的 UpdatePanel 控件是否导致了异步回发。对于初始页呈现和同步回发，UpdateProgress 控件不显示。

3. 将 UpdateProgress 控件与 UpdatePanel 控件关联

通过设置 UpdateProgress 控件的 AssociatedUpdatePanelID 属性可将 UpdateProgress 控件与 UpdatePanel 控件相关联。当某 UpdatePanel 控件发生回发事件时，会显示所有关联的 UpdateProgress 控件。如果不将 UpdateProgress 控件与特定的 UpdatePanel 控件相关联，则 UpdateProgress 控件会显示任何异步回发的进度。

如果 UpdatePanel 控件的 ChildrenAsTriggers 属性设置为假，并且该 UpdatePanel 控件内部发生了一个异步回发，则会显示任何关联的 UpdateProgress 控件。

4. 创建 UpdateProgress 控件的内容

若要指定 UpdateProgress 控件显示的消息，请在"设计"视图中将所需的内容放置到面板中。例如，您可以将其他 ASP.NET 和 HTML 控件拖入面板，然后将光标置于面板内并在面板中直接键入内容。在"设计"视图中向 UpdateProgress 控件添加消息时，系统会自动在内容两边添加所需的 <ProgressTemplate> 标记。如果您是在"代码"视图而不是"设计"视图中向 UpdateProgress 控件添加内容，则必须手动添加 <ProgressTemplate></ProgressTemplate> 标记（如果它们尚不存在），否则不会呈现该消息。

5. 指定内容布局

当 DynamicLayout 属性为真时，UpdateProgress 控件最初不会占据网页显示中的任何空间，而是在需要时网页动态地更改为显示 UpdateProgress 控件内容。为支持动态显示，r>件呈现为一个其显示样式属性最初设置为无的 <div> 元素。

当 DynamicLayout 属性为假时，UpdateProgress 控件会占用网页显示空间，即使该控件不可见也会占用。在这种情况下，该控件的<div>元素将其显示样式 r>设置为块，将其可见性最初设置为隐藏。

6. 将 UpdateProgress 控件置于网页上

可以将 UpdateProgress 控件置于 UpdatePanel 控件内部或外部。只要其关联的 UpdatePanel 控件因异步回发而更新，UpdateProgress 控件就会显示。即使 UpdateProgress 控件在另一个 UpdatePanel 控件内部也是如此。

如果 UpdatePanel 控件在另一个更新面板内部，则子面板内部发生的回发会导致与子面板关联的所有 UpdateProgress 控件都显示出来。它也会显示所有与父面板关联的 UpdateProgress 控件。如果回发发生在父面板的直接子控件中，则仅显示与该父面板关联的 UpdateProgress 控件。这种行为遵循了回发触发方式的逻辑。

【例 16-7】 UpdateProgress 控件。

前台程序代码如下：

```
<body>
    <form id="form1" runat="server">
        <div>
            <!-- 注释 -->
            <!-- UpdateProgress 控件 -->
            <!-- AssociatedUpdatePanelID 表示由哪个 UpdatePanel 来使自己呈现； -->
            <!-- DynamicLayout 表示 UpdateProgress 是否固定占有一定空间，即使是隐藏
                 时；如果该值为 true，则只有显示时才占用页面空间。 -->
            <!-- DisplayAfter 表示显示 UpdateProgress 内容之前需要等待的时间。 -->
            <asp:ScriptManager ID="ScriptManager1" runat="server">
            </asp:ScriptManager>
            <asp:UpdateProgress ID="UpdateProgress1" runat="server"
                DynamicLayout=false AssociatedUpdatePanelID=
                "UpdatePanel1" DisplayAfter="1000">
                <ProgressTemplate>
                    <asp:Image ID="Image1" runat="server" ImageUr=
                    "~/(C)UpdateProgress/(8)UpdateProgress/Progress.gif"
                    ImageUrl="~/(C)UpdateProgress/(8)UpdateProgress/Progress.gif" />
                </ProgressTemplate>
            </asp:UpdateProgress>
            <asp:UpdatePanel ID="UpdatePanel1" runat="server">
                <ContentTemplate>
                    当前时间：<%= DateTime.Now %>
                    <asp:Button ID="Button1" runat="server" Text="Button"
                        OnClick="Button1_Click" />
                </ContentTemplate>
            </asp:UpdatePanel>
        </div>
    </form>
</body>
```

后台程序代码如下：

```
protected void Button1_Click(object sender, EventArgs e)
{
    //设置延迟时间，以便能显示 UpdateProgress 控件
    System.Threading.Thread.Sleep(6000);
}
```

16.2.4 Timer 控件

ASP.NET AJAX Timer 控件可按照定义的间隔执行回发。如果将 Timer 控件和 UpdatePanel 控件结合在一起使用，可以按照定义的间隔启用部分页更新。还可以使用 Timer 控件来发布整个网页。

1. 方案

当要执行以下操作时，可使用 Timer 控件定期更新一个或多个 UpdatePanel 控件的内容而不

刷新整个网页。每次 Timer 控件导致回发时在服务器上运行代码。按照定义的间隔将整个网页同步发布到 Web 服务器。

2. 背景

Timer 控件是一个服务器控件，用于将 JavaScript 组件嵌入到网页中。当 Interval 属性中定义的间隔已过时，JavaScript 组件会从浏览器启动回发。在服务器上运行的代码中为 Timer 控件设置属性，这些属性会传递给该 JavaScript 组件。

使用 Timer 控件时，网页中必须包括 ScriptManager 类的实例。

当 Timer 控件启动回发时，Timer 控件会在服务器上引发 Tick 事件。读者可设置 Interval 属性来指定发生回发的频率，并设置 Enabled 属性来开启或关闭可以为 Tick 事件创建一个事件处理程序，以便将网页发布到服务器时执行操作。Interval 属性以毫秒为单位，其默认值为 60000 毫秒，即 60 秒。

说明：将 Timer 控件的 Interval 属性设置为一个较小值会大量增加 Web 服务器的通信量。使用 Timer 控件可专门根据需要的频率来刷新内容。

如果不同的 UpdatePanel 控件必须在不同的时间间隔更新，则可以在网页上加入多个 Timer 控件。此外，Timer 控件的单个实例可以是某网页中多个 UpdatePanel 控件的触发器。

当 Timer 控件包含在 UpdatePanel 控件内时，Timer 控件会自动充当该 UpdatePanel 控件的触发器。通过将 UpdatePanel 控件的 ChildrenAsTriggers 属性设置为 false，可阻止此行为。

如果 Timer 控件在 UpdatePanel 控件内，则仅当每个回发操作完成时才会重新创建 JavaScript 计时组件。因此，在完成回发重新显示网页之前，不会算做计时间隔。例如，如果 Interval 属性设置为 60,000 毫秒（60 秒），但回发需要 3 秒钟才能完成，则下次回发将在上次回发出现 63 秒后才会开始。

3. 在 UpdatePanel 控件外部使用 Timer 控件

当 Timer 控件在 UpdatePanel 控件之外时，必须将 Timer 控件显式定义为要更新的 UpdatePanel 控件的触发器。

如果 Timer 控件在 UpdatePanel 控件之外，则在处理回发的同时 JavaScript 计时组件会继续运行。例如，如果 Interval 属性设置为 60,000 毫秒（60 秒），而回发需要 3 秒才能完成，则下次回发会在上次回发启动 60 秒后发生。用户仅能看到 UpdatePanel 控件中 57 秒内刷新的内容。

所设置的 Interval 属性的值必须允许一个异步回发能在下次回发启动前完成。如果上一个回发还在处理当中就启动了新的回发，则第一个回发会被取消。

【例 16-8】 Timer 控件。

程序代码如下：

```
<body>
    <form id="form1" runat="server">
r>  <div>
        <!-- 注释 -->
        <!-- Timer 控件 -->
        <!-- 通过设置 Interval 值(毫秒)可以定期地更新页面；可以配合 UpdateMode
             来禁止某些 UpdataPanle 不更新。 -->
        <!-- 如果把 Timer 置于 UpdatePanel 外面，可以非异步提交整个页面。 -->
```

```
            <asp:ScriptManager ID="ScriptManager1" runat="server">
            </asp:ScriptManager>
            <asp:UpdatePanel ID="UpdatePanel1" runat="server">
                <ContentTemplate>
                    当前时间: <%= DateTime.Now %>
                    <asp:TimerID="Timer1" runat="server" Interval="1000">
                    </asp:Timer>
                </ContentTemplate>
            </asp:UpdatePanel>
            <%--<asp:TimerID="Timer1" runat="server" Interval="1000">
            </asp:Timer>--%>
            <%--<asp:UpdatePanel ID="UpdatePanel2" runat="server" UpdateMode=
                conditional>
                <ContentTemplate>
                    当前时间: <%= DateTime.Now %>
                </ContentTemplate>
            </asp:UpdatePanel>--%>
r>    </div>
    </form>
</body>
```

16.3 AJAXControl Toolkit

AJAXControl Toolkit 是针对 ASP.NET 的一个 AJAX 控件集，虽然 AJAX 是在 JavaScript 中实现的，但是利用这个控件集，可以不编写 JavaScript 脚本，就能实现 AJAX 的很多效果。

AJAX Control Toolkit 封装实现了很多 AJAX 的效果，只需要把控件拖进画面，然后进行简单的设置（用 C#，VB.NET 等.NET 系语言就可以），就可以实现 AJAX 的效果。

这样可以让不会 JavaScript 的读者，也能应用 AJAX 技术来实现一些很酷的效果。

16.3.1 安装 ASP.NET AJAX Control Toolkit

在 VS 2010 或是 VS 2012 中一般没有 AJAX Control Toolkit 集成。但是我们可以进行手工添加。

首先去官网或其他软件下载适合自己 VS 或是项目版本的 AJAXControlToolkit。

目前有三个版本 AJAXControlToolkit.NET3.5，.NET4.0，.NET4.5，.NET3.5 对应.netframework3.5，其他同理。

注意：（如果您当前的开发项目的.NETFramework 版本是 4.0）但是您集成了 3.5 的异步控件，则控件不显示。

只有当自己的解决方案是适合安装的 AJAX Control Toolkit 版本的异步控件才会在工具箱中显示。

下面以 VS 2012 和 AJAX Control Toolkit.NET4.0 为例演示配置过程。安装步骤如下：

（1）打开 VS，打开一个项目→工具箱→"添加选项卡"，如图 16-7 所示。

（2）右击新添加的选项卡，选择"添加项"，如图 16-8 所示。

（3）单击"浏览"按钮，找刚才下载的 AJAX Control Toolkit.ZIP 的解压文件，如图 16-9 所示。

第 16 章 ASP.NET 的 AJAX 开发技术

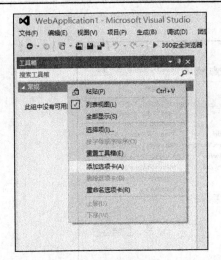

图 16-7 添加选项卡

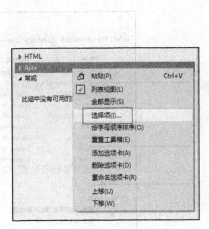

图 16-8 选择项

图 16-9 添加 AJAXControlTookit.dll 文件

（4）选择添加 AJAX Control Toolkit.dll，如图 16-10 所示。

图 16-10 添加 AJAXControlTookit.dll 文件

打开的"选择工具箱项"如图 16-11 所示。

图 16-11　选择工具箱项

（5）根据自己添加的 AJAXControlToolkit 版本修改解决方案版本，如图 16-12 和图 16-13 所示。

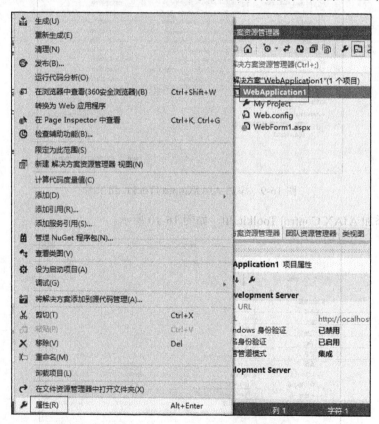

图 16-12　选择"属性"修改解决方案版本

（6）安装完成，如图 16-14 所示。

第 16 章 ASP.NET 的 AJAX 开发技术

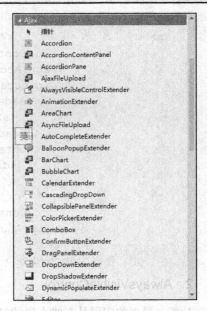

图 16-13 选择目标框架　　图 16-14 安装 AJAX Control Toolkit 的工具箱

16.3.2 AJAX Control Toolkit 控件概览

上一节我们讲了 AJAXControlToolkit 的安装,这一节简单介绍 AJAX Control Toolkit 一些主要的控件,这里只是简单介绍它们的主要功能,读者需要深入了解它们的具体用法,可以参考其他资料。

1. Accordion

功能:实现了 QQ、MSN 好友分类的折叠效果,就像包含了多个 CollapsiblePanels。

细节:

- 不要把 Accordion 放在 Table 中同时又把 FadeTransitions 设置为 True,这将引起布局混乱
- 每一个 AccordionPanecontrol 有一个 Header 和 Content 的 template
- 在 Content 中可以进行任意扩展
- 有三种 AutoSizemodes:None(推荐)LimitFill
- Accordion 表现的更像是一个容器

代码示意:

```
<asp:Accordion ID="Accordion1" runat="server" SelectedIndex="0"
         HeaderCssClass="accordionHeader"
ContentCssClass="accordionContent" FadeTransitions="false"
         FramesPerSecond="40"
TransitionDuration="250" AutoSize="None">
         <Panes>
             <asp:AccordionPane ID="AccordionPane1" runat="server">
                 <Header>
                     <a>Accordion->1</a>
                 </Header>
                 <Content>
                     <div class="content">
```

```
                       Accordion->1 的内容
    r>            </div>
                </Content>
            </asp:AccordionPane>
            <asp:AccordionPane ID="AccordionPane2" runat="server">
                <Header>
                    <a>Accordion->2</a>
                </Header>
                <Content>
                    <div class="content">
                       Accordion->2 的内容
    r>            </div>
                </Content>
            </asp:AccordionPane>
        </Panes>
    </asp:Accordion>
```

2. AlwaysVisibleControl

功能：最多的应用是在线小说的目录和浮动小广告。

细节：

- 避免控件闪烁，把这个控件放在目标位置时使用 absolutely position
- HorizontalSide="Center" VerticalSide="Top" 使用这个方法控制浮动在什么位置

代码示意：

```
<asp:AlwaysVisibleControlExtender ID="AlwaysVisibleControlExtender1"
    TargetControlID="Panel1" ScrollEffectDuration="1" runat="server">

</asp:AlwaysVisibleControlExtender>
<asp:Panel ID="Panel1" CssClass="content" runat="server">
    我是 Panel1
    <asp:Button ID="Button1" runat="server" Text="Button" />
</asp:Panel>
```

3. Animation

功能：28 个控件中效果最酷的，顾名思义实现动画效果。

细节：

- 不只是控件：pluggable, extensible framework
- 用在什么时候：OnLoad、OnClick、OnMouseOver、OnMouseOut、OnHoverOver、OnHoverOut
- 具体使用时有很多中，可以单独写一个 Animation Xml 编程介绍

代码示意：

```
<asp:AnimationExtender ID="AnimationExtender1" runat="server">
    <Animations>
       <OnLoad> </OnLoad>
       <OnClick> </OnClick>
       <OnMouseOver> </OnMouseOver>
       <OnMouseOut> </OnMouseOut>
       <OnHoverOver> </OnHoverOver>
       <OnHoverOut> </OnHoverOut>
```

```
        </Animations>
    </asp:AnimationExtender>
```

4. CascadingDropDown

功能：DropDownList 联动，调用 Web Service。

细节：

- DropDownList 行为扩展
- 如果使用 Web service 方法签名必须符合下面的形式：

```
[WebMethod]
public CascadingDropDownNameValue[] GetDropDownContents(
string knownCategoryValues, string category){...}
```

代码示意：

```
    <asp:CascadingDropDown runat="server" TargetControlID="DropDownList1"
Category="Make" PromptText="Please select a make" LoadingText="[Loading makes]"
ServicePath="CarsService.asmx" ServiceMethod="GetDropDownContents"/>
    <asp:CascadingDropDown runat="server" TargetControlID="DropDownList2"
Category="Model" PromptText="Please select a model" LoadingText="[Loading models]"
ServiceMethod="GetDropDownContentsPageMethod"
ParentControlID="DropDownList1"/>
    <asp:CascadingDropDown runat="server" TargetControlID="DropDownList3"
Category="Color" PromptText="Please select a color" LoadingText="[Loading colors]"
ServicePath="    ~    /CascadingDropDown/CarsService.asmx"    ServiceMethod=
"GetDropDownContents" ParentControlID="DropDownList2"/>
```

5. CollapsiblePanel

功能：XP 任务栏折叠效果。

细节：

- 可以扩展任何一个 ASP.NET Panel control
- CollapsiblePanel 默认为使用了标准 CSS box model 早期的浏览器要在 DOCTYPE 中设置页面为自适应方式提交数据 rendered in IE's standards-compliant mode。

6. DragPanel

功能：页面拖动。

细节：

- TargetControlID 要拖动的控件
- DragHandleID 拖动的标题栏所在的 ControlID

代码示意：

```
    <asp:DragPanelExtender runat="server"
    TargetControlID="Panel3"
    DragHandleID="Panel4" />
```

7. DropDown

功能：实现以下拉菜单的形式弹出来。

细节：

- TargetControlID 要实现扩展的空间 ID
- DropDownControlID 弹出来内容的 ID

代码示意:

```
<asp:Panel ID="Panel2" runat="server" CssClass="ContextMenuPanel"
        Style="display: none; visibility: hidden;">
    <asp:LinkButton ID="LinkButton1" runat="server" Text="Option 1"
        CssClass="ContextMenuItem" OnClick="OnSelect" />
    <asp:LinkButton ID="LinkButton2" runat="server" Text="Option 2"
        CssClass="ContextMenuItem" OnClick="OnSelect" />
    <asp:LinkButton ID="LinkButton3" runat="server" Text="Option 3 (Click
        Me!)" CssClass="ContextMenuItem" OnClick="OnSelect" />
</asp:Panel>
<asp:DropDownExtender runat="server" TargetControlID="TextLabel"
    DropDownControlID="DropPanel" />
```

8. DynamicPopulate

功能：能使用 Web Service 或页面方法来替换控件的内容。

细节：

- ClearContentsDuringUpdate：替换之前先清除以前的内容（默认 True）
- PopulateTriggerControlID：触发器绑定的控件，单击时触发
- ContextKey：传递给 Web Service 的随机字符串
- WebService：方法签名必须符合下面的形式：

```
[WebMethod]
string DynamicPopulateMethod(string contextKey)
    {…}
```

代码示意：

```
<asp:DynamicPopulateExtender runat="server"
    TargetControlID="Panel1"
    ClearContentsDuringUpdate="true"
    PopulateTriggerControlID="Label1"
    ServiceMethod="GetHtml"
    UpdatingCssClass="dynamicPopulate_Updating" />
```

9. HoverMenu

功能：鼠标靠近时显示菜单，可以用在在线数据修改的表格上作为功能菜单。

细节：

- PopupControlID：要弹出内容的 ID
- PopupPostion：弹出的位置，可以是 Left (Default), Right, Top, Bottom, Center
- OffsetX/OffsetY：弹出项与源控件的距离

第16章 ASP.NET 的 AJAX 开发技术

- PopDelay：弹出延时显示，单位 milliseconds。默认是 100

代码示意：

```
<asp:ueverMenuExtender runat="Server"
    TargetControlID="Panel9"
    HoverCssClass="popupHover"
    PopupControlID="PopupMenu"
    PopupPosition="Left"
    OffsetX="0"
    OffsetY="0"
    PopDelay="50" />
```

10. ModalPopup

功能：XP 的关机效果，很多邮箱的删除对话框都有这种效果。

细节：

- 本质上讲这是一个对话框模板，比 ConfirmButton 有意义，有更强的扩展性
- 从下面的代码中我们发现单"OK"按钮的时候可以调用后台方法
- 同时可以执行一段脚本

代码示意：

```
<asp:Panel ID="Panel3" runat="server" CssClass="modalPopup"
        style="display:none">
<p>
<asp:Label ID="Label1" runat="server" BackColor="Blue" ForeColor="White"
        Style=""
Text="信息提示"></asp:Label> </p>
<p >确定要删除当前下载的任务么？</p>
<p style="text-align:center;">
<asp:Button ID="Button2" runat="server" Text="OK" ></asp:Button>
<asp:Button ID="Button3" runat="server" Text="Cancel"></asp:Button>
</p>
</asp:Panel>
<asp:ModalPopupExtender runat="server" TargetControlID="LinkButton1"
PopupControlID="Panel2" BackgroundCssClass="modalBackground"
        DropShadow="true"
OkControlID="Button1" OnOkScript="onOk()" CancelControlID=
        "CancelButton" />
```

11. MutuallyExlcusiveCheckBox

功能：互斥复选框就像 Radio 一样。

细节：

- Key 属性用来分组就像 RdiolistGroup 一样
- argetControlID 用来绑定已有的 CheckBox

代码示意：

```
<asp:MutuallyExclusiveCheckboxExtender runat="server"
ID="MustHaveGuestBedroomCheckBoxEx"
TargetControlID="MustHaveGuestBedroomCheckBox"
Key="GuestBedroomCheckBoxes" />
```

12. NoBot

功能：Captcha 图灵测试，反垃圾信息控件。

细节：

- OnGenerateChallengeAndResponse 这个属性是 EventHandler<NoBotEventArgs> 调用服务器端的方法，注意方法签名

例如：protected void CustomChallengeResponse(object sender, NoBotEventArgs e) {……}

代码示意：

```
<asp:NoBot
ID="NoBot2"
runat="server"
OnGenerateChallengeAndResponse="CustomChallengeResponse"
ResponseMinimumDelaySeconds="2"
CutoffWindowSeconds="60"
CutoffMaximumInstances="5" />
```

13. Numeric.UpDown

功能：实现 Winform 里面的 Updown。

细节：

- 普通整数增减
- 值列表循环显示，比如下面的第二个例子 RefValues
- 调用 Web Service 的格式：

```
<asp:NumericUpDownExtender runat="servercu
TargetControlID="TextBox1"
Width="100"
RefValues="January;February;March;April"
TargetButtonDownID="Button1"
TargetButtonUpID="Button2"
ServiceDownPath="WebService1.asmx"
ServiceDownMethod="PrevValue"
ServiceUpPath="WebService1.asmx"
ServiceUpMethod="NextValue"
Tag="1" />
```

代码示意：

```
<asp:NumericUpDownExtender runat="servercu
TargetControlID="TextBox1" Width="120" RefValues=""
ServiceDownMethod="" ServiceUpMethod="" TargetButtonDownID=""
    TargetButtonUpID="" />
<asp:NumericUpDownExtender runat="servercu
TargetControlID="TextBox2" Width="120" RefValues=
    "January;February;March;April;May;June;July;August;September;
    October;November;December"
ServiceDownMethod="" ServiceUpMethod="" TargetButtonDownID=""
    TargetButtonUpID="" />
<asp:NumericUpDownExtender runat="servercu
```

```
    TargetControlID="TextBox4" Width="80" TargetButtonDownID="img1"
    TargetButtonUpID="img2" RefValues="" ServiceDownMethod=""
        ServiceUpMethod="" />
```

14. PagingBulletedList

功能：扩展 BulletedList 的分页功能。

细节：

- 可以控制每页最多显示多少条，是否排序
- IndexSize 表示 index headings 的字符数，如果 MaxItemPerPage 设置了，该属性被忽略
- MaxItemPerPage 表示每页最大条数

代码示意：

```
<asp:PagingBulletedListExtender BehaviorID="PagingBulletedListBehavior1"
        runat="server"
    TargetControlID="BulletedList1"
    ClientSort="true"
    IndexSize="1"
    Separator=" - "
    SelectIndexCssClass="selectIndex"
    UnselectIndexCssClass="unselectIndex" />
```

15. PasswordStrength

功能：验证密码强度。

细节：StrengthIndicatorType 两种显示方式：文字提示，进度条提示。

16. PopupControl

功能：任何控件上都可以弹出任何内容

细节：

- TargetControlID：触发事件控件的 ID
- PopupControlID：要显示内容的 ID
- CommitProperty：属性来标识返回的值
- CommitScript：把返回结果值通过脚本处理，用到 CommitProperty

代码示意：

```
<asp:PopupControlExtender runat="server" TargetControlID="MessageTextBox"
    PopupControlID="Panel2" CommitProperty="value" CommitScript="e.value +=
        ' - do not forget!';" Position="Bottom" />
```

17. ReorderList

功能：这个控件可以实现动态移动数据。

细节：

- 绑定数据，拖动数据之后数据将被更新到绑定源
- 它不是已有控件的扩展是全新的服务器端控件，只是它对 AJAX 行为是敏感的
- 重排的实现有两种方式：CallBack PostBack 前者的发生在页面上是没有 PostBack 的（也就是没有刷新页面）
- 而数据添加或者编辑的时候就必须要使用 PostBack 来同步服务器端的数据状态

- PostbackOnReorder 是针对两种策略进行选择
- 该控件可以扩展很多

代码示意：

```
<asp:ReorderList runat="server" DataSourceID="ObjectDataSource1"
        DragHandleAlignment="Left" ItemInsertLocation="Beginning"
        DataKeyField="ItemID" SortOrderField="Priority"
        AllowReorder="true">
<ItemTemplate></ItemTemplate>
<ReorderTemplate></ReorderTemplate>
<DragHandleTemplate></DragHandleTemplate>
<InsertItemTemplate></InsertItemTemplate>
</asp:ReorderList>
```

18. ResizableControl

功能：拖曳控件的大小，一般用来拖曳图片的大小。

细节：

- HandleCssClass，这个属性必须要有

代码示意：

```
<asp:ResizableControlExtender runat="server" TargetControlID="PanelImage" HandleCssClass="handleImage" ResizableCssClass="resizingImage" MinimumWidth="50" MinimumHeight="20" MaximumWidth="260" MaximumHeight="130" OnClientResize="OnClientResizeImage" HandleOffsetX="3" HandleOffsetY="3" />
```

19. Slider

功能：实现 WinForm 中的 Slider 控件效果。

细节：

- 修改文本框的值也可以影响 Slider 的状态

代码示意：

```
<asp:TextBox ID="TextBox1" runat="server"></asp:TextBox>
<asp:SliderExtender runat="server" BehaviorID="Slider2" TargetControlID="Slider2" BoundControlID="TextBox1" Orientation="Horizontal" EnableHandleAnimation="true" Minimum="0" Maximum="100"/>
```

20. TextBoxWatermark

功能：文本水印。

代码示意：

```
<asp:TextBox ID="TextBox2" CssClass="unwatermarked" Width="150"
        runat="server"></asp:TextBox>
<asp:TextBoxWatermarkExtender runat="server" TargetControlID="TextBox1"
        WatermarkText="请输入用户名" WatermarkCssClass="watermarked" />
```

21. UpdatePanelAnimation

功能：更新动画效果。

细节：代码结构简单但是要说的东西很多。

代码示意：

```
<asp:UpdatePanelAnimationExtender
    runat="server" TargetControlID="up">
<Animations>
<OnUpdating> </OnUpdating>
<OnUpdated> </OnUpdated>
</Animations>
</asp:UpdatePanelAnimationExtender>
```

22. ToggleButton

功能：把一个 CheckBox 的逻辑应用到一个按钮上，于是就有了双态按钮的效果。

代码示意：

```
<asp:CheckBox ID="CheckBox1" Checked="true" Text="I like ASP.NET"
    runat="server"/>
<asp:ToggleButtonExtender runat="server" TargetControlID="CheckBox1"
    ImageWidth="19" ImageHeight="19" UncheckedImageUrl="Image/down.gif"
    CheckedImageUrl="Image/up.gif" CheckedImageAlternateText="Check"
    UncheckedImageAlternateText="UnCheck" />
```

23. ValidatorCallout

功能：Windows 系统中最常见的气泡提示，比如当磁盘空间不足时。

细节：是对数据验证控件的扩展。

16.4 小结

本章简单介绍了 AJAX 的开发模式、AJAX 体系结构、ASP.NET AJAX 核心控件以及 AJAX Control Toolkit 的安装与简单的内置控件的概述。通过学习本章，读者能够了解 AJAX 的实现原理、基本用法以及其能够带来的各种效果。

AJAX 是当前进行 Web 开发中比较热门的技术之一，读者若想深入学习 AJAX，可查看专业教程。

16.5 习题

1. 填空题

（1）要在项目中使用 ASP.NET AJAX，则必须在项目中添加_____控件。
（2）在 ASP.NET AJAX 页面中能够实现页面局部刷新的控件是_____。
（3）ASP.NET AJAX 框架由_____和_____两个部分组成。
（4）_____包含了 30 多个非常有用的免费 AJAX 控件。
（5）_____想要达到局部刷新效果的控件必须放在 UpdatePanel 控件的_____标签中。

2. 选择题

（1）AJAX 术语是_____最先提出的。
   A．Google　　　　B．IBM　　　　C．Adaptive Path　　　　D．Dojo Foundation

(2) Web 应用中_____不属于 AJAX 应用。
   A. Hotmail   B. GMaps   C. Flickr   D. Windows Live
(3) _____技术不是 AJAX 技术体系的组成部分。
   A. XMLHttpRequest   B. DHTML
   C. CSS   D. DOM
(4) XMLHttpRequest 对象有_____个返回状态值。
   A. 3   B. 4   C. 5   D. 6
(5) _____方法或属性是 Web 标准中规定的。
   A. all()   B. innerHTML
   C. getElementsByTagName()   D. innerText

3. 应用题

(1) 应用 Ajax 技术和 AJAX Control Toolkit 控件实现页面无刷新的星座查询，效果图如图 16-15 和图 16-16 所示。

图 16-15 输入信息

图 16-16 查询结果

第 17 章 网站部署、打包与安装

本章要点或学习目标
- 掌握如何通过 Visual Studio 2012 发布网站
- 掌握如何通过 Visual Studio 2012 打包与部署应用程序

17.1 Web 站点部署前的准备

在部署 ASP.NET Web 应用程序之前，应执行一些部署前的准备操作。

由于在开发应用程序时，都会在 web.config 文件中打开调试功能，因此，必须将 web.config 文件中的调试功能关闭，即把 compilation 一节修改为如下（如果保留 debug 会降低系统的性能）代码：

```
<compilation debug="false" targetFramework="4.5"/>
```

同时也需要将编译类型选择为 Release，具体操作为在菜单项中选择生成→配置管理器，打开配置管理器（如图 17-1 所示），将活动解决方案配置选择为 Release。

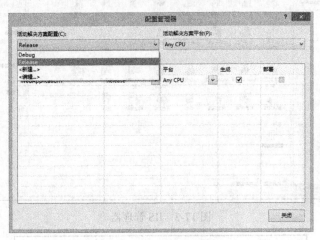

图 17-1 配置管理器

因为在大多数情况下，开发人员都是使用文件系统模式开发 Web 应用程序，使用 Visual Studio 2012 中的内部 Web 服务器，所以在真正部署到成品服务器之前，必须先部署到测试服务器上进行全面测试，才能确保一切正常。

在 Visual Studio 2012 中，可以采用 3 种方法部署 ASP.NET 应用程序，分别是：使用复制网站工具部署站点、使用发布网站工具部署站点、创建安装包部署站点。

17.2 IIS 的安装和配置

IIS 的全称是 Internet Information Services，IIS 是网站运行的载体和基础。在配置 IIS 前需要先安装 IIS，Windows 系统默认不安装 IIS。首先打开控制面板→添加删除程序→启用或关闭

图 17-2 启动或关闭 Windows 功能

Windows 功能,如图 17-2 所示。

在这里需要选中"Internet Information Services",同时还应根据网站开发的 .NET Framework 的版本,将 .NET Framework 进行勾选安装。

安装完毕后即可启动 IIS 进行配置。如图 17-3 所示。

IIS 安装完成后默认添加一个站点,我们可以在默认站点上进行修改或添加新站点。

在添加站点前,一般需要添加站点的应用程序池,应用程序池是将一个或多个应用程序链接到一个或多个工作进程集合的配置。因为应用程序池中的应用程序与其他应用程序被工作进程边界分隔,所以某个应用程序池中的应用程序不会受到其他应用程序池中应用程序所产生的问题的影响。在这里需要根据网站开发环境填写程序池的名称、.NET 的版本以及托管管道模式,如图 17-4 所示。

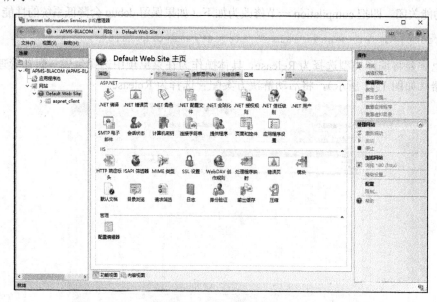

图 17-3 IIS 管理器

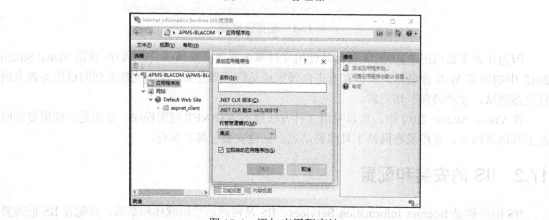

图 17-4 添加应用程序池

第 17 章 网站部署、打包与安装　　325

设置完成后添加新的网站，如图 17-5 所示。

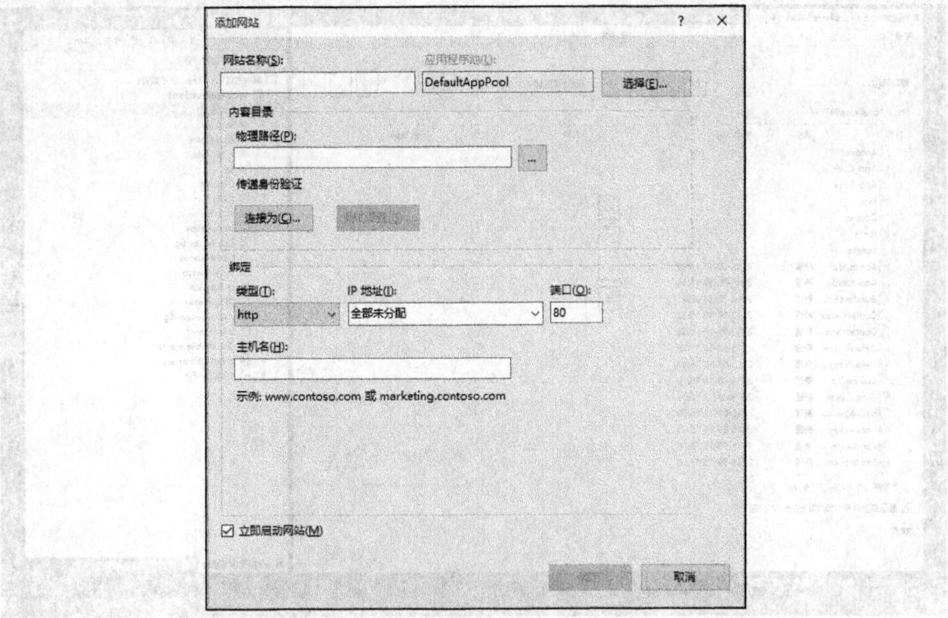

图 17-5 添加站点

在添加网站时，需要选择应用程序池，这里可以选择刚才设置的程序池。物理路径是网站运行的位置，即网站文件存放的位置。设置完成后网站即添加成功，在实际的配置过程中，可能根据站点设置和运行环境出现其他问题需要针对解决。

17.3 复制站点

复制网站部署站点是使用复制网站工具将 Web 站点的源文件复制到目标站点来完成部署。使用复制网站工具可以在当前站点与另一个站点之间复制文件，站点复制工具与 FTP 工具相似，但有以下两点不同。

- 使用复制网站工具可以创建任何类型的站点，包括本地站点、IIS 站点、远程站点和 FTP 站点，并在这些站点之间复制文件。
- 复制网站工具支持同步功能，同步功能用于检查源站点与目标站点上的文件，确保所有文件都是最新的。

下面介绍复制网站工具的使用。假设已经开发完成一个 Web 站点，现在需要使用复制网站工具来部署该站点。

首先在 Visual Studio 2012 中打开要部署的 Web 站点，选择"网站"→"复制网站"命令，打开复制网站工具窗口，如图 17-6 所示。

由图 17-6 可以看出，复制网站工具非常类似于 FTP 文件上传工具。在图 17-6 中，第一行区域用于设定连接的目标站点，下面分为左右两个部分，左边为源网站，右边为目标网站。在源网站和目标网站的文件列表中，显示了网站的目录结构，并能看到每个文件的状态和修改日期。

要复制网站文件，必须先连接到目标网站。单击 17-6 中的"连接"按钮，弹出"打开网站"对话框，如图 17-7 所示，可以复制指定目标站点。

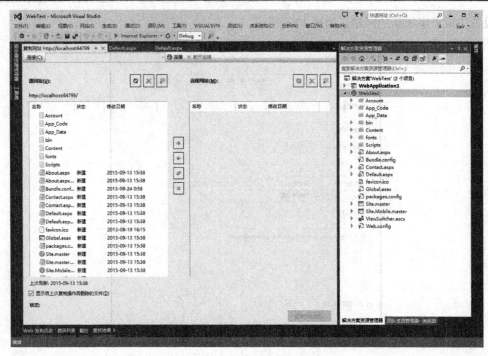

图 17-6 复制站点

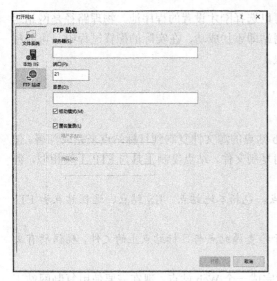

图 17-7 连接远端站点

在该对话框中可以指定下列 3 种类型的目标站点。

（1）文件系统：可以在计算机的文件浏览器视图中导航。如果要在远程服务器上安装，就必须把一个驱动器映射到安装位置。

（2）本地 IIS：可以在安装 Web 应用程序时使用本地 IIS。可以直接新建、删除应用程序和虚拟目录，本地 IIS 选项不允许访问远程服务器上的 IIS。

（3）FTP 站点：可以使用 FTP 功能连接远程服务器。可以使用 URL 或 IP 地址指定要连接的服务器，指定端口、目录、用户名及密码等信息。

回到图 17-7 所示窗口，单击"连接"按钮，连接成功后，该连接在打开该网站时就是活动的。如果不需要连接到远程网站，可以单击"断开连接"按钮来删除连接。在连接目标站点后，就可以使用复制网站工具逐一复制文件或一次性复制所有文件。一般第一次发布时复制所有文件，以后每次在本地修改了部分文件后，只复制选定文件。

17.4 发布网站

发布网站工具对网站中的页和代码进行预编译，并将编译器的输出写入指定的文件夹，然后可以将输出复制到目标 Web 服务器，并从目标 Web 服务器中运行应用程序。

用 Visual Studio 2012 打开要部署的 Web 站点，选择"生成"→"发布网站"命令，打开"发布网站"对话框，或者在"解决方案资源管理器"中右键单击网站名，在快捷菜单中选择"发布网站"命令，打开"发布网站"对话框。

在"发布网站"对话框中可以选择发布网站的目标位置，单击"连接"选项卡，在发布方法中，可以选择多种发布方式，如图 17-8 所示。

需要注意的是，使用 Web Deploy 和 Web Deploy 包方式发布站点，需要服务器端安装并开启 Web Deploy。

在图 17-9 的"发布网站"对话框中，要选择"Release"发布模式。Release 称为发布版本，它往往是进行了各种优化，使得程序在代码大小和运行速度上都是最优的，以便用户很好地使用。Debug 通常称为调试版本，它包含调试信息，并且不作任何优化，便于程序员调试程序。

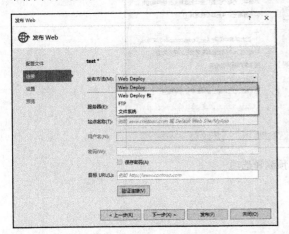

图 17-8　选择发布方式

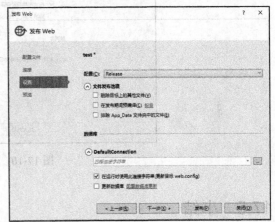

图 17-9　发布站点选项

在文件发布选项中，可以选择是否在发布前预编译，如下几个选项用于控制预编译的执行。如图 17-10：

允许更新此预编译站点：如果选中该项并发布网站，其结果是整个网站文件不编译到程序集中，而是标记保留原样，只有服务器端代码被编译到程序集中，因此能够在预编译站点后更改页面的 HTML 和客户端功能。如果取消选中该项，将只执行部署的预编译，页面中的所有代码都会被剥离，放在 dll 文件中，预编译站点后不能更改任何内容。当取消此选项时，站点中文件如 aspx、ashx 等文件内容，都会被编译成静态文件，每个文件都在 BIN 目录里面生成一个对应的*.compiled 文件。

准备好部署后，单击"发布网站"对话框中的"确定"按钮，网站就被预编译并发布到指定的目标位置中。网站发布后，可以单击右边的"浏览"超链接查看运行效果。有时由于测试环境与发布应用程序的位置之间存在配置差异，所以在发布网站后可能需要更改配置信息。一般需要更改以下配置信息。

（1）数据库连接字符串。

（2）成员资格设置和其他安全设置。

（3）调试设置。建议关闭调试服务器上的所有页。

（4）跟踪。建议关闭跟踪功能。

（5）自定义错误。

与使用复制网站工具将站点复制到目标 Web 服务器相比，使用发布网站工具部署站点具有以下优点：

- 预编译过程能发现任何编译错误，并在配置文件中标识错误。
- 单独页的初始响应速度更快，因为页已经过编译。如果不先编译页就将其复制到站点，则在第一次请求时编译页，并缓存其编译输出。
- 不会随站点部署任何程序代码，从而为文件提供一项安全措施，防止代码泄露。

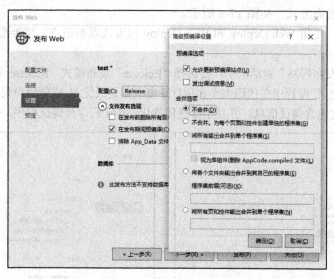

图 17-10　预编译选项

17.5　小结

在微软的平台下，ASP.NET 的开发和部署都变得越来越容易，采用 ASP.NET 开发应用程序的代码集中，便于管理和发布；配置层次结构更加灵活方便，甚至可将部分 IIS 的设置集成到程序配置中；应用相互独立运行，使程序更加安全。

本章介绍了 ASP.NET 的发布的概念，首先介绍了 IIS 的安装和配置，然后分别介绍了 Web 站点和 Web 应用程序的发布和配置，这些都是在实际项目过程中非常重要的内容。

17.6　习题

1. 什么是应用程序池？
2. 简述安装配置 IIS 的步骤。
3. 读出你当前项目中的 Web.Config 文件内容，并试着说明每一处的含义。